図説動物形態学

福田勝洋
編著

山口高弘　楠原征治　岩元久雄
大森保成　眞鍋　昇　内藤順平
杉田昭栄　大島浩二　吉村幸則
著

朝倉書店

執 筆 者

山口 高弘 （やまぐち たかひろ）	東北大学大学院農学研究科	[1章]
*福田 勝洋 （ふくた かつひろ）	名古屋大学大学院生命農学研究科	[2章, 4.4節]
楠原 征治 （くすはら せいじ）	新潟大学名誉教授	[3.1節]
岩元 久雄 （いわもと ひさお）	九州大学名誉教授	[3.2節]
大森 保成 （おおもり やすしげ）	名古屋大学大学院生命農学研究科	[4.1節]
眞鍋 昇 （まなべ のぼる）	東京大学大学院農学生命科学研究科	[4.2節, 6章]
内藤 順平 （ないとう じゅんぺい）	帝京科学大学生命環境学部	[4.3節]
杉田 昭栄 （すぎた しょうえい）	宇都宮大学農学部生物生産科学科	[5.1節]
大島 浩二 （おおしま こうじ）	信州大学農学部食料生産科学科	[5.2節]
吉村 幸則 （よしむら ゆきのり）	広島大学大学院生物圏科学研究科	[5.3節]

（執筆順, ＊は編著者）

まえがき

　動物形態学とは，動物の体がどのように構成されているかを学び，体の構造と機能の関係を理解する学問で，動物を利用し，保護するためにも最初に習得すべき知識で，基礎知識のなかでも，取りわけ基本的な学科目と言われている．

　動物の体構造には，肉眼でみることのできる構造から，光学顕微鏡や電子顕微鏡の助けを借りて初めて知ることのできる微細なレベルまで含まれる．巨視的なレベルの構造，すなわちマクロの形態学は解剖学であり，微視的なレベルの構造，すなわちミクロの形態学は組織学と言われる．マクロの形態学は骨格の形や組み立て，筋の付着や走向，臓器のサイズや形などを理解し，ミクロの形態学では細胞自体の構造から細胞の集まった機能的な集団の構成の意味を学ぶことになる．

　また，動物の体構造は，動物種により大きく異なる．本書では，高等脊椎動物である哺乳類を中心に鳥類も含め，比較形態学的な必要に応じて爬虫類から両生類や魚類まで言及している．こうした動物種による相違は，マクロで大きく，微細なレベルに近づくほど種をわたって類似した構造が増える．

　本書は，動物形態学の講義を担当している著者により，家畜，実験動物，伴侶動物，野生動物を含めた高等脊椎動物全般を対象とする畜産学，応用動物科学を学ぶ学生の入門書としてまとめられており，哺乳類や鳥類のマクロからミクロまでの形態学を包含するものである．動物の体の基本的な単位である細胞にはじまり，細胞が集団として機能を発揮する組織レベルでの解説を行い，肉眼レベルでのマクロ解剖学を総体的にまとめている．

　各章では体の機能的な役割を中心とした器官系を，組織所見から，あるいは解剖レベルから記載をはじめ，また章末には練習問題をあげ，理解の程度を知り，体構造についての思考を深めるようにしている．

　本書では形態学の基本的な知識は全て網羅しているが，さらに詳しくは，個々の動物の解剖学書や臓器に関する詳細な組織学の書物に進んでいただきたい．

　動物形態学を学ぶことで見事に統制され構築された動物の体や構造と機能との関係に興味をもち，生命の不思議に関心を抱く契機になっていただければ，著者一同の喜びとするところである．

　2006 年 2 月

福 田 勝 洋

目　次

1. **生体の構成要素** ……………………………………………………………………［山口高弘］…1
   - 1.1　細胞の概要 …………………………… 1
     - 1.1.1　ミクロからウルトラミクロ　*1*
     - 1.1.2　細胞の構造と機能　*2*
     - 1.1.3　細胞周期　*8*
   - 1.2　組織の概論 ………………………… 10
     - 1.2.1　組織のなりたち　*10*
     - 1.2.2　上皮組織　*10*
     - 1.2.3　結合組織　*17*

2. **外皮系** ……………………………………………………………………………………［福田勝洋］…22
   - 2.1　動物体の外観と方向 ………………… 22
     - 2.1.1　動物体の外観　*22*
     - 2.1.2　体の方向、断面を示す用語　*22*
   - 2.2　皮膚と皮膚付属器官（外皮）………… 23
     - 2.2.1　皮膚　*24*
     - 2.2.2　皮膚付属器官　*25*

3. **支持・運動系** ……………………………………………………………………………………… 31
   - 3.1　骨組織と骨格系 …………［楠原征治］…31
     - 3.1.1　骨・軟骨の組織学　*31*
     - 3.1.2　骨格系　*38*
     - 3.1.3　関節および靱帯　*44*
   - 3.2　筋組織と筋系 ……………［岩元久雄］…46
     - 3.2.1　筋の組織学　*46*
     - 3.2.2　筋系　*49*

4. **生体維持系** ………………………………………………………………………………………… 58
   - 4.1　消化器系 …………………［大森保成］…58
     - 4.1.1　消化管の一般的構造　*58*
     - 4.1.2　口腔　*60*
     - 4.1.3　咽頭　*62*
     - 4.1.4　食道　*62*
     - 4.1.5　胃　*63*
     - 4.1.6　小腸　*66*
     - 4.1.7　大腸　*69*
     - 4.1.8　肝臓　*70*
     - 4.1.9　胆嚢　*72*
     - 4.1.10　膵臓　*72*
   - 4.2　呼吸器系 …………………［眞鍋昇］…74
     - 4.2.1　呼吸器系の構成　*74*
     - 4.2.2　呼吸器の組織とガス交換機構　*80*
   - 4.3　泌尿器系 …………………［内藤順平］…82
     - 4.3.1　泌尿器系の構成　*82*
     - 4.3.2　泌尿器系の組織と尿の生成・排出　*84*
   - 4.4　血液と心臓血管系 ………［福田勝洋］…89
     - 4.4.1　血液　*90*
     - 4.4.2　心臓血管系　*94*

5. 生体統御系 ……………………………………………………………………… 101

5.1 神経組織と脳・脊髄 … ［杉田昭栄］…101
- 5.1.1 神経系　*101*
- 5.1.2 神経の一般組織　*101*
- 5.1.3 脳・脊髄　*103*
- 5.1.4 末梢神経　*110*
- 5.1.5 感覚器　*113*

5.2 内分泌系 ……………… ［大島浩二］…116
- 5.2.1 内分泌器官の解剖と組織　*116*
- 5.2.2 内分泌器官の組織構造　*117*

5.3 免疫器官 ……………… ［吉村幸則］…131
- 5.3.1 免疫応答と免疫担当細胞　*131*
- 5.3.2 免疫器官の組織構造　*133*
- 5.3.3 リンパ管系　*137*

6. 生体複製系 ……………………………………………………………… ［眞鍋 昇］…138

6.1 雄の生殖系 ……………………………… 138
- 6.1.1 精巣　*138*
- 6.1.2 精子　*140*
- 6.1.3 精液　*143*
- 6.1.4 副生殖腺　*145*
- 6.1.5 陰茎　*146*
- 6.1.6 射精　*146*

6.2 雌の生殖系 ……………………………… 147
- 6.2.1 卵巣　*149*
- 6.2.2 卵管　*155*
- 6.2.3 子宮　*157*
- 6.2.4 膣と膣前庭　*158*
- 6.2.5 繁殖活動　*160*

6.3 胎盤 ………………………………………… 163
- 6.3.1 受精から着床まで　*163*
- 6.3.2 着床　*164*
- 6.3.3 胎盤　*166*

索　引 ……………………………………………………………………………… 169

1 生体の構成要素

1.1 細胞の概要

　細胞（cell）は独立して生存が可能な原形質の最小単位で，生命機能を営み，生物体を作り上げる構造的かつ機能的単位である．細胞には，核質が核膜に包まれた真核細胞（または真正核細胞：eukaryote）と包まれていない原核細胞（または前核細胞：prokaryote）がある．哺乳動物の細胞は，原則として，すべて真核細胞で有糸分裂を行う．

　哺乳動物の細胞の大きさは，多くは径が10～30 μm であり，血小板のような3 μm 以下のものから卵細胞のように200 μm に達するものもある．細胞は細胞膜で外界と境され，細胞内は核と細胞質に分けられる．核は核膜に囲まれた遺伝物質の貯蔵所で，細胞質（cytoplasm）には，細胞小器官（cell organella）と封入体（inclusion）が存在する．細胞小器官は哺乳動物の細胞に共通する構造で，小胞体，ゴルジ装置，ミトコンドリア，水解小体，中心体などがある．封入体は細胞の代謝産物や栄養物質の蓄積で，脂肪滴，分泌顆粒，グリコーゲン粒子などが相当する（表1.1，図1.1）．

1.1.1 ミクロからウルトラミクロ

　形態学（morphology）は生物の構造を調べる学問として確立された．生物がもつ構造はすべて，その"生命現象"と結び付くものと理解されている．すなわち，機能があるところに常に構造があり，構造を離れた機能は存在しないといえる．形態学の研究は，細胞や組織の構造を顕微鏡を使って可視化して行われる．本書では，光学顕微鏡（光顕，light microscope：LM）と電子顕微鏡（電顕，electron microscope：EM）で撮った

表1.1　細胞の構成分

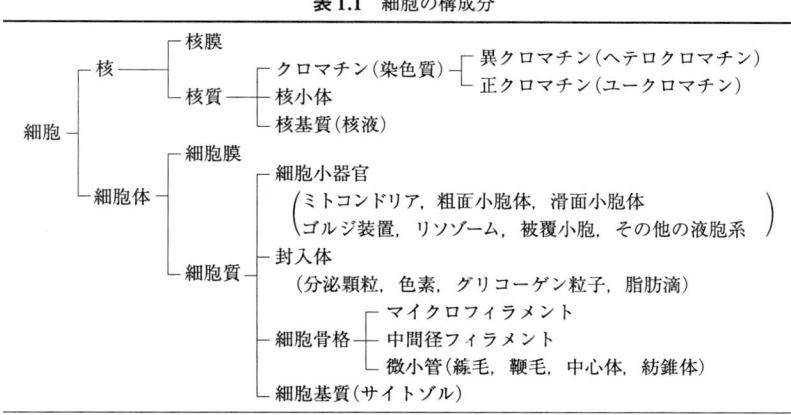

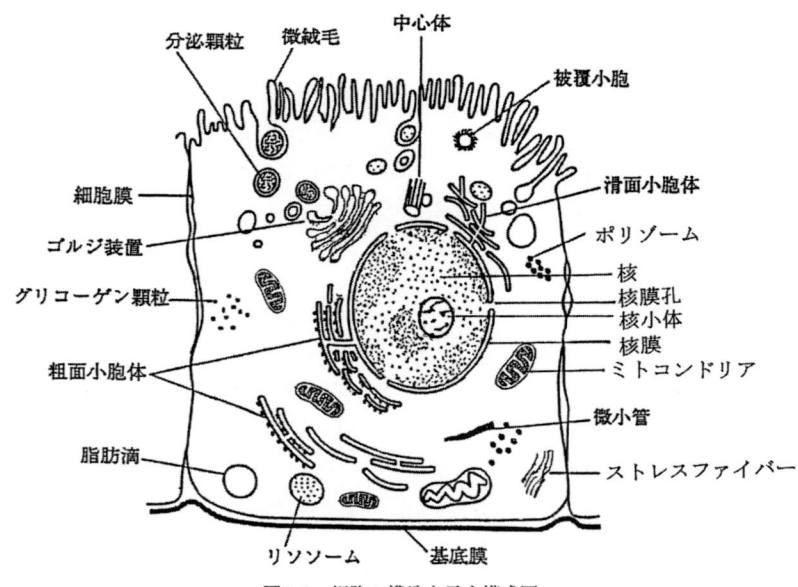

図1.1 細胞の構造を示す模式図

写真が主として使われている．光顕と電顕の違いは解像力（resolution）が大きく異なることである．解像力とは，接する2点を2点として識別しうる限界の距離のことで，肉眼の場合は0.07〜0.08 mm（70〜80 μm）である．普通の光顕の可能な解像力は約0.2 μmで，肉眼や虫めがねよりはるかに優れ，組織のミクロ構造の観察を可能にする．しかしながら，0.2 μm以下の構造間隔は融合してみえるため識別できない．これに対し，現在生物試料に使われている電顕の解像力は1 nm以下であるので，光顕より200倍以上優れている．それゆえ，電顕では細胞間基質，細胞の膜系，細胞骨格，封入体などの微細な観察が可能で，細胞や組織の超微細構造（ultrastructure）が明らかとなる．

電顕には，透過型電子顕微鏡（transmission EM：TEM）と走査型電子顕微鏡（scanning EM：SEM）の2型式がある．TEMは超薄切片での二次元像をつくるため，細胞や組織の内部構造の超微細構造についての情報を得るのに適している．SEMは三次元像をつくり，構造物の表面微細構造を観察するのに優れている．

電顕は優れた解像力と倍率で，光顕ではできない超微細構造の可視化を可能にする．しかし，一般に観察できる範囲は1 mm^{2}以下である．一方，光顕は観察範囲が広く，また，多様な染色法が可能であることから，電顕では得られない細胞や組織の特徴的な情報を提供する．このように，光顕と電顕はそれぞれの能力は異なるが，形態学分野では相補的に使用される．

1.1.2 細胞の構造と機能

(1) 原形質

細胞の生きている部分を構成している物質は原形質（protoplasm）と総称され，細胞膜以外の核と細胞質からなる．原形質の一般的な化学組成は水（80〜90%），タンパク質（10〜20%），DNA（0.4%），RNA（0.7%），脂質（2〜3%），炭水化物（1%），無機質（1.5%）で，その物理化学的性状は水を分散媒とする多分散系である．原形質は，不均質で粘性が高いゾルの性質を示す部分と粘性が低く流動性を示すゲル部分があり，それらは可逆的にゾル-ゲル転換を行う．哺乳動物では，原形質の浸透圧は0.9%の食塩水とほぼ等張である．

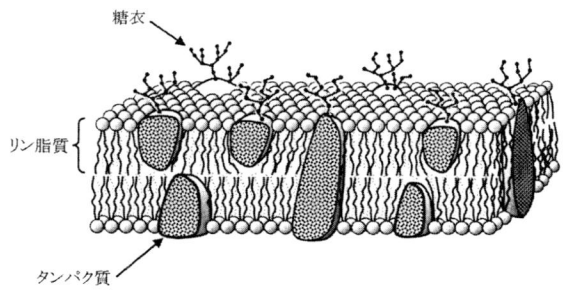

図1.2 生体膜の流動モザイクモデル（Singer *et al.*, 1972 より改変）

(2) 細胞膜

細胞膜（cell membrane）は細胞の内外を区画する，厚さが約 7.5～10.0 nm の膜で，基本構造は脂質二重層とタンパク質からなる．タンパク質は脂質二重層にモザイク状に分布し，流動性をもつことから，細胞膜構造は膜流動モザイクモデル（fluid mosaic model）として受け入れられている（図1.2）．このモデルでは，リン脂質の親水性部分は外側に，疎水性の非極性部分は内側に配列して，二重層を構成する．タンパク質はリン脂質と同じく両親媒性であり，膜を通過する部分は疎水性で，親水性部分は二重層の外側に位置する．細胞膜の膜タンパク質は自由に移動できる脂質分子の海に漂うような形で存在しており，膜内を自由に流動できる．これらの膜タンパク質には，膜輸送や受容体として作用する膜貫通分子があり，細胞膜が物質の取り込みと輸送，情報の認識と伝達など多くの機能をもつ決め手となる．細胞小器官の膜や核膜は細胞膜と同じ構造をとる．電子顕微鏡では，細胞の膜系は3層構造にみえる．細胞膜の外表面には糖衣（glycocalyx）と呼ばれる糖鎖が存在する．

□ **膜輸送と取り込み** □

細胞膜を分子が通過する際，一般に分子が小さいほど透過性は高い．細胞膜の脂質層が疎水性であることから，分子が疎水性または非極性であるほど透過性が高い．酸素，二酸化炭素，水などの小さな分子は細胞膜を容易に通過し，濃度の高いほうから低いほうへ移動する．アミノ酸や糖などのやや大きな分子は細胞膜を通過しにくく，電荷をもったイオンはほとんど通過できない．これらの分子の膜輸送には，膜輸送タンパク質（membrane transport protein）が機能する．膜輸送タンパク質は，運搬体タンパク質（carrier protein）とチャネルタンパク質（channel protein）の2つの型に分けられる．濃度の高いほうから低いほうへの輸送は，受動輸送（passive transport）と呼ばれ，エネルギーは必要としない．一方，細胞自身が積極的にエネルギーを消費しながら，濃度に依存せず，目的の方向に物質を輸送することを能動輸送（active transport）という．

細胞が巨大な分子や粒子を外から取り込むことをエンドサイトーシス（endocytosis）という．エンドサイトーシスの際には，細胞膜の一部が分子や粒子を取り囲み，その後陥入して次第にくびれて膜から離れ，小胞となる．エンドサイトーシスには，非特異的な取り込みと，受容体が介して特定の物質を特異的に取り込むエンドサイトーシス（receptor mediated endocytosis）がある．

---

(3) リボゾーム

真核細胞のリボゾーム（ribosome）は60Sの大亜粒子と40Sの小亜粒子のサブユニットからなる80Sの直径がおよそ20 nmの粒子として，電子顕微鏡で観察される（図1.3）．それぞれの亜粒子はリボ核酸（RNA）とタンパク質からなるリボ核タンパク質である．リボゾームには，細胞質の基質に散在する遊離リボゾームと小胞体に結合する付着リボゾームがある．遊離リボゾームは単独で存在することは少なく，数珠のように結ばれる集合体（ポリゾーム：polysomes）を形成する．リボゾームはタンパク質合成の場であり，核からのmRNAの情報によって，特有のタンパク質を合成する．遊離リボゾームでは，細胞質基質を構成する構造タンパク質や酵素タンパク質が合成される．また，付着リボゾームでは，分泌タンパク質や膜タンパク質などの輸送タンパク質が

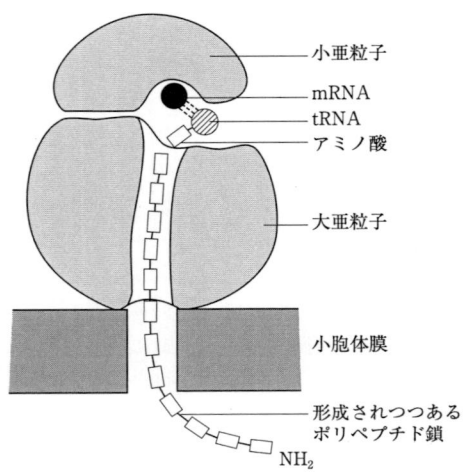

図1.3 リボゾームの構造（Roland *et al.*, 1977）

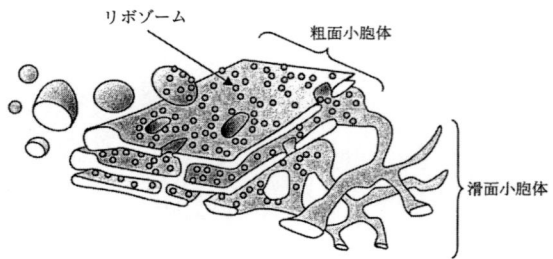

図1.5 小胞体の構造（De Robertis *et al.*, 1975より改変）

合成される（図1.4）．タンパク質の合成は，小亜粒子にmRNAが結合し，これに大亜粒子が結合することにより，リボゾームが順次つくられ，ポリリボゾームとなり，その上でmRNAの暗号を解読することによって開始される．

（4）小胞体

小胞体（endoplasmic reticulum）は閉鎖された管状および囊状の膜構造物で，粗面小胞体（rough endoplasmic reticulum：rER）と滑面小胞体（smooth endoplasmic reticulum：sER）に分類される（図1.5）．粗面小胞体と滑面小胞体は連続し，それらの発達の程度は細胞の種類や機能によって異なる．粗面小胞体膜の外側にはリボゾームが付着している．分泌タンパク質などの輸送タンパク質は，粗面小胞体膜上の付着リボゾームで合成され，小胞体腔に遊離する．粗面小胞体は内分泌細胞や外分泌細胞のタンパク質合成の盛んな細胞でよく発達する．滑面小胞体は付着リボゾームをもたず，細管状の網目状構造をとる．滑面小胞体の機能は細胞種によって異なるが，脂質やステロイドホルモンを合成する細胞でよく発達する．

> ◻ **タンパク質の合成** ◻
>
> タンパク質は核からのmRNA情報に従い，リボゾームで合成される．分泌タンパク質やリソゾーム酵素などの合成は，シグナル仮説（図1.4）で説明される．この説では，はじめに合成タンパク質のシグナルの役目を果たすシグナルペプチド（signal peptide）が遊離リボゾームで合成され，リボゾーム大亜粒子の中に出現すると，そのレセプターを介して，リボゾームは小胞体膜に結合し，合成されたタンパク質はシグナルペプチドの先導により小胞体膜を通過し，小胞

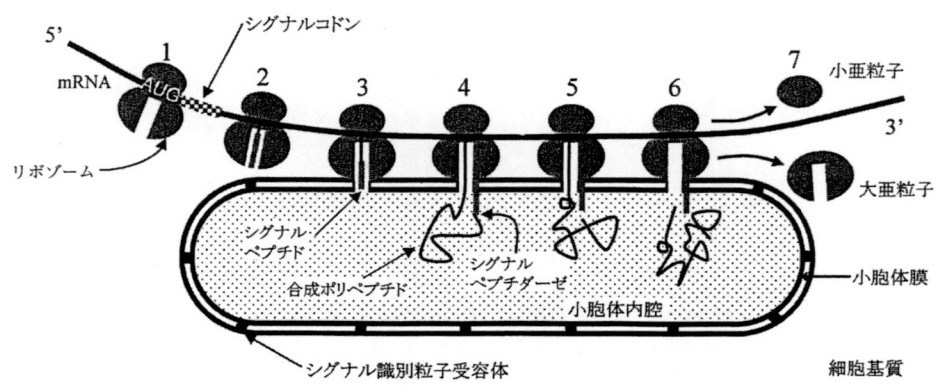

図1.4 シグナル仮説の模式図（Blobel *et al.*, 1975より改変）

体腔に誘導される．タンパク質の合成が終了すると，シグナルペプチドはシグナルペプチダーゼによって切断され，タンパク質は小胞体腔に輸送され，リボゾームは小胞体から離れる．

□ **タンパク質の分泌** □

粗面小胞体先端のゴルジ装置と向かい合う移行領域はリボゾームを欠き，小胞体膜が小さな突起を形成する．突起内には分泌タンパク質が存在し，小胞状にちぎれてゴルジ小胞となり，ゴルジ装置のシス面に融合する．ゴルジ装置での分泌タンパク質の輸送とその修飾は，小胞輸送モデル（vesicular transport model）で説明される．シス側に運び込まれた分泌タンパク質は，ゴルジ層板を1層ごとにトランス側に向けてゴルジ小胞によって輸送される．ゴルジ層板を移動する過程で前駆体ペプチドとして合成されたタンパク質は濃縮，糖付加，ペプチド鎖の限定分解などを受け，トランス面で分泌物となり，小胞内に移行し，濃縮を受けて分泌顆粒となる．分泌顆粒は細胞表面に移動し，細胞膜と融合して開口分泌（exocytosis）される．

(5) ゴルジ装置

ゴルジ装置（Golgi apparatus）はゴルジ層板（Golgi lamella），ゴルジ小胞（Golgi vesicle），ゴルジ空胞（Golgi vacuole）からなる（図1.6）．ゴルジ層板は膜に囲まれた扁平な囊（ゴルジ囊：cisterna）が層板状に重なり，円板状に湾曲し，粗面小胞体からゴルジ小胞によって送られてくるタンパク質を受け入れる凸面は形成面（forming face）またはシス面（cis-side），反対に湾曲した凹面は分泌顆粒やリソゾームができあがる成熟面（maturing face）またはトランス面（trans-side）と呼ばれる．ゴルジ小胞はゴルジ装置の周りに存在し，小胞体腔の内容物のゴルジ装置への輸送，またはゴルジ囊間の輸送による輸送小胞（transport vesicle）がこれに相当する．ゴルジ空胞は成熟面で形成される空胞状の小胞で，未熟な分泌顆粒などである．ゴルジ装置の主な働きとして，分泌顆粒の形成，タンパク質への糖の付加，糖衣の形成，水解小体の形成，分泌タンパク質前駆体の修飾（プロセッシング：processing）などがある．

(6) ミトコンドリア

ミトコンドリア（mitochondria）は糸粒体とも呼ばれ，細胞内に糸状あるいは顆粒状構造物として存在する．大きさは，一般に長径が0.1〜5.0 μm，短径が0.1〜1.0 μm で外膜と内膜の二重の膜で包まれる（図1.7）．外膜と内膜の間の間隙は周囲腔と呼ばれる．内膜は内側にむかってヒダ状の隆起，クリスタ（crista）をつくる．クリスタは通常，ミトコンドリアの長軸に直角に伸び，立体的には棚板状のヒダである．ステロイドホルモンを分泌する細胞では，クリスタは管状あるいは小胞状をとる．クリスタの間の内膜に囲まれ

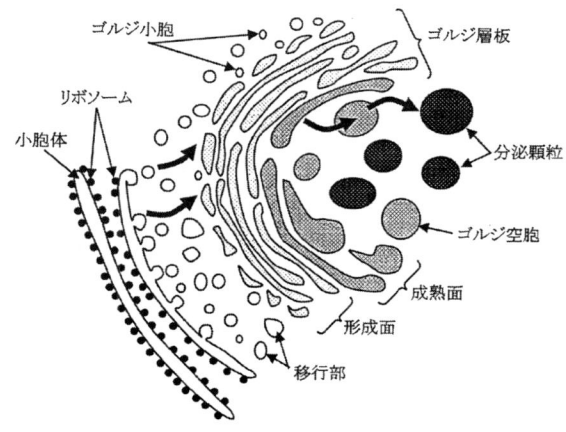

図1.6 ゴルジ装置の構造（Bloom *et al.*, 1994 より改変）

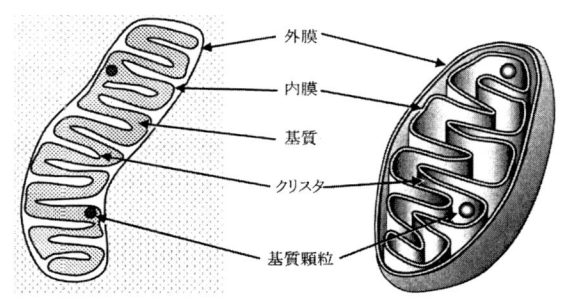

図1.7 ミトコンドリアの構造（山田，1994 より引用）
左：電子顕微鏡像，右：立体構造の模式図．

た区画はミトコンドリア基質（mitochondorial matrix）で，ミトコンドリア顆粒（intramitochondorial granule），核酸，リボゾームなどが存在する．ミトコンドリアは独自のDNAを備えていることから，自己複製能をもち，分裂，増殖する．また，リボゾームRNAや転移RNAを有し，ミトコンドリア内の構造タンパク質や酵素タンパク質の一部を合成することができる．

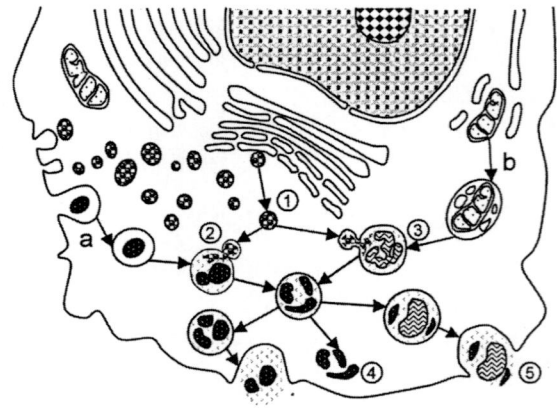

図1.8 水解小体のでき方と機能（藤田ほか，1988より改変）①一次水解小体，②食べ込み融解小体，③自家融解小体，④残渣小体，⑤開口分泌（a：他家食作用，b：自家食作用）．

□ ATPの生成 □

　ミトコンドリアの主要な働きは細胞の呼吸，エネルギーの産生すなわちATPを生成することである．ATPの生成に必要なTCA回路の諸酵素はミトコンドリア基質に，電子伝達系の諸酵素は内膜に存在する．クリスタの発達は電子伝達系の酵素に富む内膜の表面積を広げ，エネルギー生産効率を増大させる．ATPはミトコンドリア膜を通過して，細胞活動のエネルギーとして利用される．ミトコンドリアはまた細胞内のカルシウム濃度の調節に関与し，ミトコンドリア顆粒内にカルシウムを濃縮することができる．

(7) 水解小体

　水解小体（リソゾーム：lysosome）は膜に包まれた直径が0.2～1.0 μmの小体である．内部は均一物質，不均一物質，小粒子の集団，層板構造など様々であり，形も一様ではない．水解小体には，酸性の環境で最大の活性を示す約40種の酸性加水分解酵素が存在し，細菌やウイルスなどの細胞外物質や不要になった細胞内小器官などを消化する．

　細胞外物質の消化は他家食作用（heterophagy）と，細胞自身の構成物の消化は自家食作用（autophagy）と呼ばれる（図1.8）．細胞外異物は取り込み現象（endocytosis）によって細胞内に入り，加水分解酵素のみを含む一次水解小体（primary lysosome）と融合して，食べ込み融解小体（phagolysosome）となり，取り込まれた物質は酵素により分解され，不消化物は残渣小体（residual body）の中に残存する．これらは，開口分泌（exocytosis）によって細胞外に排出される．自家食作用では，自己貪食現象により，細胞内の不要な構造物は一次水解小体と融合して自家融解小体（autolysosome）となり，他家食作用の場合と同様に消化される．消化活動を行うリソゾームに相当する食べ込み融解小体，自家融解小体，残渣小体は二次水解小体と呼ばれる．

(8) ペルオキシゾーム

　ペルオキシゾーム（peroxisome）はペルオキシダーゼ，カタラーゼなどの酸化酵素を含む径が0.5 μmほどの小体で，水解小体とよく似た構造である．哺乳動物の肝臓や腎臓の尿細管の細胞には，ペルオキシゾームが多く存在し，解毒反応に関与する．アルコールの多くは，肝細胞のペルオキシゾームにより酸化されて，アセトアルデヒドになる．

(9) 中心体

　中心体（centrosome）は核近傍の細胞質の中心部に位置し，部分的にゴルジ装置に囲まれる．中心体は，双心子（diplosome）という一対の中心子（centrioles）からできていることが多い．中心子は自己複製能をもつ小器官で，9個のトリプレット微小管で構成される．中心体は，微小管形成中心（microtuble organizing centers：MTOCs）で，細胞の有糸分裂時に重要な役割を

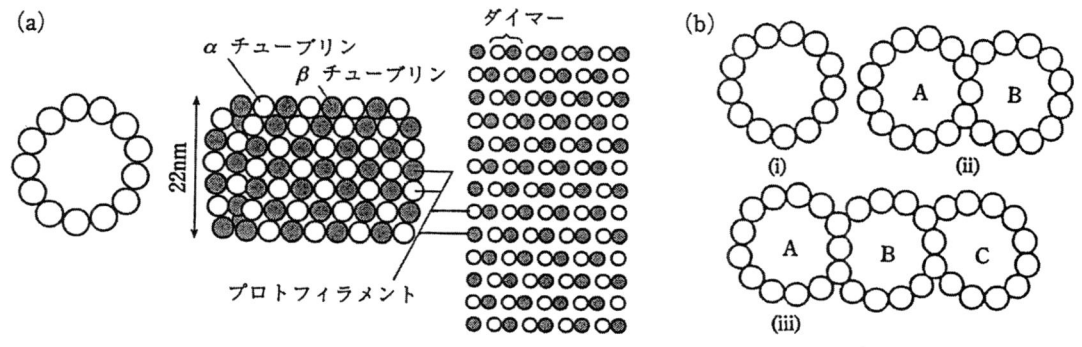

図1.9 微小管の構造と構成タンパク質
a：微小管の構成（羽柴ほか，2003より引用）
　微小管はα-チュブリンとβ-チュブリンの二量体（ダイマー）が連なるプロトフィラメントが13
　本円筒状に並ぶことによってできあがる．
b：微小管の断面図（藤田ほか，1988より引用）
　（i）シングレット，（ii）ダブレット，（iii）トリプレット．

果たす．

（10）細胞骨格

　細胞質には，細胞骨格（cytoskelton）と呼ばれる線維状の構造物が存在する．細胞骨格は構成するタンパク質によって，マイクロフィラメント（microfilamentまたはactin filament），中間径フィラメント（intermediate filament），微小管（microtubule）に区別される．マイクロフィラメントは，平均直径が6 nmでアクチンからなる．マイクロフィラメントは，細胞機能に応じて，集合して太い束のストレス線維（stress fiber）を形成する．中間径フィラメントは，直径が約7〜11 nmで，構成タンパク質は細胞種により異なる．上皮性の細胞には上皮性ケラチン，骨格筋や心筋などにはデスミン，間葉系の細胞にはビメンチン，神経細胞にはニューロフィラメント，グリア細胞にはグリアフィラメントなどが存在する．微小管は，細胞骨格で最も太く，直径が約25 nmの小管状の構造をとる．α-チュブリンとβ-チュブリンから構成され，これらが重合した二量体が連なるプロトフィラメントが13本輪状に連なって，管状構造を形成する（図1.9 (a)）．微小管には，1本で存在するシングレット（singlet），2本が組みになるダブレット（doublet），3本組のトリプレット（triplet）がある（図1.9 (b)）．シングレットは細胞小器官の移動に，ダブレットは鞭毛や線毛の運動に機能し，トリプレットは中心子や鞭毛と線毛の付着部位に存在する基底小体にみられる微小管形成中心として働く．

（11）核

　核（nucleus）は細胞の遺伝情報の保存と伝達を行う基本的構造で，遺伝情報をつかさどるDNA（deoxyribonucleic acid），RNA（ribonucleic acid）と核タンパク質を含む．細胞分裂間期の細胞では，核は二重の核膜（nuclear envelope）で包まれ，核膜には核質と細胞質を連絡する多数の核膜孔（nuclear pore）が存在する．核膜は，核内膜（inner nuclear membrane）と核外膜（outer nuclear membrane）からなる．前者は直接核質を包み，後者は小胞体膜と連続し，表面にはリボゾームが付着しており，粗面小胞体と同じ機能を有する．核内膜と核外膜は核膜孔の縁で連絡し，核膜間隙の扁平嚢状の構造は核周囲腔（perinuclear space）と呼ばれ，小胞体の内腔と連続する．核膜孔には中央に通路をもつタンパク質からなる，核膜孔複合体（nuclear pore complex）があり，核−細胞質間の物質輸送を調節する（図1.10 (a) (b)）．

　核質には，核小体（nucleolus）と染色質（クロマチン：chromatin）が存在する．分裂間期で

1. 生体の構成要素

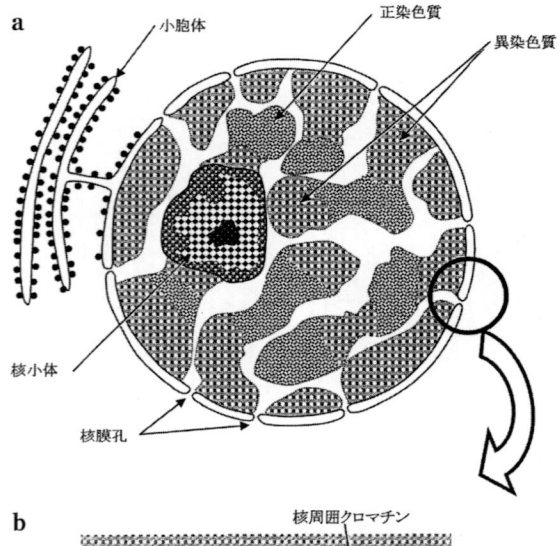

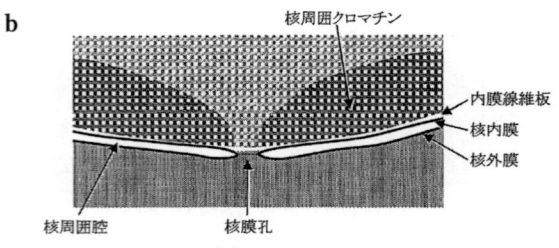

図 1.10 核の構造 (Kreistic, 1979 より改変)

は，DNA からなる染色体 (chromosome) の大部分がほぐれ，からみ合った糸状構造が全体に拡がり，タンパク質と結合して染色質となる．染色質は電子顕微鏡により，電子密度の高い異染色質 (heterochromatin) と低電子密度の正染色質 (euchromatin) に区別される (図1.10 (b))．異染色質は密にまとめられた休止期の DNA と核タンパク質からなり，核小体周囲部や核辺縁部に集塊をつくる．正染色質は DNA がほぐれて転写活性をもち，RNA を盛んに生産する場所である．核小体は主として，タンパク質と RNA からなるほぼ球形の不均質な小体で，限界膜はなく，1～数個存在する．核小体では，リボゾーム RNA が合成される．

細胞は通常単核であるが，軟骨細胞や肝細胞では2核の場合もあり，骨格筋細胞や破骨細胞などは多核である．

1.1.3 細胞周期

生体が成長するには，細胞が分裂，増殖することが必要である．高等動物では，細胞増殖は分裂でのみ可能である．細胞分裂には，無糸分裂と有糸分裂があり，高等動物で最も普通にみられるのは有糸分裂である．細胞分裂には体を構成する体細胞でみられる体細胞分裂 (mitosis) と，種の保存にあずかる生殖細胞でみられる減数分裂 (meiosis) がある．ここでは体細胞分裂のしくみについて述べる．

(1) 細胞周期

細胞が分裂を開始してから，次の分裂を開始するまでの1つのサイクルを，細胞周期 (cell cycle) (図1.11) という．細胞周期は分裂をしている分裂期 (M期: mitotic phase) と分裂と分裂の間の間期 (interphase)，または休止期 (resting phase) に区別される．M期は DNA の複製に引き続く，染色糸分裂，染色体分裂，核分裂の一連の過程からなる．この時期には，細胞周期の中で最も動的な変化が起こり，核分裂 (karyokinesis) で核の情報が二分され，その後の細胞質分裂 (cytokinesis) により，遺伝的に同一な2個の娘細胞がつくられる．間期は，M期後の DNA 合成前期 (presynthetic phase, Gap 1 phase: G_1 期)，DNA 合成期 (synthetic phase: S 期) と前分裂期 (premitotic phase, G_2 phase: G_2 期) に区別される．G_1 期は，細胞分裂の真の意味での休止期で，細胞自身のサイズを監視して，DNA 複製の開始を準備する．G_1 期の長さは細胞の種類や機能によって異なる．DNA の複製は S 期ではじまり，分裂が起こる前ぶれとして，核の DNA 量は2倍となる．G_2 期では，細胞分裂の準備が行われる．M 期では，染色体上の DNA は細胞分裂に伴って，2個の娘細胞に分配される．一方，長時間分裂間期に止まる細胞は，G_0 期 (G_0 phase) と呼ばれ，盛んに分裂をしている細胞と区別される．G_0 期の細胞は増殖刺激によって，再び G_1 期から M 期に突入し，細胞周期に戻るこ

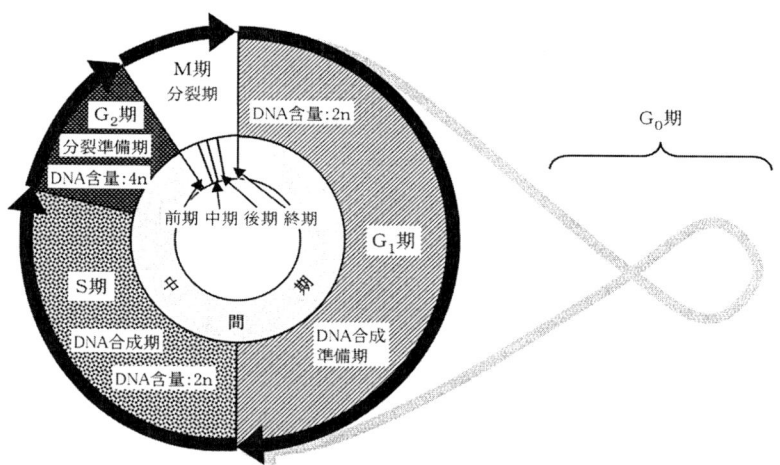

図 1.11 細胞周期の模式図

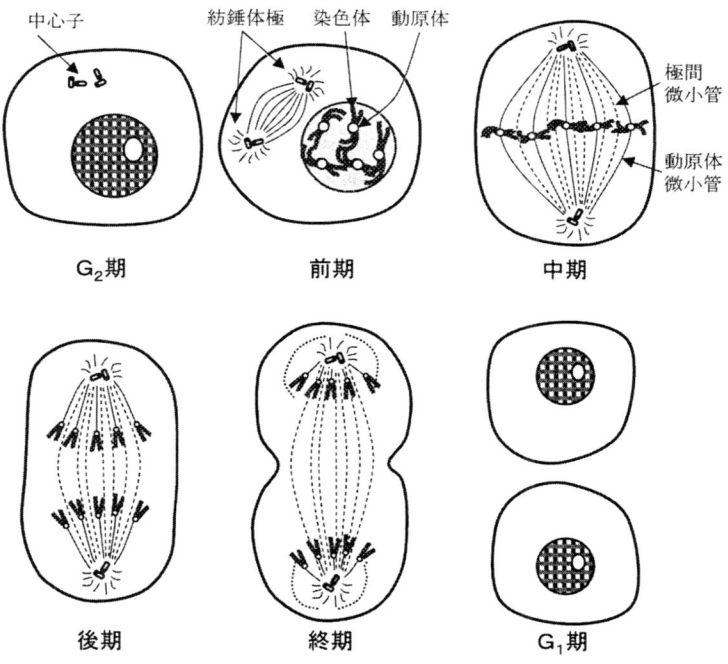

図 1.12 体細胞分裂の模式図

とができる．

(2) 有糸分裂

有糸分裂は体細胞で最も普通にみられる細胞分裂で，分裂に際して明瞭な糸状の染色体が形成されることがその特徴である．有糸分裂では，核の染色糸は 2 本になって二分して染色体を形成し，分裂装置によって 2 個の新しい娘核に分かれ（核分裂），さらに細胞体も二分され（細胞質分裂），その結果，1 個の細胞から 2 個の新しい娘細胞が生まれる（図 1.12）．

M 期は連続した過程で，前期（prophase）・中期（metaphase）・後期（anaphase）・終期（telophase）の 4 期に分けられる．前期では，間期に分散していた染色質が凝集し，染色糸

(chromonema) となり，染色体が形成される．中心子は複製し，1対ずつが分かれて細胞の両極に移動し，そのまわりには星状球と呼ばれる放射状の構造が現れる．両中心子間には，微小管の紡錘（極間微小管：interpolar microtubule）がつくられる．前期の終わりは核膜の消失がしるしとなる．中期では，核膜の消失とともに，分裂紡錘が核の領域に移動し，複製された染色体（染色分体：chromatids）中央の動原体と紡錘微小管（動原体微小管：kinetochore microtubule）が結合する．ついで，染色分体が赤道面に移動して配列し，赤道板（equatorial plate）を形成する．後期になると，染色分体は動原体微小管によって紡錘の反対側に引かれていき，遺伝物質の正確な配分が行われる．後期の終わりには，もとの細胞の染色分体である娘染色体は細胞の両極に集まる．終期は分裂の最終段階で，娘染色体はほぐれ，染色性が低下し，分裂間期の様相を呈する．染色体の周りに核膜が形成され，核小体が現れる．細胞体分裂は，終期で起こり，紡錘赤道周囲の細胞膜が落ち込み，円周状に分裂溝（cleaving furrow）ができ，細胞質がくびれ切れるように2個の娘細胞が生まれる．

■ 練習問題 ■
1. 細胞膜の基本構造と機能を次の語句を用いて説明せよ．
「リン脂質，情報伝達，疎水性，受容体，流動，脂質二重層，親水性，膜タンパク質」
2. 下垂体前葉の性腺刺激ホルモン分泌細胞では，糖タンパク質である卵胞刺激ホルモンが合成，放出される．このホルモンの合成から放出までの過程を，粗面小胞体とゴルジ装置の機能から説明せよ．
3. ミトコンドリアでATPが効率的に生成される理由を，その構造の特徴から説明せよ．
4. 細胞骨格を分類し，それらの構造の特徴と構成タンパク質を，さらに機能的相違を述べよ．
5. 細胞周期を区別し，各期の役割を述べよ．
6. 核の構造と機能を次の語句を用いて説明せよ．
「核小体，正染色質，DNA，RNA，核膜孔，染色質，核周囲腔」

参考文献

Blobel, G. and Dobberstein, B. (1975)：*J. Cell Biol.*, **67**：835-851
Bloom, W. and Fawcett, D.W. (1994)：A Textbook of Histology：12th ed., Chapman & Hall
De Robertis, E.D.P. and De Robertis, E.M.F. (1975)：Cell Biology 6th ed., W.B Saunders
藤田尚男・藤田恒夫 (1988)：標準組織学 総論 第3版, 医学書院
Kreistic, R.V. (1979)：Ultrastructure of the Mammalian Cell. An Atlas, Springer-Verlag
Singer, S.J. and Nicolson, G.L. (1972)：*Science*, **175**：175, 720
山田安正 (1994)：現代の組織学 改訂第3版, 金原出版
Roland, J.-C., Zollosi, A. and Szollosi, D. (1977)：Atlas of Cell Biology, Little, Brown & Co.
羽柴輝良・山口高弘監修 (2003)：応用生命科学のための「生物学入門」改訂版, 培風館

1.2　組織の概論

1.2.1　組織のなりたち

高等動物は多種多様の多くの細胞からなる集合体である．受精卵から分裂，増殖を繰り返してできた細胞群は，やがて一定の方向に分化して，特定の細胞同士が目的に応じて集合し，機能と構造の合目性をもった細胞集団，すなわち組織を形成する．組織は個々の固有の機能に応じて特殊化し，上皮組織，結合組織（支持組織），筋組織，神経組織に分類される．個々の組織は生体の材質であり，異なる組織が組み合わさり，より大きな機能単位である器官すなわち生体の部品を構成する．器官はまとまった働きを担う器官系を構成し，統合されて個体となる．

1.2.2　上皮組織

上皮組織（epithelial tissue）はわずかな例外を除いて，体表面（皮膚），管腔（消化管，呼吸器や泌尿生殖器の管系）や体腔（心膜腔，胸膜腔，

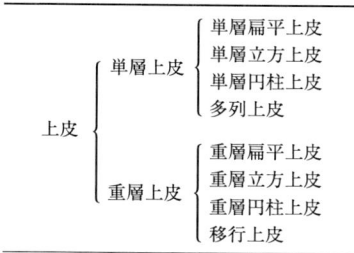

表 1.2　形態による分類

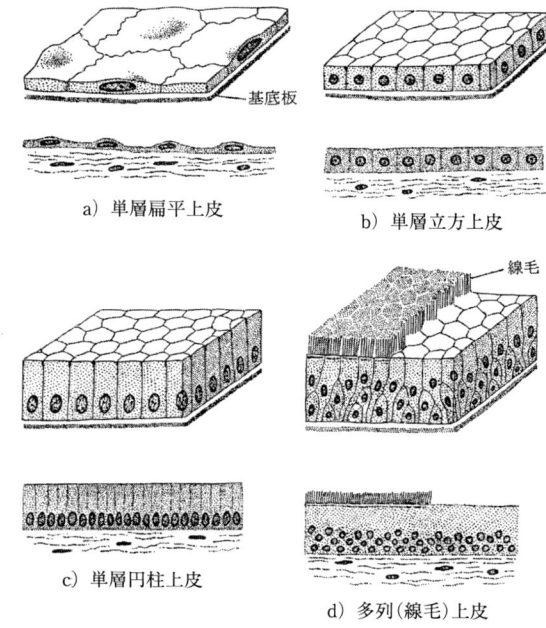

a) 単層扁平上皮
b) 単層立方上皮
c) 単層円柱上皮
d) 多列(線毛)上皮

図1.13　単層上皮の構造（山田，1994）

腹膜腔）を覆う層状の細胞群で，一般に上皮（epithelium）と呼ばれる．上皮は発生学的に外胚葉，中胚葉，内胚葉のいずれかに由来する．皮膚，神経管上皮や網膜，水晶体，平衡聴覚器の上皮などは外胚葉に，泌尿生殖器系の上皮の一部などは中胚葉に，腸管の上皮やその付属腺の上皮は内胚葉に由来する．外界と交通をもたない心臓，血管，リンパ管などの内面を覆う組織は，内皮（endothelium）と呼ばれる．内皮は中胚葉，特に間葉に由来する．また，体腔の内面を覆う組織は中皮（mesothelium）と呼ばれ，中胚葉に由来する．

上皮を構成する上皮細胞（epithelial cell）は基底膜によって層状に支持されており，その下には一般に結合組織が存在する．上皮は細胞層の数，構成細胞の形などの形態学的特徴（表1.2），さらにはその機能によって分類される．

(1) 上皮組織の分類

上皮は，細胞層が1層の単層上皮，2層あるいはそれ以上の重層上皮に分類される．

単層上皮は構成細胞の形から，扁平な細胞からなる単層扁平上皮，背の高い円柱状の細胞からなる単層円柱上皮，背がやや低く立方体をした細胞からなる単層立方上皮に分類される（図1.13 (a)〜(c)，図1.14 (a)〜(c)）．単層扁平上皮は血管内皮や漿膜上皮などにみられ，その構成細胞はそれぞれ内皮細胞（endothelial cell），中皮細胞（mesothelial cell）と呼ばれる．単層円柱上皮は胃や腸の粘膜上皮，腺の導管，子宮内面などに，単層立方上皮は甲状腺の濾胞上皮や腎臓の尿細管の一部などにみられる．また，単層円柱上皮の変

形型として，多列上皮が鼻腔や気管の上皮，精管や精巣上体管の上皮にみられる（図1.13 (d)，図1.14 (d)）．多列上皮を構成する細胞は通常，線毛をもつ．この上皮には，管腔表面に達する背の高い細胞と背の低い細胞があり，核の位置が一定しないために見かけ上，2層以上にみえるが，実際は単層である．

重層上皮は最外層の細胞の形によって，重層扁平上皮，重層立方上皮，重層円柱上皮に分類される（表1.2）．重層扁平上皮は，扁平な細胞が数層集まってできたもので，皮膚，口腔，食道，膣，角膜などの上皮にみられる（図1.15 (a)）．この上皮は，全細胞が扁平ではなく，表層の数層の細胞が扁平で，層が深くなるにつれて立方状になり，最下層は円柱状の場合もある．重層立方上皮は最外層が立方形の細胞で，腺の導管などにみられる．重層円柱上皮は，最外層の細胞が円柱状で，深層のものは立方状細胞に変化する．この型の上皮は目の結膜円蓋，尿道の一部などにみられる．重層上皮にはこのほかに移行上皮がある（図1.15 (b)）．移行上皮は重層立方上皮と重層扁平

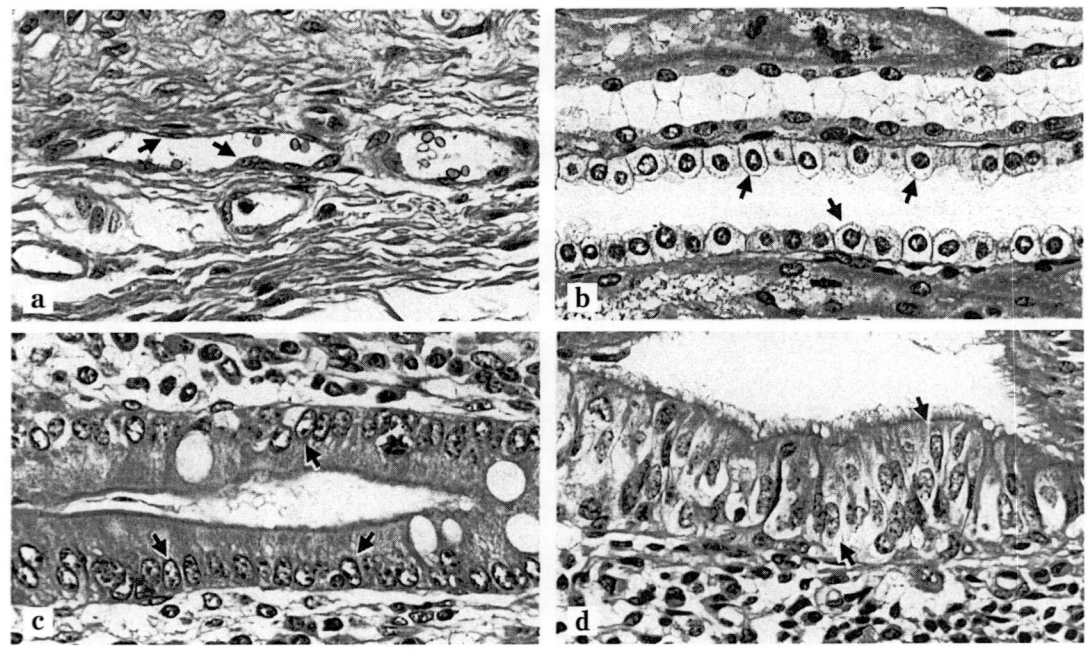

図1.14 単層上皮（ヘマトキシリン・エオシン染色）
a：単層扁平上皮（ウシ結合組織静脈の内皮細胞），b：単層立方上皮（ウシ腎臓の集合管上皮細胞），
c：単層円柱上皮（ウシ十二指腸上皮細胞），d：多列上皮（ウシ気管支の線毛上皮細胞）．

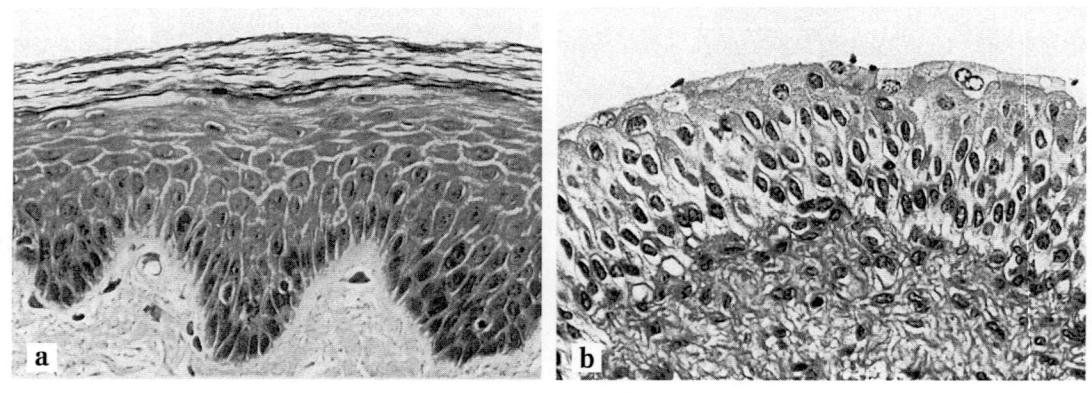

図1.15 重層上皮（ヘマトキシリン・エオシン染色）
a：重層扁平角化上皮（ブタ皮膚），b：移行上皮（ウシ膀胱）．

上皮の中間の像を示し，腎盂，腎杯，膀胱，尿管などの尿路の上皮に限られる．この上皮は高度の伸展に適応するために，収縮と伸展の状態に応じて上皮の形態が移行するもので，収縮時には4～5層，伸展時には2～3層の厚さになる．最外層の細胞は大型で被蓋細胞と呼ばれ，しばしば2個の核をもつ．

上皮は構成する細胞の機能に応じて，被蓋上皮，腺上皮，吸収上皮，感覚上皮，呼吸上皮に分類される．被蓋上皮は，体の外表面や中空器官の内面に存在し，乾燥や機械的損傷から体を保護する．被蓋上皮を構成する細胞の中には，分泌や吸収などの機能をもつものがある．腺上皮は分泌機能をもつ細胞群からなる．腺上皮は被蓋上皮を構

成する細胞が陥入して形成されたもので，その分泌様式により外分泌腺と内分泌腺に分けられる．吸収上皮は吸収機能をもつ被蓋上皮で，小腸や大腸の粘膜上皮などにみられる．感覚上皮は外界の刺激を受けて，その興奮を神経系に伝えるように特殊に分化したもので，嗅上皮，眼球の網膜や内耳のラセン器の上皮にみられる．呼吸上皮はガス交換にあずかり，肺胞上皮がその例である．

(2) 上皮細胞間の特殊構造

上皮は連続的に結合した細胞層をつくるため，相接する上皮細胞の細胞膜間は特殊な構造によって連絡される．上皮層内の細胞は互いに結合するだけでなく，情報交換や協力をし，上皮の機能的要求に応じている．その細胞結合は，閉鎖結合

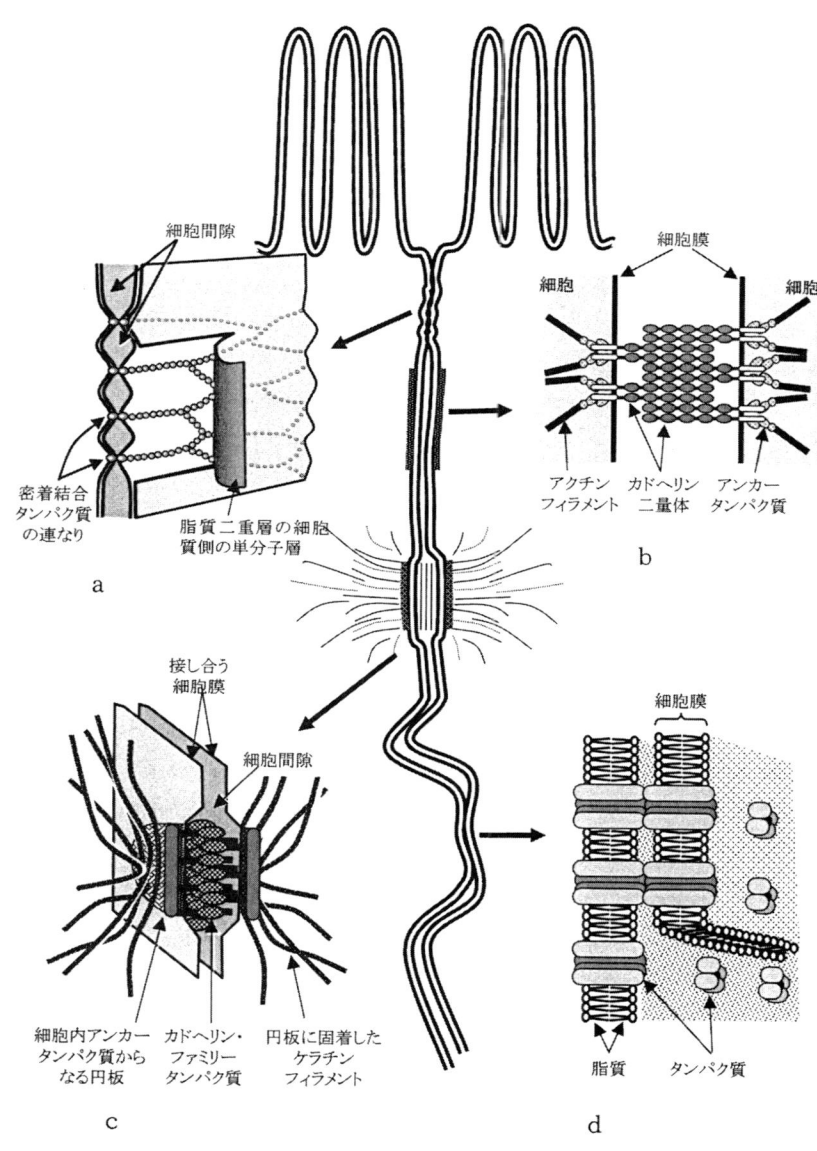

図1.16 小腸上皮細胞間の細胞結合の構成とその微細構造モデル
（Albertsほか，2004および山田，1994より改変）
a：密着結合，b：接着帯，c：接着斑，d：ギャップ結合．

(occluding junction)，接着結合（adhering junction），情報結合（communicating junction）の機能型に分類される．

閉鎖結合は密着結合（tight junction）ともいわれ，上皮の内腔側直下，すなわち相接する上皮細胞の最上端部に位置し，上皮の細胞間隙を封じる．凍結割断法のレプリカ像では，閉鎖結合はひも状構造の隆起部分が互いに吻合した網目として，細胞周囲に連続した帯状をつくる．このことから閉鎖（密着）帯（zonula occuludens）ともいわれ，細胞間を封鎖する能力は網目の発達と関係するとされる．密着帯の向き合っている細胞の膜は膜貫通型結合タンパク粒子の連なった鎖でとじ合わされ，細胞間をシールする（図 1.16 (a)）．

接着結合には，接着帯（zonula adherens）と接着斑（デスモゾーム：desmosome, macula adherens）の形態学的特徴をもつ2つの細胞間接着装置がある．これらは上皮の構成細胞同士を強く連結し，個々の細胞の細胞骨格付着部位として働くことから，上皮の機能的単位をつくる．前者は中間の結合（intermediate junction）とも呼ばれ，密着帯より深いところに位置し，その補強をする（図 1.16 (b)）．接着帯では，細胞膜が約 20 nm の間隔で対峙し，間隙はやや電子密度の高い物質で満たされ，細胞質側は多くの細胞膜付着タンパク質で裏打ちされ，連続して細胞の周囲を取り巻く．デスモゾームは細胞間のところどころに存在する小さな斑状の接着結合で，接着帯より深部に位置する（図 1.16 (c)）．接着装置の向かい合う細胞膜では，膜内タンパク質，カドヘリンが膜を貫通し，分子同士が互いに接着している．上皮細胞間の密着帯，接着帯，接着斑の一連の組合せは接着複合体（junctional complex）と呼ばれる．

情報結合は構造上の特徴から，ギャップ結合（gap junction）あるいはネクサス（nexus）といわれる（図 1.16 (d)）．この部位は大小の斑状をした細胞間接触域で，細胞間の興奮の伝達や物質の交流を行う．ギャップ結合は，隣接する細胞間

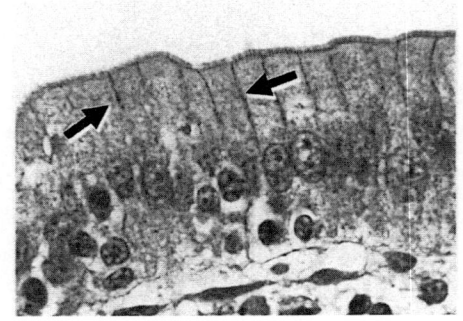

図 1.17 ブタ小腸上皮細胞の密着結合にみられる膜タンパク質，クローディンの局在
クローディンの免疫染色で細胞間に陽性反応（矢印）がみられる．

を連絡する多数の小孔（直径 2 nm 以下）を有する．この細胞間を結ぶ通路は細胞膜を貫通する膜内タンパク粒子，コネクソンで構成される．接着結合や情報結合は上皮細胞だけでなく，心筋細胞，平滑筋細胞，内分泌細胞などの細胞間にも存在する．

▫ **密着結合の膜貫通型結合タンパク質** ▫

密着結合の隣り合う細胞の膜には，膜に埋もれた膜貫通付着タンパク質が長い列をなして，索状分子として並んでいる．密着結合には2種類の主要な膜貫通タンパク質，クローディン（claudin）（図 1.17）とオクルーディン（occludin）が関与する．前者は密着結合の機能に必須であり，組織により型が異なる．後者の機能は十分に理解されていない．近年，密着結合には，いくつかの機能性タンパク質が付随していることが明らかとなり，密着結合が細胞間シールの役割だけでなく，いろいろな細胞内反応を調節する役割をもつと考えられるようになった．

---

(3) 腺組織

腺は高度に特殊化した分泌機能をもつ腺細胞の集団からなり，特定の物質を合成し，細胞外に放出する．多くの腺細胞は上皮に由来する．

腺はそのでき方から，上皮内腺（図 1.18 (a)～(c)）と上皮外腺（図 1.18 (d)～(e)）に区別される．上皮内腺は上皮内に存在する腺で，構成する

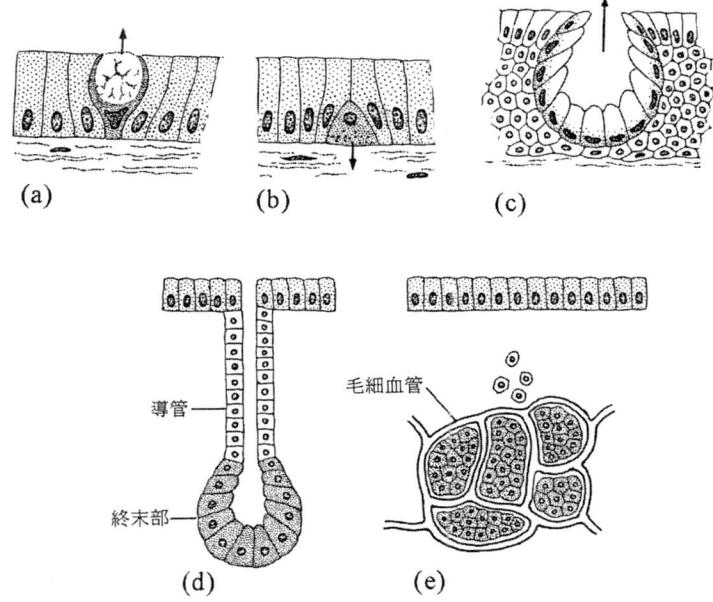

図1.18 腺の分類（山田，1994）
a～cは上皮内腺，d，eは上皮外腺．また，a，c，dは外分泌腺，b，eは内分泌腺．

細胞数と形状から単細胞腺と多細胞腺に分けられる．腸管上皮に散在する杯細胞や腸内分泌細胞は前者の例である．上皮外腺は上皮内に分化した腺細胞群が上皮層から離れた位置に腺組織を形成するもので，内分泌腺と外分泌腺の多くがこれに属する．

a. 外分泌腺と内分泌腺

腺は外分泌腺（exocrine gland）と内分泌腺（endocrine gland）に大別される．前者では外分泌細胞からの分泌物は直接あるいは導管を通って，上皮表面に放出される（図1.18 (a) (c) (d)）．後者の内分泌細胞の分泌物はホルモンとして知られ，周囲の組織間隙に放出（図1.18 (b) (e)）され，血管やリンパ管を介して，体内の離れた場所にある標的細胞に運ばれ，細胞や組織の活動を調節する．また，消化管や膵臓のように，器官によっては外分泌腺と内分泌腺が混在する．

外分泌性の上皮外腺は通常，腺体と導管からなる（図1.18 (d)）．腺体は分泌物を生産放出する腺細胞の集まりで，終末部または主部と呼ばれる．導管は分泌物を運ぶ管である．終末部では分泌細胞が腺腔を囲んで配列しており，その形態から腺房あるいは腺胞とも呼ばれる．耳下腺や顎下腺には，導管の一部がさらに分化し，介在導管（介在部）や線条導管（線条部）が区別される．外分泌腺は導管と終末部の形状によりいくつかの型に分けられる（図1.19）．導管が枝分かれしているかどうかで，単純腺（図1.19 (a)～(f)）と複合腺（図1.19 (g)～(i)）に区別される．単純腺は単一の分枝しない導管を，複合腺は分枝した導管系をもつ．終末部すなわち分泌部の形態から，終末部が管状の管状腺，袋状の房状腺または胞状腺，管状腺の末端部がふくらんだ胞状となる管状胞状腺に分けられる．また，終末部が分枝する分枝腺（図1.19 (d)～(f)，(h)～(i)）と分枝しない不分枝腺（図1.19 (a)～(c)，(g)）がある．

外分泌腺の腺細胞は漿液細胞，粘液細胞，脂腺細胞さらに水や電解質を分泌する細胞に分類される．漿液細胞はタンパク質性の分泌物をつくる細胞で，粗面小胞体がよく発達し，分泌物は開口分泌で放出される．粘液細胞は粘液性の分泌物をつ

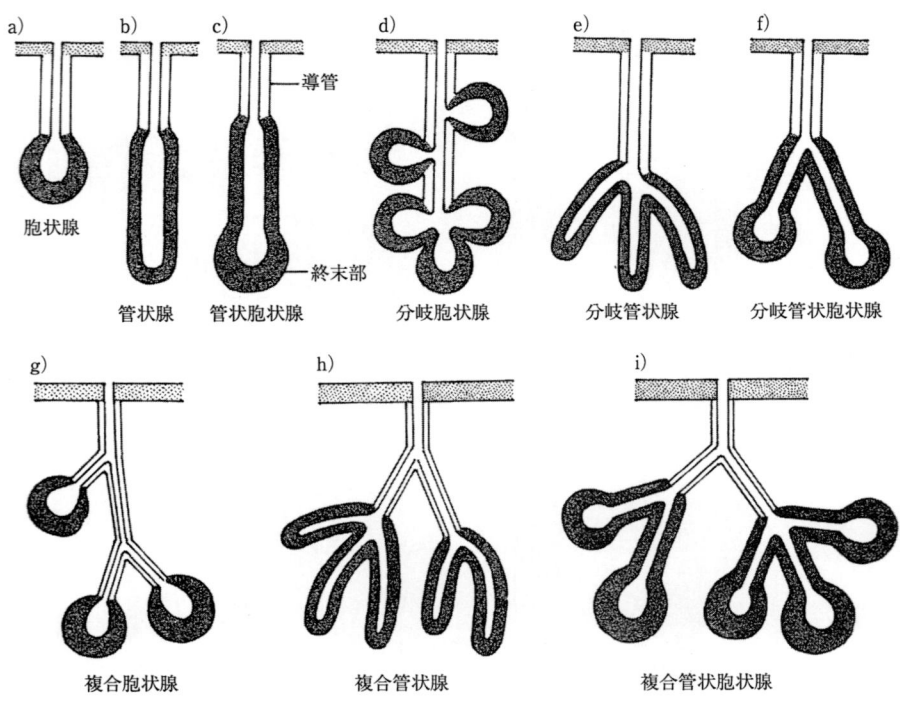

図 1.19 外分泌腺の形態による分類（山田, 1994）

くる細胞で, 分泌物の主成分はムチンと呼ばれる. 脂腺細胞は細胞質に多量の脂肪滴をもつ細胞で, 脂肪滴の形成にあずかる滑面小胞体が発達する. 水や電解質を分泌する細胞は膵臓や唾液腺に存在する. 膵臓では水のほかに電解質, 主として重炭酸ソーダが分泌される. 胃の胃底腺には塩酸を分泌する壁細胞が散在する.

内分泌腺は導管をもたない腺で, 内分泌細胞が集まり塊または索をつくるもの, 中央に腔を囲む球形単位の濾胞を形成するもの, 単独で上皮細胞間に散在するものがある. 下垂体前葉, 上皮小体, 副腎, 膵島など, 大部分の内分泌腺が細胞集塊型である. 甲状腺は濾胞を形成する内分泌腺で, ホルモンは濾胞内に蓄えられる. ホルモン分泌に際しては, 濾胞内からホルモンが再吸収され, 周囲の間質に放出される. 消化管の上皮には消化管ホルモンを分泌する腸内分泌細胞が散在する.

内分泌細胞は分泌されるホルモンの化学的性状から, ペプチドないしタンパク質性ホルモンを分泌する細胞, アミンを分泌する細胞, ステロイドホルモンを分泌する細胞, ヨード化アミノ酸誘導体を分泌する細胞に区別される.

b. 腺細胞からの分泌物の放出様式

腺細胞の分泌物が細胞外に放出される様式は, 全分泌 (holocrine secretion), 離出分泌 (appocrine secretion), 開口分泌 (exocytosis), 透出分泌 (diacrine secretion) に区別される（図1.20）. 全分泌は, 分泌物が大部分の細胞質を占める様式で皮脂腺に代表される. 離出分泌は, 分泌物が細胞質から自由面に突出し, その根本がくびれて放出される. この分泌様式は乳腺上皮細胞やアポクリン汗腺上皮などでみられる. 開口分泌では, 分泌顆粒の限界膜と細胞膜が融合し, その開口から分泌顆粒の内容物が細胞外に放出される. この場合, 分泌顆粒の膜は細胞膜に組み込まれる. 開口分泌は, タンパク質を分泌する内分泌腺や外分泌腺にみられる. 透出分泌では, 分泌物が細胞膜をしみでるように通過する. ステロイドホルモンの分泌や胃の塩酸分泌などは透出分泌様

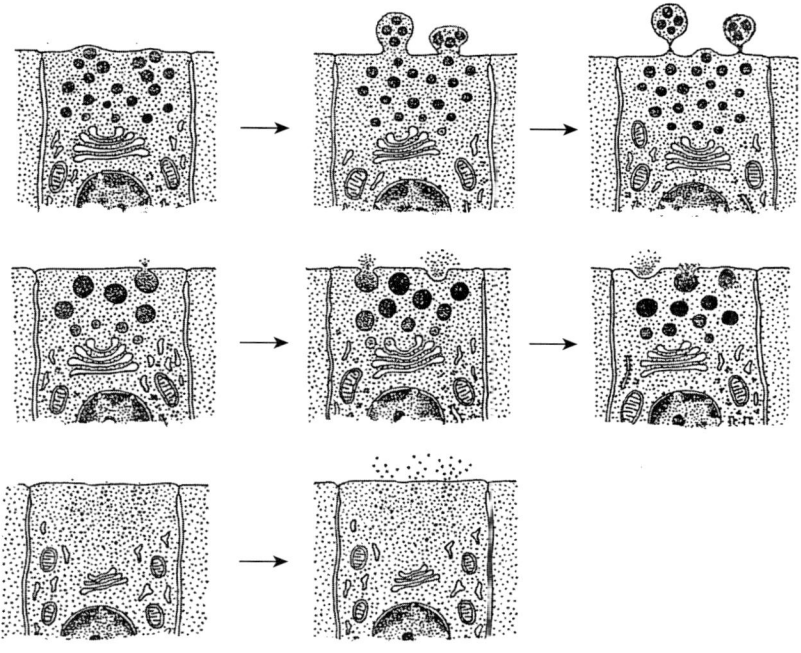

図 1.20 腺細胞からの分泌物の放出様式（山田，1994 より改変）
上段：離出分泌，中段：開口分泌，下段：透出分泌．

式をとる．

1.2.3 結 合 組 織

　結合組織（connective tissue）は中胚葉起源とする間葉性の組織で，全身の組織や器官の間を埋め，形の枠組みや支柱としてそれらを支えているので，支持組織（supporting tissue）ともいわれる．結合組織は細胞成分と細胞間質からなり，細胞は間質に埋まるように存在する．細胞間質は線維とその間を埋める基質からなり，組織の密度，硬さ，弾性，抗張力など結合組織の物理的性質を決定する．結合組織は通常，疎性結合組織，密性結合組織，膠様組織，細網組織，脂肪組織に分けられる．疎性結合組織と密性結合組織は線維性結合組織である．膠様組織は胎児性の特殊な結合組織で粘液質に富んでいる．結合組織は血管，リンパ管，神経の通路，また，栄養物質や代謝産物の移動の場として重要である．

（1） 結合組織の細胞成分

　結合組織には，組織内に固定する細胞と移動ならびに集散を行う自由細胞（遊走細胞）が存在し，これらは大きく細胞外物質の生産と維持にかかわる細胞，脂肪の貯蔵と代謝にかかわる細胞，生体防御と免疫機能にかかわる細胞に分けられる．

　線維芽細胞（fibroblast）は疎性結合組織で最も一般的な細胞で，膠原線維の前駆物質であるプロコラーゲンや弾性線維の前駆物質であるトロポエラスチンを合成し，細胞外に開口分泌する（図 1.21）．また，細胞外基質の構成要素となるプロテオグリカンやフィブロネクチン，ラミニンを合成し，細胞外に放出する．脂肪細胞（adipocyte）は脂肪を蓄積するために特別に分化した細胞である．脂肪細胞が集塊して組織の大部分を占めたものが脂肪組織である．線維芽細胞と脂肪細胞は組織定着性の固定細胞である．マクロファージ（macrophage）は活発な食べ込み現象を示し，大

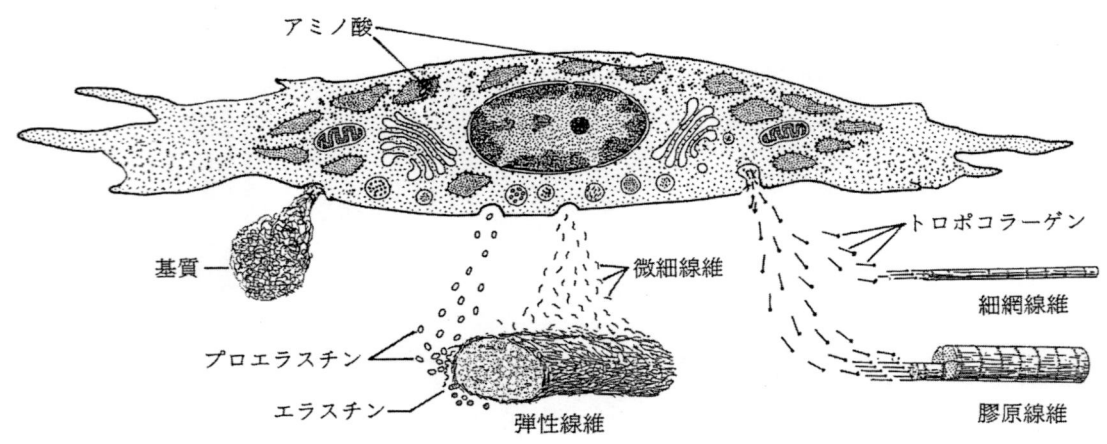

図1.21　線維芽細胞の機能を表す模式図（山田, 1994より改変）

食細胞ともいわれる．マクロファージは食作用のほかに抗原提示能やサイトカイン産生能をもつ．従来，組織球（histiocyte）と呼ばれた細胞はほぼマクロファージにあたる．樹状細胞（dendritic cell）は樹状の細胞質突起を伸ばすことが多く，マクロファージと同様に食作用と抗原提示能を示す．肥満細胞（mast cell）は丸い粗大な顆粒をもち，顆粒内にはヒスタミンやヘパリンなどの活性物質を含み即時型アレルギーに関与する．形質細胞（plasma cell）は抗体を産生する細胞で，小リンパ球の一種のB細胞から分化する．核は細胞の一側に偏在し，特徴的な車輪状を呈する．色素細胞（pigment cell）は組織定着性で，神経外胚葉に由来する．高等動物ではメラニンという茶褐色の色素を産生するので，メラニン細胞（melanocyte）と呼ばれる．色素細胞を除く細胞成分はすべて間葉由来である．このほかの細胞成分として，好酸球（eosinophil）や小リンパ球，単球（monocyte），ナチュラルキラー細胞（natural killer cell）などのリンパ性遊走細胞や毛細血管壁に沿って周細胞（pericyte）が存在する．これらの細胞については，第4章の血液，第5章の免疫器官を参照せよ．

(2) 結合組織の線維性成分

結合組織の線維性成分は膠原線維（collagenous fiber），細網線維（reticular fiber），弾性線維（elastic fiber）の3種類の線維からなる．これらの線維は線維芽細胞から分泌される前駆物質から細胞外で形成されるもので，それぞれ形態と機能を異にする．

膠原線維は結合組織のほとんどすべてに存在する主要な線維である．骨や軟骨にも大量に含まれる．この線維はコラーゲン（collagen）という線維状のタンパク質から構成され，その主な機能は張力に対する備えである．電子顕微鏡でみると，膠原線維は太さが50～100 nmの膠原細線維（collagen fibril）の束で，太さは2～20 μmと様々である．主として，線維芽細胞から細胞外基質中に分泌されたプロコラーゲンは3本のポリペプチド鎖（α鎖）がらせん状に巻き，そのN末端とC末端のプロペプチドがプロテアーゼで切断されてできた，直径が1.5 nm，長さが300 nmのコラーゲン分子（トロポコラーゲン：tropocollagen）が重合して，膠原細線維を形成する（図1.22 (a)）．I型コラーゲン細線維では，コラーゲン分子が67 nmずつずれ，35 nmの間隔をおいて，平行に配列することから，約67 nmの規則正しい周期的な縞模様がみられる（図1.22 (b)）．

細網線維は銀塩に親和性があることから，好銀線維と，また，格子状に繊細な網目をつくることから，格子線維とも呼ばれる．電子顕微鏡で見る

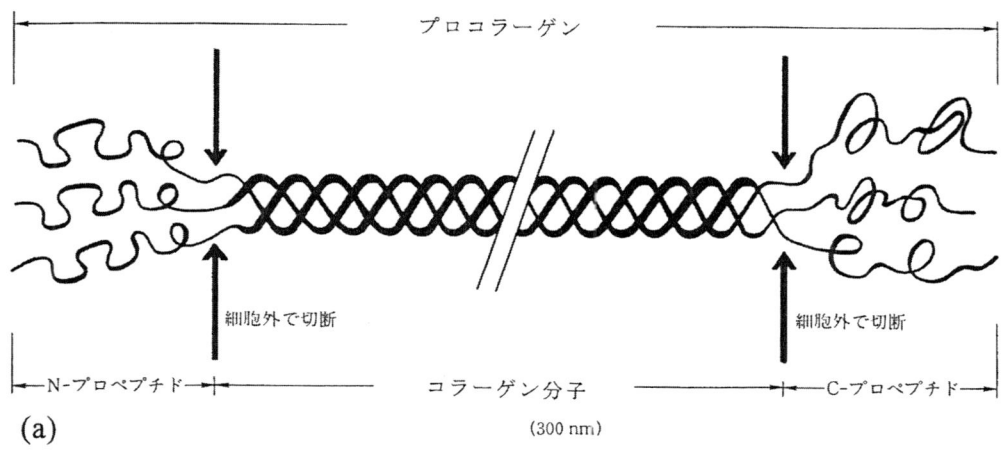
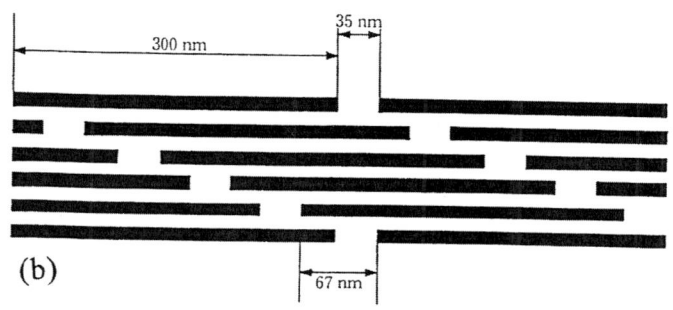

図 1.22 コラーゲンの構造と配列（藤田ほか，1988 より改変）
a：コラーゲンの分子構造．b：コラーゲン細線維中のコラーゲン分子の配列．

と，この線維は主としてIII型コラーゲン分子からなる 30 nm のコラーゲン細線維がつくる小束で，膠原線維の一亜型である．細網線維は肝臓や筋組織，骨髄，リンパ性器官などの組織にみられる．

弾性線維は弾力性と伸展力に富む線維で，主成分であるエラスチン（elastin）とフィブリリン（fibrillin）というタンパク質から構成される．エラスチンは主として線維芽細胞から，前駆物質トロポエラスチン（tropoelastin）として分泌され，細胞外で線維状あるいは不連続な板状に配列する．完成した弾性線維には，構造糖タンパク質のフィブリリンからなる微細線維（microfibril）の存在が必要であり，このタンパク質は弾性線維の周辺部または中に組み込まれる．弾性線維は皮膚，肺，血管などの細胞外基質中に多くみられる．

□ コラーゲン □

コラーゲンは哺乳類では全タンパク質の約 25% を占め，結合組織のほか皮膚や骨の主成分として最も多く存在するタンパク質である．コラーゲンはプロリンとグリシンが特に多いタンパク質で，これらはコラーゲン分子の安定な三本鎖らせん形成に重要である．コラーゲンにはこれまでに約 20 種類の型が知られており，組織によりその分布が異なる．結合組織のコラーゲンの主要なものは，I，II，III，V，XI型で，皮膚や骨ではI型が最も一般的である．これらは細線維を形成するコラーゲンで，細胞外に分泌され束ねられてコラーゲン細線維となる．

(3) 疎性結合組織

疎性結合組織（loose connective tissue）は皮膚や粘膜の下，神経や血管の周囲，腺の葉や小葉

間など，全身に広く分布し，組織や組織の間を埋め，間充織ともいわれる．この結合組織には，膠原線維，細網線維，弾性線維が存在し，膠原線維はまばらで不規則な走りをする．疎性結合組織では，細胞成分が多く，中でも線維芽細胞が最も一般的で，脂肪細胞，色素細胞に加え，多種の遊走細胞がみられる．

（4）密性結合組織

密性結合組織（dense connective tissue）は真皮，強膜や角膜，腱や靱帯，筋膜や腱膜などに分布し，柱状，ひも状，または膜状に一定した形をつくる線維性結合組織である．真皮などでは物理的な支えとなり，腱や靱帯では強い張力の源となる．また，非常に強くできていることから，強靱結合組織とも呼ばれる．

（5）細網組織

細網組織（reticular tissue）は細網細胞に富んだ細網線維の支持網工からなる．細網細胞は細網線維を産生し，この線維網工にからみつくように存在する．細網組織は生体では，リンパ節，扁桃などのリンパ様組織，脾臓，骨髄などに分布する．

（6）脂肪組織

脂肪組織（adipose tissue）は主に脂肪細胞が集合してできている組織で，構成する線維は細網線維であり，特殊化した細網組織とみなされる．脂肪組織での脂肪の蓄積と利用の程度は食餌から吸収される脂肪の量とエネルギーとしての消費量に依存する．脂肪細胞は，近年レプチン（leptin）などの生理活性因子が分泌されることが明らかにされ，脂肪細胞の生理活性因子はアディポサイトカイン（adipocytokine）またはアディポカイン（adipokine）と総称されている（第5章の内分泌系で後述）．脂肪組織は白色脂肪組織（white adipose tissue）と褐色脂肪組織（brown adipose tissue）の2種類の異なった型に区別される．

白色脂肪組織を構成する白色脂肪細胞は単胞性脂肪細胞で，単一の脂肪滴が細胞の容積の大部分を占める（図1.23（a））．白色脂肪組織は全身にわたり分布し，皮下の深層の皮下脂肪はその代表的な例である．家畜の肥育過程では筋肉内脂肪として発達する．この脂肪組織の機能は，エネルギー貯蔵源としてだけでなく，断熱作用，クッション作用としても重要である．

褐色脂肪組織は褐色脂肪細胞から構成される．この細胞は小さな脂肪滴が細胞内に数多く分散することから（図1.23（b）），多胞性脂肪細胞ともいわれ，非常に多くのミトコンドリアを含んでいる．褐色脂肪組織は高度に分化した脂肪組織で，特に新生児や冬眠動物に発達している．その機能

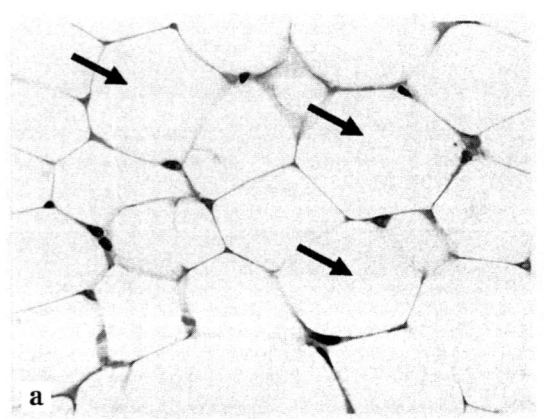 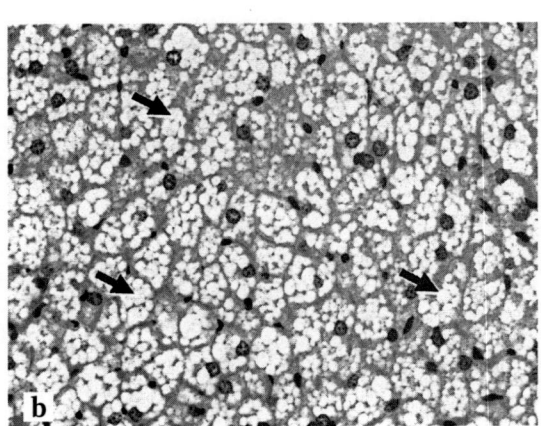

図1.23 脂肪組織（ヘマトキシリン・エオシン染色）
a：白色脂肪組織，白色脂肪細胞（矢印），b：褐色脂肪組織，褐色脂肪細胞（矢印）．
脂肪細胞の脂肪は切片作製の前の段階でアルコールにより溶出されている．

は脂肪分解により大量の熱を供給し，体温を調節することである．褐色脂肪組織には，豊富な毛細血管が発達し，多数の交感神経線維が分布している．

▫ 脂肪細胞とアディポカイン ▫

脂肪組織は身体の10～30%の容量を占める巨大な組織である．近年，脂肪組織は他の臓器と比較すると，最も多くの内分泌タンパク質遺伝子を発現することが明らかとなった．脂肪組織を構成する脂肪細胞由来の内分泌因子はアディポカインと総称されている．これまでアディポカインとして，レプチン，アディポネクチンなど，約20種の因子が見つかっている．このことから，脂肪組織は内分泌組織の一種ともいわれる．

■練習問題■

1. 上皮を構造上の特徴から分類し，それぞれの上皮に該当する具体的な例を2つ以上述べよ．
2. 上皮細胞間の結合を，それぞれの機能型に分類し，構造と機能の特徴を説明せよ．
3. 外分泌腺と内分泌腺の構造的違いを述べよ．また，内分泌腺を構造的特徴から分類し，それぞれに該当する具体的な例を述べよ．
4. 結合組織の細胞成分を述べよ．さらに，結合組織での線維芽細胞の重要性を説明せよ．
5. 結合組織の線維成分を分類し，それらの構成タンパク質，構造的特徴，機能の相違を述べよ．
6. 白色脂肪組織と褐色脂肪組織の特徴と働きについて説明せよ．

参考文献

Alberts, B. ほか著，中村桂子・松原謙一監訳 (2004)：細胞の分子生物学 第4版，ニュートンプレス

藤田尚男・藤田恒夫 (1988)：標準組織学 総論 第3版，医学書院

Furuse, M., et al. (1993)：J. Cell Biol., **123**：1777-1788

Furuse, M., et al. (1993)：J. Cell Biol., **141**：1539-1550

Matsuzawa, Y., et al. (1999)：Ann. N.Y. Acad. Sci., **892**：146-154

山田安正 (1994)：現代の組織学 改訂第3版，金原出版

2 外皮系

2.1 動物体の外観と方向

2.1.1 動物体の外観

動物の体の各部について一般的な名称とは別に，動物形態学の用語が定められている．体の外観から主要な名称を図2.1に示す．体躯は，大きく頭部，頸部，躯幹（胴部），尾部，四肢（前肢，後肢）に区分される．躯幹は横隔膜を境に胸部と腹部に分け，腹部はさらに後方の骨盤に囲まれた骨盤部を区分することもある．頭部は頭蓋と下顎に分ける．前肢は上腕，前腕，手根部，中手部，指部からなり，後肢は大腿，下腿，足根部，中足部，趾部からなる．

体には外観から確認できる突起や陥凹や屈折点など特徴的な構造に名称がつけられ，観察や計測の指標となる．形態学用語とは異なる畜産学で用いられる語もある．図2.1では，ウマを例に外観から認められる各部の名称を示す．鳥類では羽装など特有の形態がある．ニワトリでの各部の概要を図2.2に示す．

2.1.2 体の方向，断面を示す用語

動物体の体位や方向を示す用語が統一されている．図2.3では動物とヒトでの方向と断面を示す．四足歩行する動物と直立歩行するヒトでは前（anterior）-後（posterior），上（superior）-下（inferior）が一致しない．そのため動物形態学では，直立に近い鳥類やサルなどを含めて，より正確な頭側（cranial）-尾側（caudal），背側（dorsal）

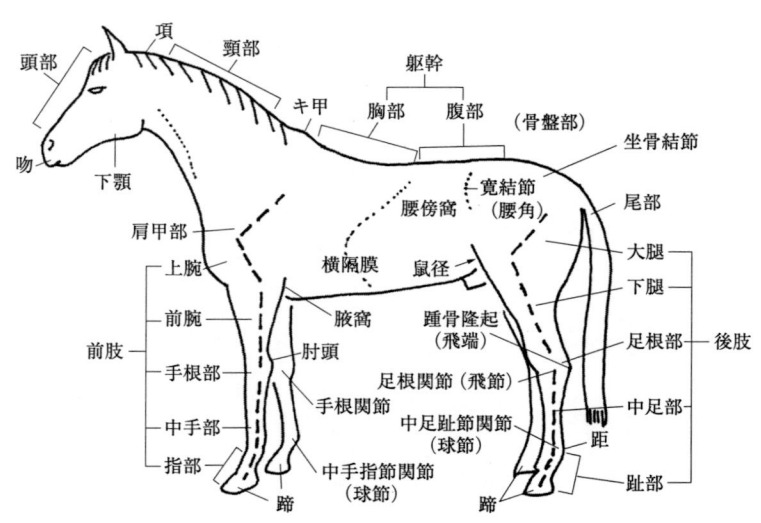

図 2.1 哺乳類（ウマ）の外観と各部の名称

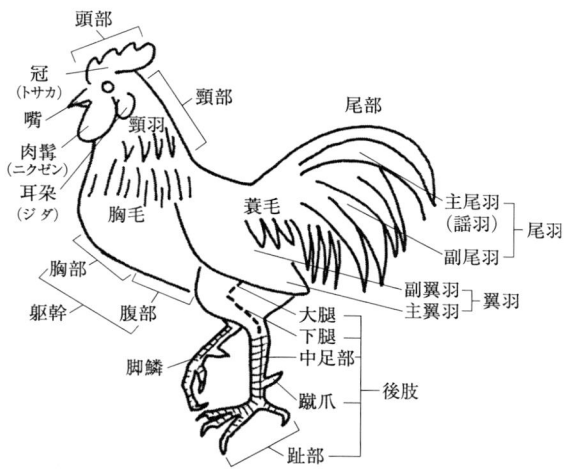

図 2.2 鳥類（ニワトリ）の外観と各部の名称

-腹側（ventral）を用いる．しかし，部位により前-後を用いることもあり，ヒトでの上-下に相当する（たとえば，動物の前腸間膜動脈や後大静脈は，ヒトでは上腸間膜動脈や下大静脈となる）．

動物の体を断面で表す用語には，正中矢状面（median sagittal plane, 動物を左右対称に分ける面），傍矢状面（para-sagittal plane, 矢状面と平行な面），横断面（transverse plane, 体躯の長軸を輪切りにする面），背断面（dorsal plane, 体躯を背腹に分ける面）がある（図 2.3）．正中矢状面への遠近で内側（medial）-外側（lateral），体の中心への遠近で近位（proximal）-遠位（distal）を用いる．また，表層から内部へは浅（superficial）-深（profundal）として表す．

体の特定の部位では別の用語となり，頭部では鼻先に近いほうを吻側（rostral），逆方向を尾側とする．前肢端（手）では地に接するほうを掌側（palmar），逆方向を背側，後肢端（足）では地に接するほうを底側（plantar），逆方向を背側とする．橈側（radial）-尺側（ulanar, 前腕での橈骨と尺骨の方向），脛側（tibial）-腓側（fibral, 下腿での脛骨と腓骨の方向）も用いられる．躯幹や四肢の中心線を軸（axis）とし，近傍の構造物の両側を軸側（axial）-反軸側（abaxial）として表す．

2.2　皮膚と皮膚付属器官（外皮）

外皮（integument）は体を覆う部位で，皮膚および皮膚付属器官の毛，羽，鱗など被覆構造物と汗腺，脂腺など分泌腺が含まれる．外界との境

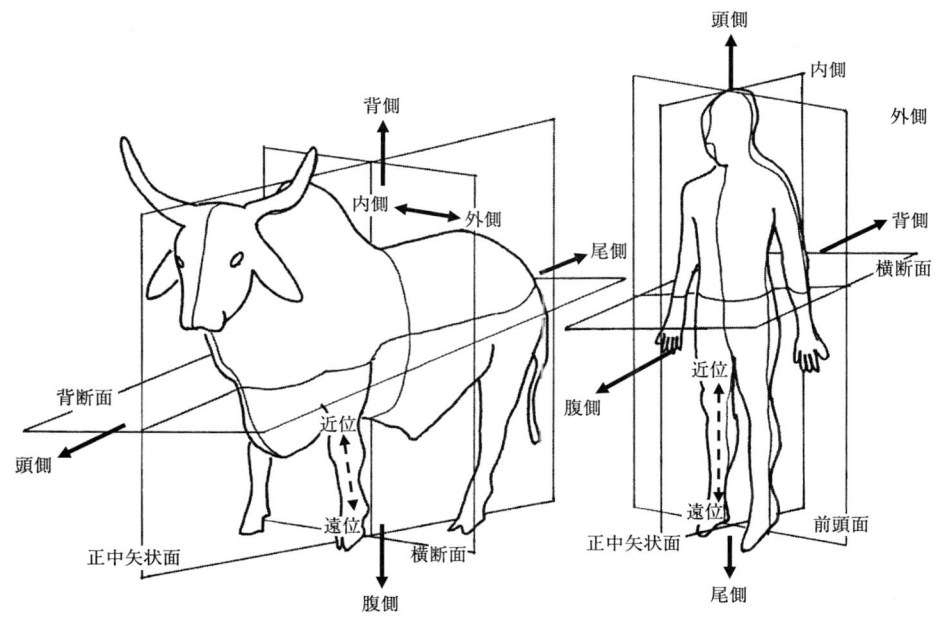

図 2.3 動物とヒトの方向と断面

界として体表からの水分の蒸散を防ぎ，有害な紫外線から生体を防御し，体温を維持・調節するなど，以下に列挙するように様々な役割を果たしている．

ⅰ）保温・体温調節： 被毛，羽毛，皮下脂肪による保温と汗腺による放熱．

ⅱ）保護： 角質層が物理的，化学的障害から守り，メラニン色素が紫外線を遮断．

ⅲ）保護色： 周囲の色と同調することで捕食者，天敵をさける．

ⅳ）排泄： 代謝産物（尿素）や有害物質（水銀，ヒ素など）を汗，毛として排出．

ⅴ）感覚： 痛み，冷熱を知覚し，触毛のある動物では空間を把握．

ⅵ）栄養貯蔵： 過剰の栄養物を脂肪として皮下に蓄える．

ⅶ）生体防御： 炎症時での対炎症防衛機能．

ⅷ）コミュニケーション： 分泌物による個体の認識，異性の誘因，なわばりの主張など．

2.2.1 皮　膚

皮膚（skin）は体全体を覆い，口唇や肛門で体の内腔を覆う粘膜と連続する．眼球の露出部や鼓膜も皮膚に含めている．皮膚自体は厚みはないが総体的には生体での最大の器官ともいえる．皮膚は体色を決め，哺乳類では鼻鏡，足蹠などの角化部位や粘膜部を除き被毛を備える．皮膚の構造は，表層から表皮，真皮，皮下組織に分けられる．

（1）表　皮

表皮（epidermis）は部位により厚みが異なる．四肢端の指球や掌球では表皮層は厚く，鼠径部では比較的薄い．表皮は外胚葉に由来する重層扁平上皮で構成されるが，深層から表層にかけて構成細胞の状態が変化する．そのため表皮は深部より胚芽層，中間層，角質層に区分される（図2.4）．

胚芽層（germinal layer）はさらに基底層（basal layer）と有棘層（prickle layer）に分けられる．基底層は表皮を構成する細胞の基盤となり，基底膜の上で細胞分裂して新たな表皮細胞を形成する．細胞は円柱〜立方状．核は明調で細胞質にはミトコンドリア，ゴルジなどが豊富に含まれる．有棘層は細胞間で細胞質突起を伸ばして細胞間橋をつくり，細胞間はデスモゾームにより強く結合している．胚芽層にはメラノサイト（melanocyte）やランゲルハンス細胞が分布する．メラノサイトはメラニンを合成し，胚芽層細胞にメラニン顆粒

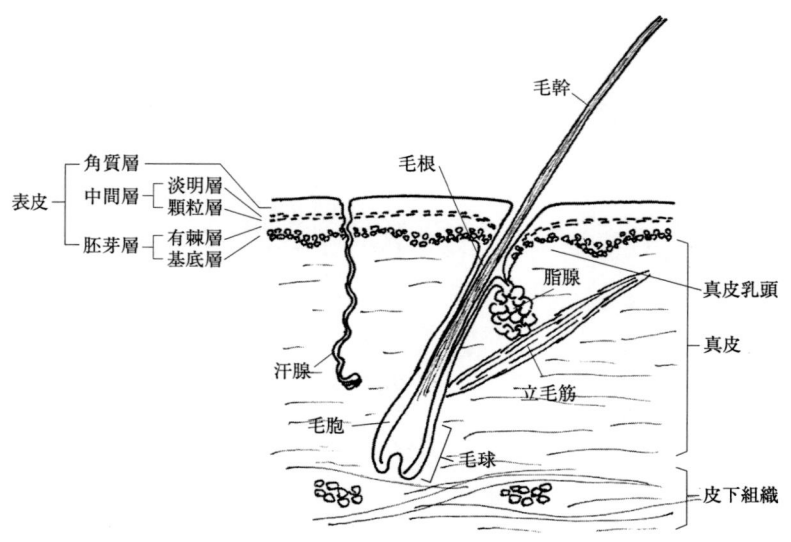

図2.4　哺乳類の皮膚の組織形態

を送り皮膚の色調を決定する．ランゲルハンス細胞（Langerhans cell）は免疫機能を担う．

中間層（intermediate layer）は顆粒層（granular layer）と淡明層（stratum lucidum）とに区分される．顆粒層は胚芽層の上層にあり，細胞はケラチン顆粒を含む．顆粒層細胞は表層に向かって生命力を失っていくため明調となる．染色性のない明調細胞が淡明層となる．

角質層（horny layer）は生理的には死亡した細胞からなる．細胞はケラチン顆粒を含み，核は活動を停止し，扁平となり，核自体を消失し角化細胞となり，表層より剥離脱落する．ケラチンは水に不溶性の硬タンパクのため，こうした角化細胞により水分の蒸散が防がれ，傷害から保護される．

すべての皮膚で表皮は上記の全層をもつわけでなく，多くは胚芽層と角質層のみである．胚芽層より表層では角質化が生じ次第に生命力を失っていく．表皮には血管も神経もなく，栄養や酸素の供給は浸潤による．また，後で述べる腺は表皮から生じ，嚢状に発達して真皮層に進入したもので，導管により皮膚表層に通じる．

（2）真　皮

真皮（dermis）は表皮の下層にあり表皮を支える役割を果たす．表層の乳頭層（真皮乳頭）と深層の網状層に分けられる．真皮は線維性の層で緻密な結合組織からなり，コラーゲン線維，弾性線維，微細な平滑筋細胞を含む．表皮に近いほど結合組織が緻密である．立毛筋，脂腺，毛包，汗腺があり，血管，神経が走る．

（3）皮下組織

皮下組織（subcutaneous tissue）は疎性結合組織からなり，脂肪組織や筋が含まれる．皮下組織は真皮の下層にあり明瞭な境界なく移行するが，結合組織がより粗いため両者を区別できる．疎性結合組織の走行の間には脂肪や体液を含むため皮下脂肪層となり，緩衝部位として皮膚の運動の可動性を高めている．最深層には皮筋が含まれる．皮下組織の発達は環境などによって異なり，寒冷地の動物では保温のため厚い脂肪層を備えている．皮下の脂肪層は栄養物の保存も行うため，過剰な栄養摂取はこの層を厚くする．

□ **皮膚移植のコツ** □

皮膚組織の筋は皮筋（panniculus carnosus）と呼ばれ，皮膚を下層の筋と分けるときに皮膚側に留まる．皮膚移植の際，移植皮膚片ではこの筋を完全に取り除き，一方移植皮膚片を受け入れる移植床は表皮と真皮のみを除き皮筋を残すことが，皮膚移植の成功に不可欠である．

2.2.2　皮膚付属器官

（1）被毛（毛）

被毛（hair）は哺乳類に特有で，"けもの（獣）"と称される因となっている．体表を覆う最も一般的な角質器で，皮膚表面の保護，保温のために発達したが，触覚を感じる機能ももつ．また沈着したメラニン色素により特定の色調を示し，毛を逆立てることにより体を大きく見せて威嚇する．

被毛は上毛（capilli）と下毛（wool hair）に大別され，上毛はたてがみ，尾毛のような特別太く長い第一上毛と，下毛に混ざってみられる刺毛と呼ばれる第二上毛に分けられる．下毛は全身に密生する．また，顔面の上唇部には感覚の鋭敏な剛毛が生え，三叉神経の分布を受けて感覚をつかさどるため触毛（tactile hair）と呼ばれる．体毛の生え方には方向性（毛流）があり，毛流の中心では渦（毛渦ツムジ）がつくられる．

毛は，皮膚の表面から露出した部分である毛幹（hair shaft）と皮膚の中に埋まった部分である毛根（hair root）に区分される（図2.4）．毛幹は角化した死亡細胞であるが，毛根，特に末端の紡錘形にふくれた部位は毛球（hair bulb）と呼ばれ，上皮性の細胞が盛んに分裂増殖して，皮膚表面に向かって伸び出していく．

毛幹の断面をみると中心から外方へ，毛髄質（medulla），毛皮質（cortex），毛小皮（hair

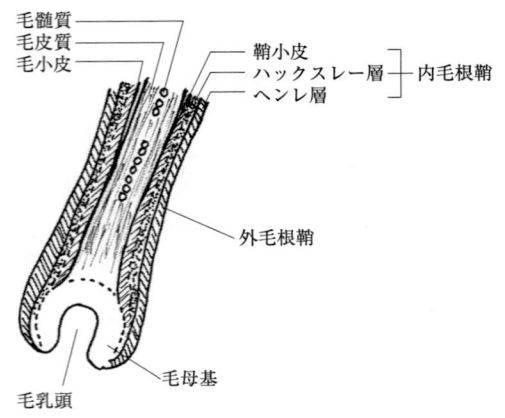

図 2.5 毛根部の構造

cuticle）の3層が区別される（図2.5）．毛小皮は扁平な鱗片状で，鱗片の遊離縁が突出する．鱗片の配列はキューティクルパターンと呼ばれ，動物種や部位によって異なる．遊離縁の密度，突出程度により，毛の光沢に違いが生ずる．毛皮質は毛の主要な部分で毛根部では多角形の有核細胞の集合であるが，毛幹部では縦に長い紡錘形でケラチン化した細胞の層となっている．この細胞内に含まれる色素のために毛に色がつく．毛髄質は多角形の有核上皮細胞が占めるが，毛根部より毛幹部に向かうにつれ角質化し，占める領域も狭くなる．

毛根は皮膚内で毛包（hair follicle）により鞘状に包まれている．毛包は表皮が毛根に沿って陥入して毛根部を取り囲んだもので，表皮に相当する上皮性毛包と，真皮に相当する結合組織性毛包に分けられる．上皮性毛包は毛包の底部で毛球に移行する．上皮性毛包はさらに2層に分かれ，毛根に接する内側から内毛根鞘（inner root sheath），外毛根鞘（outer root sheath）となる．毛球の底部より結合組織が進入して毛乳頭（hair papilla）を形成する．毛乳頭を囲むように毛母基（hair matrix）があり，毛母細胞から毛の3層（毛髄質，毛皮質，毛小皮）と内毛根鞘が生じる．内毛根鞘は，内層より鞘小皮，ハックスレー層，ヘンレ層からなる．ハックスレー層にはトリコヒアリン顆粒が存在する．内毛根鞘は毛幹が成長する際

のガイドの役割を果たすとされている．上皮性毛胞の外毛根鞘は表皮胚芽層に連続するもので毛母基からは生じない．毛包には立毛筋，脂腺，汗腺が付属する．立毛筋は平滑筋の細い筋束で自律神経系の統御により反射的に収縮する．

毛色はメラニン色素の粗密で決まる．メラニン顆粒が密に分布すると黒色に，1本の毛でメラニンがまだらに分布すると野生色といわれる茶褐色を呈する．

a. 毛周期

一般に被毛は周期的に脱毛し，新たな発毛により補われている．こうした被毛の周期的な変化は毛周期（hair cycle）と呼ばれ，毛を作り出している成長期（anagen），毛の形成が中止し毛胞が萎縮していく退行期（catagen），最後にまったく毛の新生がなく毛根部が棍棒状を呈する休止期（telogen）に分けられ，この周期を繰り返している．一般に野生動物では冬毛と夏毛をもち，年に2回換毛する．

b. 触毛

ヒトを除き，吻部に被毛とは異なる毛が生える．この毛は特別の感覚器官と接続し，触毛と呼ばれる．体毛より太いことを除き構造的には体毛と同じだが，毛根部をとりまく神経があり，その受容体が触毛の感覚を中枢神経に伝えている．

(2) 羽毛（羽）

羽毛（feather）は鳥類に特有の皮膚付属器官で体の部位により形状が異なる．大きな羽が全身を覆うが，その下層には綿毛が生える．羽はその形状から正羽（feather），綿羽（down feather），毛羽（filoplume）が区分され，さらに飛翔用（flight feather）の翼羽と外装用の胸羽（contour feather）を分ける（図2.6）．正羽の有無により皮膚は羽区と無羽区に分かれる．

正羽の構成は，図2.7に示すように羽の中心を羽軸（rachis）が走る．羽軸の両側に羽枝（barb）が，羽枝から小羽枝（barbule）が出る．こうして羽弁（feather vane）となる膜状の構造がつくられる．正羽は硬くて大きく飛翔や装飾に用いら

2.2 皮膚と皮膚付属器官（外皮）

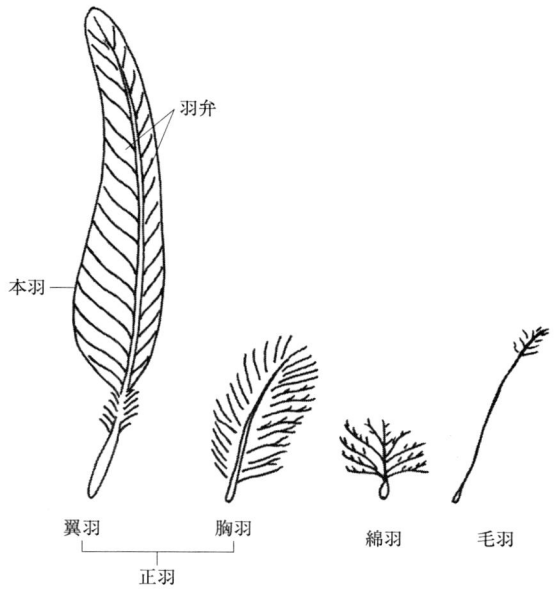

図 2.6 羽毛の型

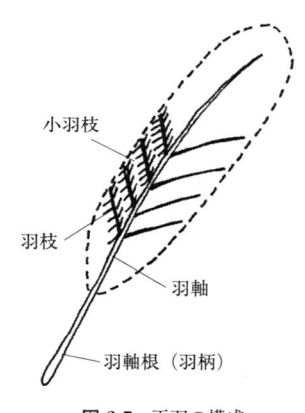

図 2.7 正羽の構成

れる．綿羽は柔らかく密生して保温の役割をする．ダウンとして防寒用の素材に利用される．毛羽は微細な羽で頭頸部に生える．羽の色はメラニンによる化学色と構造による物理色がある．

a. 鱗

鱗（scale）は魚類では体表を覆い真皮に由来するのに対して，全身を覆う爬虫類の鱗や鳥類の脚鱗は表皮に由来する．哺乳類でもアルマジロやセンザンコウは毛の変化した表皮性の鱗で覆われる．

(3) 脂腺（皮脂腺）

脂腺（sebaceous gland）は被毛との関連が深く，被毛の一部として毛器官を構成する．上皮性毛包が陥入して胞状腺となったもので，産生された皮脂は導管により毛包頸部に開口し，皮膚と毛を保護する（図 2.4）．分泌様式は全分泌で細胞自体が脱落して皮脂となる．鳥類では皮膚全域に分布する脂腺はないが，尾のつけ根，尾端骨の背側に触知できる尾腺（uropygial gland，ニワトリでエンドウマメ大）をもつ．

(4) 汗 腺

汗腺（sweat gland）は皮膚の付属器官で，小汗腺（エックリン汗腺：eccrine sweat gland）と大汗腺（アポクリン汗腺：apocrine sweat gland）に分けられる．エックリン汗腺は霊長類やウマを除き，哺乳類では一般に発達が悪い．単一管状腺で迂曲しており，塩分を含む水溶性の汗を分泌する．アポクリン汗腺は局部的にみられる胞状腺で，粘液性で脂質を含む臭気のある特有物質を生産し，毛包上部に開く．分泌様式は腺上皮細胞の細胞質がちぎれて分泌物となる離出分泌（アポクリン分泌）である．

(5) 臭 腺

哺乳動物には皮膚付属器官として特有の臭腺（scent gland）があり，種内のコミュニケーションや情報伝達などに使われる．雄で発達する．前頭部（カモシカ，インパラ），眼下部（ディクディク），下顎部（マメジカ），前胸部（ツパイ），側腹部（ジャコウネズミ），下腹部（ジャコウジカ），肛門周囲（イヌ，ブタ），手根部（ブタ），角（ヤギ）などにあり，糞への臭い付け，テリトリーや雌へのマーキングなどに分泌物を使う．臭腺の構造は一般に脂腺とアポクリン腺の複合構造である．臭腺の中にはジャコウジカの麝香のような経済的な価値の高い物質もある．

□ 麝香玉 □

動物の生産物の中で最も高価なものの一つが，ジャコウジカの臭腺である麝香で，同じ重量の

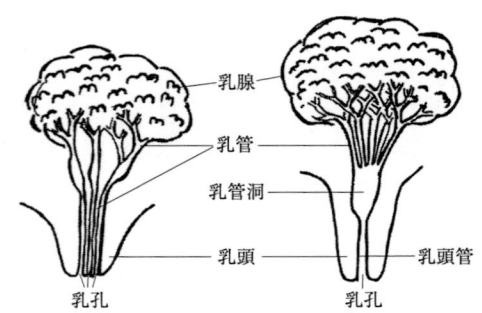

図 2.8 乳腺の構造
一般的な哺乳類の乳腺（左）と反芻動物の乳腺（右）．

金より高価で取り引きされる．麝香は高級な化粧品や漢方薬に用いられるが，高価であるため生息地では密猟されている．麝香はジャコウジカの雄にだけ発達するが，密猟者は麝香を得ようと雄雌ともに殺すため，生息数の減少を招いている．殺さずに臭腺の内容物だけをすくい取る方法もあるが，麝香玉としての価値が落ちるため市場では好まれない．

(6) 乳 腺

乳腺（mammary gland）は哺乳類に特有の特殊化した汗腺で，産子を哺育する栄養のある分泌物，ミルクを生産する．乳腺組織は性成熟に達する頃に増殖し，妊娠に伴って発達して，分娩前後より分泌を開始する．産子の吸飲刺激により，ますます発達し，哺乳期間を通じて分泌活動を続ける．

乳腺は，系統発生的には腋窩から鼠径にわたる外胚葉の高まりである乳線（milk line）に沿って多数生ずるが，次第にその数を減少し胸部（霊長類，コウモリ），腋窩（コモンマーモセット），胸部と鼠径部（食虫目）あるいは鼠径部（有蹄類など）に限局される．イヌやブタのように腋窩より鼠径部まで乳腺が残るものもある．分布位置により胸部乳腺，鼠径部乳腺に分けられる．水中で活動するヌートリアでは乳頭が背側にあり，子を背に乗せたまま授乳する．

乳腺の構造は複合管状胞状腺で，腺胞は集合して乳腺小葉となり，小葉がまとまって乳腺葉となる．個々の腺胞では離出型の分泌様式をとり，生

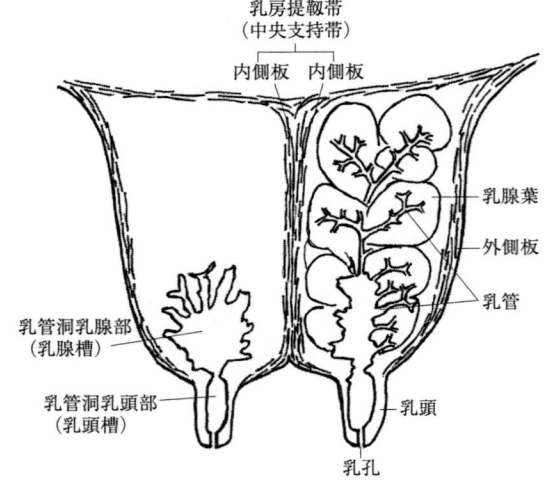

図 2.9 ウシの乳腺の構造

産された乳汁は乳管に入り，乳管は集合しながら乳頭に向かい，乳頭先端で多数の乳孔より分泌される．ウシやヒツジでは乳管は拡張して洞様（乳槽）となり，乳頭管を経て1つの乳孔より放出される（図2.8）．

巨大な乳房をもつウシでは，乳房は左右それぞれが外側板および内側板をもつ．両側の内側板は合一して中央支持帯（乳房提靱帯）となり乳房を後駆より吊り下げる（図2.9）．大量のミルクを生産するための素材の導入は血管，リンパ管が担う．ウシでは主として外陰部動脈の分枝である乳腺動脈と会陰動脈の分枝から血液供給を受ける．腋窩部〜胸部の乳腺へは内胸動脈および肋間動脈の分枝が分布する．1lのミルクの生産に500lの血液が必要とされる．

(7) 鉤爪，平爪（扁爪），蹄

指端の背側面独特の構造物で，指端の表皮が変化した硬い角化組織からなる角質器．形状から，鉤爪（claw），扁爪（nail），蹄（hoof）と呼ばれる．爪の構造は共通で硬い爪壁と柔らかい爪底からなる．鉤爪は哺乳類に一般的であるが，霊長類では扁爪，有蹄類では蹄となる．各種の爪の構造を図2.10に示す．

(8) 角と枝角

角（horn）と枝角（antler）は有蹄類に特有の

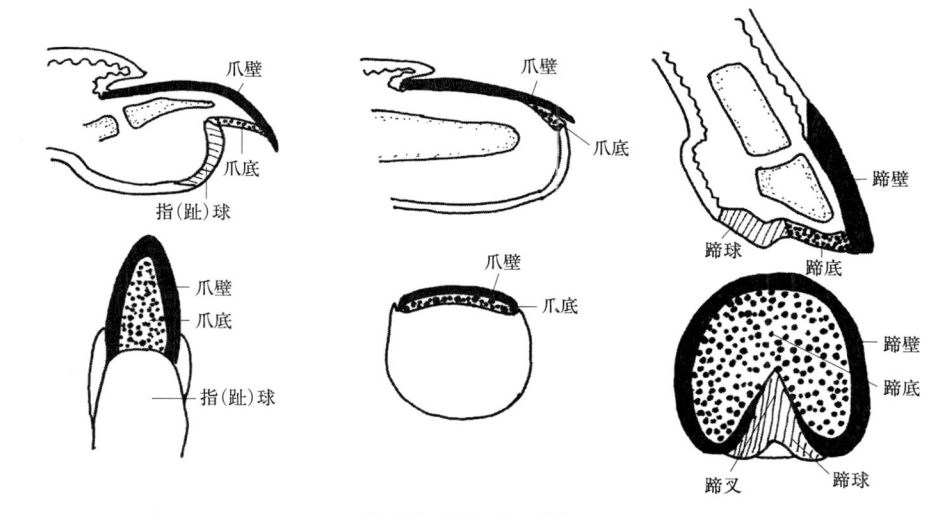

図 2.10 各種の爪の形態
左：一般的な鉤爪，中：ヒト，霊長類の扁爪，右：有蹄類（ウマ）の蹄．

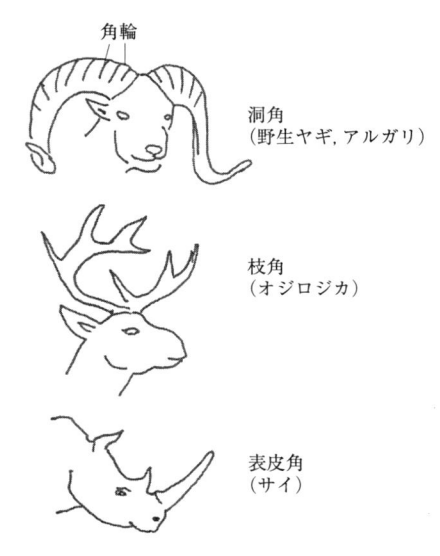

図 2.11 様々な角の形態

皮膚の変化した構造物で，闘争時の武器であり，デモンストレーションの装飾でもある．ウシ，ヤギ，ヒツジなどウシ科動物の角は洞角で雌雄ともにあり，雌では雄に比較して小さい．家畜のウシやヤギの一部では雌が洞角を欠く．洞角は前頭骨の突起を包むもので角鞘と呼ばれ，前頭骨突起を覆う表皮の角質層が変化し，強固な角質となったものである．野生のウシ科動物では洞角の伸長や増殖は成長の滞る冬期で少ないため，洞角基部の輪状の高まり（角輪）から年齢推定が可能である（図2.11）．家畜のウシでは妊娠・出産により洞角の成長が抑制されるため角輪を計測することで出産回数を推定できる．

枝角はシカ科に特有のものであり，多様に分岐した角となる．分岐の数により1尖，2尖，3尖と数えられる．洞角と異なり角化組織でなく骨性組織で，前頭骨などの骨性の基礎はない．通常，雄でのみ発達するが，カリブーやトナカイでは雌雄とも枝角をもつ．毎年生え替わり，新たに形成される枝角は加齢とともに大きくなる．

サイの前頭部の角も皮膚の特殊化したもので表皮角（hair horn）と呼ばれる．キリンの角は前頭骨突起の芯はあるが，被毛の生えた皮膚に覆われた袋角である．

□ **枝角サイクル** □
シカ科の枝角は，春にテストステロンが最低値になる直前落角する．その後，ホルモンの刺激により皮下の造骨細胞が再び枝角を形成する．毛の生えた皮膚に覆われた袋角は秋には硬くなり，血行を停止した皮膚が乾いて脱落する．漢方の鹿角は袋角を使用するため，枝角が硬くなる前に採取する．

■ 練 習 問 題 ■
1. 動物での方向と断面を示す用語を列挙し，ヒトとの相異を説明せよ．
2. 外皮はどのような構造からなり，どのような役割をしているか．
3. 皮膚の組織学的な構成を説明せよ．
4. 毛根部の構造を説明せよ．
5. 皮膚付属腺にはどのようなものがあるか．
6. 洞角と枝角の相異について説明せよ．

参 考 文 献

Evans, H.E. and deLahunta, A. (1980)：Miller's Guide to the Dissection of the Dog 2nd ed., W.B.Saunders
加藤嘉太郎・山内昭二 (1995)：改著 家畜比較解剖図説，養賢堂
大泰司紀之 (1998)：哺乳類の生物学 2.形態，東京大学出版会
佐藤良夫 (1995)：標準皮膚科学 第4版，医学書院
畜産学会編 (2001)：新編畜産用語辞典，養賢堂

3
支持・運動系

3.1 骨組織と骨格系

3.1.1 骨・軟骨の組織学

(1) 骨組織

骨（bone）は骨格をつくって身体を支えると同時に，筋肉とともに運動を行い，また内臓を保護する役割をもっている．特に，生体の維持にとって重要な脳や心臓・肺は，頭蓋骨や肋骨によってそれぞれ保護されている．骨には多量のCaやPなどの無機物が沈着しているために，非常に硬く，歯などとともに，硬組織ともいわれる．硬組織には生体のCaの99%が分布し，これらのCaはリン酸カルシウムの結晶であるハイドロキシアパタイト（hydroxy-apatite）の形で存在している．血液中のCa値が低下すると，骨からCaを動員する一方，血液中のCa値が増加すると，血液中のCaは骨へ取り込まれて沈着する．このように血液と骨との間で，Caの交換が絶えず行われており，骨は血液中のCaの恒常性を維持し，無機物の貯蔵器官として生体の無機物代謝の機能を果たしている．

骨は形態によって上腕骨や大腿骨などの長骨（long bone），椎骨や手根骨などの短骨（short bone），頭蓋骨や胸骨などを構成する扁平骨（flat bone），頭蓋骨の一部である前頭骨や上顎骨などの内部に空気を含む洞のある含気骨（pneumatic bone）に大別される．骨の構造は長骨の場合には図3.1に示すように，骨端軟骨（epiphyseal

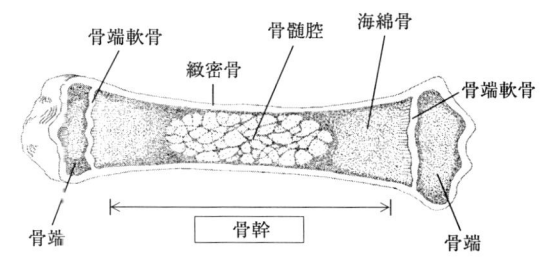

図3.1 長骨の模式図

cartilage）を境にして骨端（epiphysis）と骨幹（diaphysis）に区分され，骨端は関節腔に面した硝子軟骨からなる関節軟骨（articular cartilage）と骨端内腔を占める海綿骨（spongy bone）からなる．骨幹は緻密で堅固な緻密骨（compact bone）によってつくられている．骨幹の内部は骨髄細胞（bone marrow cell）で占められる骨髄腔（bone marrow cavity）があり，その両端には海綿骨が発達している．骨端と骨幹を区分する骨端軟骨は関節軟骨と同じく硝子軟骨からできており，骨端板（epiphyseal plate）ともいわれる．骨端軟骨は長骨の縦の成長にたずさわり，成長期に明瞭であることから，成長板（growth plate）とも称されるが，成長が停止すると骨端軟骨は骨化して骨端線（epiphyseal line）の形として残る．

長骨は図3.2 (a) に示すように緻密骨の発達が著しく，80%が緻密骨で，20%が海綿骨であるが，短骨は図3.2 (b) のように長骨よりも緻密骨が薄く，20%が緻密骨で，80%が海綿骨である．短骨では緻密骨から境界なくして，そのまま海綿骨が発達している．扁平骨は外板と内板の2層の緻密骨に挟まれた板間層にわずかな海綿骨が存在

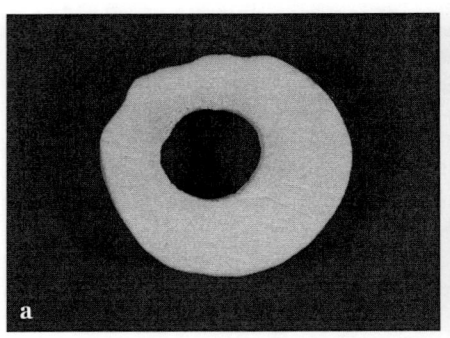

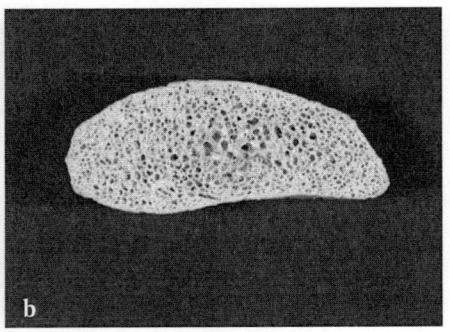

図 3.2　緻密骨と海綿骨
a：ブタの大腿骨の骨幹中央部の横断面．厚い緻密骨からなる．
b：ブタ胸骨片の横断面．網状の海綿骨から構成されている．

する．含気骨は重量を軽減するために空気が入る空洞（副鼻腔）があり，骨の内面は粘膜で覆われている．鳥類の骨の一部には，気管支粘膜から続く気囊（air sac）が骨髄腔に入り込み，多量の空気を持っているが，これらも含気骨の一種である．

骨の根幹をなしている骨質は緻密骨と海綿骨に区分されるが，いずれも骨細胞（osteocyte）とその周囲の骨基質から構成される．緻密骨は強固な骨組織で，骨幹を形作っている．緻密骨は骨幹の内部にある骨髄腔を髄質とすると，その外側にあることから皮質骨（cortex bone）ともいう．緻密骨の外表面は厚い骨膜（periosteum）に覆われるが，骨髄腔に面する内表面は薄い骨内膜（endosteum）が覆っている．骨膜は2層から構成され，線維層（fibrous layer）と呼ばれる膠原線維主体の強靭な結合組織と，この線維層の下の骨形成層（osteogenic layer）といわれる薄い疎性結合組織とからなる．骨形成層は未分化な間葉細胞である骨原性細胞が含まれ，成長期には骨をつくる骨芽細胞（osteoblast）に分化して緻密骨をつくる．成長が止まると骨形成は停止し，骨膜は薄くなる．骨膜は腱や靭帯の付着部でもあるが，骨膜からはシャーピー線維といわれる膠原線維が緻密骨に多数侵入している．このシャーピー線維は，特に筋肉や腱の付着部で多く，緻密骨と筋肉や腱とを強固につなぎとめている．骨の内表面を覆う骨内膜は骨形性能を有する細胞からなり，骨成長期は骨を破壊する破骨細胞（osteoclast）と骨形成を営む骨芽細胞が存在して骨髄腔を拡張するが，骨成長が停止すると骨髄腔の拡張が止むとともに，骨内膜は薄い骨原性細胞に変わる．

緻密骨の骨質は多量の骨基質と骨細胞からなるが，骨基質は図3.3に示すように膠原線維が密に配列した束が層板（lamella）を形成している．この膠原線維束の走行によって，骨基質は外環状層板（outer circumferential lamella），内環状層板（inner circumferential lamella），ハバース層板（Haversian lamellae, オステオン層板：osteon lamellae）および介在層板（interstitial lamellae）に区別される．緻密骨の外表面側に外環状層板，内表面側に内環状層板が位置し，これらの層板に挟まれた中央部にはハバース層板と介在層板があ

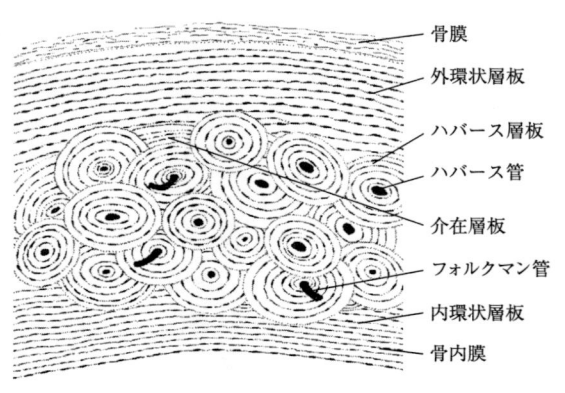

図 3.3　緻密骨の模式図

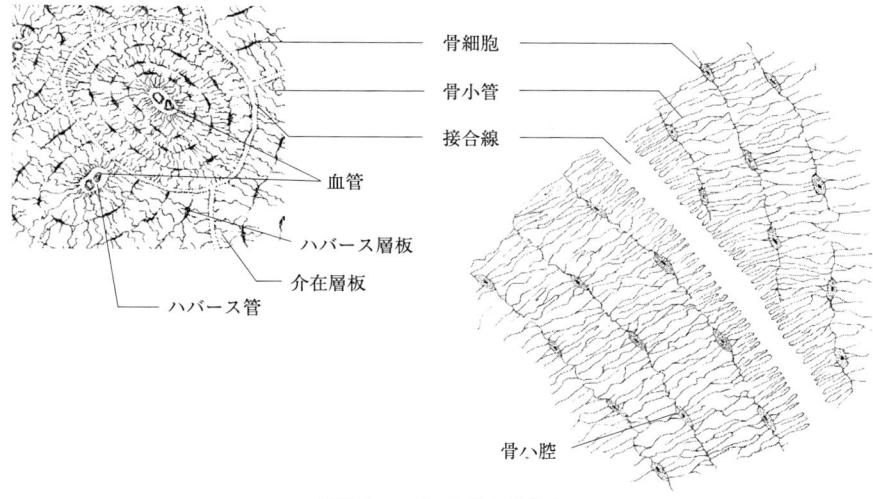

図 3.4 ハバース系の模式図

る．外および内環状層板はいずれも骨の長軸に平行に走行しているが，ハバース層板は同心円状の層板で骨幹の長軸に沿って枝分かれや吻合して多数存在する．ハバース層板は図 3.4 のように中心部に栄養血管と神経を入れる管があり，これをハバース管と呼ぶが，このハバース管を中心にして同心円状におよそ 5 μm の膠原線維束が左回りと右回りに交互に配列している．ハバース層板の最外側には膠原線維の存在しない光を屈折する接合線（cementing line）が存在し，隣接のハバース層板や介在層板との境界になっている．ハバース管とハバース層板を合わせてハバース系（Haversian system）あるいは骨単位（オステオン：osteon）という．ハバース系とハバース系の間を埋める層板で，ハバース管をもたない不完全な層板を介在層板という．

骨の外側に骨膜から細い血管が侵入して骨に栄養を供給するとともに，緻密骨を太い血管が貫通して骨髄腔内で血管網を形成して骨内部に栄養を供給している．これらの血管を通すために骨内には管が発達している．一つはハバース管であり，他の一つはハバース管とハバース管をつなぐ管で，フォルクマン管（Volkmann's canal）と呼ばれる．緻密骨の層板には，骨細胞を入れる多数の骨小腔（lacunae）と，この骨小腔に連結した骨小管（canaliculi）が放射状に分布する．骨小腔にある骨細胞は突起を有し，その突起は骨小管内で隣接の骨細胞の突起とギャップ結合する．酸素や栄養物はハバース管にある血管から骨細胞の突起間のギャップ結合によって輸送され，末梢の骨細胞まで供給される．

海綿骨は骨端部と骨幹の両端部の骨髄腔に薄い板状の骨梁（trabeculae）と呼ばれる骨基質が海綿状（網目状）に配列している．この海綿状の配列は骨に加わる力線に一致して機械的な負荷に耐えられるようになっている．

骨組織の細胞は破骨細胞，骨芽細胞および骨細胞で，図 3.5 に示すように破骨細胞および骨芽細

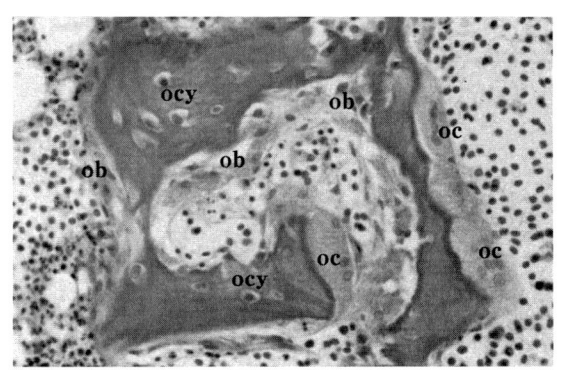

図 3.5 骨基質表面の破骨細胞（oc），骨芽細胞（ob）および骨基質内の骨細胞（ocy）

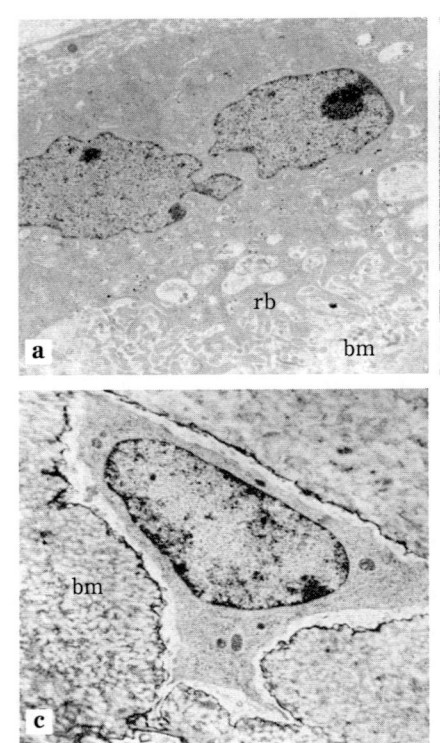

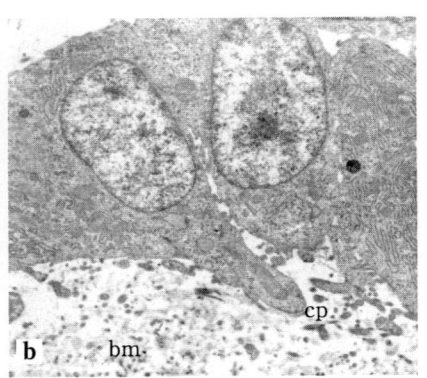

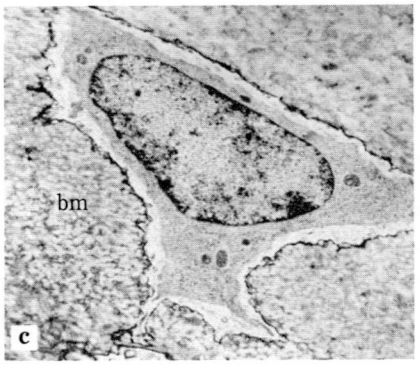

図3.6 骨の細胞
a：破骨細胞．骨基質（bm）に波状縁（rb）が発達している．
b：骨芽細胞．骨基質（bm）に細胞質突起（cp）がみられる．
c：骨細胞．骨基質（bm）内の骨小腔に存在し，細胞小器官の発達が悪い．

胞は骨表面に認められ，骨細胞は骨基質に埋没している．これらの細胞は骨形成と骨吸収を営み，血液中のCa値の恒常性と骨量を維持している．破骨細胞は骨髄の血液幹細胞から分化し，骨基質表面に存在して骨吸収にたずさわる細胞で，アメーバ様の運動によって骨表面を遊走する．破骨細胞は自身が骨吸収したくぼみ（侵蝕窩：resorption pit）であるハウシップ窩（Howship's lacuna）に収まっている．図3.6（a）のように数個から数十個の核を有する多核巨細胞で，50 μm以上の大きな細胞もある．細胞質には多数の小さなミトコンドリア，小胞およびリソゾームが細胞質全体に散在し，骨基質に接して波状縁（ruffled border）と呼ばれる細胞質突起を無数に形成している．この波状縁を取り囲むように均一な細胞質からなる明帯（clear zone）という構造が存在する．骨吸収は波状縁の場で行われ，小胞内のH^+-ATPaseによってつくられた酸（H^+）とリソゾーム内で形成された酵素を放出することで，酸によるCaの溶出と酵素による骨基質の溶解が行われる．また，これらの骨吸収の環境を保持するために明帯は骨表面に密着して外界からの刺激を遮断している．破骨細胞は酒石酸抵抗性酸性ホスファターゼ活性を特徴的に有することから，この酵素は破骨細胞の指標酵素とされている．

骨芽細胞は骨形成を担う細胞である．卵円形あるいは紡錘形の単核細胞で，骨基質表面に一列に配列している．図3.6（b）に示すように核は丸くて明るく，核小体が著明で，細胞質には骨基質タンパク質を合成・分泌していることを示すゴルジ装置と粗面小胞体が著しく発達している．骨基質に面して細胞質突起が発達し，この突起は骨基質中に埋没している骨細胞と細隙結合によって連結する．骨芽細胞がプロトコラーゲンからなる膠原細線維と骨基質の特殊な有機物であるプロテオグリカンを主体とする物質を分泌することによって骨基質を形成し，これらの骨基質にリン酸カルシウムがアパタイト結晶の形で沈着する．

骨細胞は骨芽細胞が分泌した骨基質中に埋没して，骨小腔に存在する細胞である．骨細胞の核はクロマチンに富み，図3.6（c）のように細胞質には粗面小胞体が比較的発達し，少数のミトコンドリアや小さなゴルジ装置があるが，骨芽細胞のような骨形成能は失っている．骨細胞は細胞質突起によって骨基質表面の骨芽細胞や他の骨細胞の細胞質突起とギャップ結合をつくり，栄養物や無機塩類の交換を行っている．

骨化（ossification）は発生過程で骨組織が形成されることをいう．結合組織の中で未分化間葉細胞が骨芽細胞に分化し，この骨芽細胞が骨形成を行って骨組織をつくる膜性（膜内）骨化（membranous ossification）と軟骨内で骨組織が形成される軟骨性（軟骨内）骨化（endochondral ossification）がある．

膜性骨化によって形成される骨には頭蓋骨や顔面骨を構成する大部分の骨と肩甲骨などがあり，このような骨は膜性骨（membranous bone）ともいわれる．膜性骨化は胎生期の結合組織内の未分化間葉細胞が骨芽細胞に分化して骨基質を形成する．形成された多数の骨基質は石灰化して骨小柱となる．これらの骨小柱が骨梁をつくり，骨梁は線維性骨（woven bone）ともいわれ，互いに結びついて網目状となり，線維性骨組織を形成する．

軟骨性骨化によって形成される骨は軟骨性骨（chondral bone）ともいわれ，椎骨や四肢骨などがある．図3.7に示すように胎生期に形成された硝子軟骨中心部の軟骨細胞が，発生の過程で徐々に空胞化して膨化すると，これらの軟骨細胞は崩壊して死滅する．これらの周囲基質はCaが沈着して石灰化するとともに，軟骨膜側から血管が侵入し，原始骨髄を形成する．血管の侵入とともに大食細胞が動員されて死滅した軟骨細胞が除去され，さらには破骨細胞が出現して石灰化した軟骨基質を吸収すると，その場に空間が生じて一次髄腔（primary marrow cavity）ができる．このような現象を一次骨化中心（primary ossification center）という．その後，両骨端にも血管が侵入して二次骨化中心（secondary ossification center）が形成される．このような骨化中心では血管と付随した未分化間葉細胞から骨芽細胞が分化して，新たに骨基質をつくって海綿骨ができる．二次骨化中心が形成されると，骨端の軟骨組織は骨組織に置換されるが，関節軟骨と骨端軟骨が残る．一方，軟骨を包む軟骨膜は発生過程で軟骨膜の内層に骨芽細胞の層が形成されて骨膜となって骨幹部を覆い，緻密骨のもとになる骨基質の鞘をつくり，その後厚みを増して緻密骨を形成する．このような骨化は軟骨膜骨化（perichondral ossification）とも呼ばれる．

長管骨は，出生後に骨端の軟骨に二次骨化中心が形成されると関節軟骨と骨端軟骨に区別される．これらの軟骨で長さの成長が行われるが，図3.8のように骨端軟骨の軟骨細胞は長軸に向けて規則的に柱状に配列し，これらは静止軟骨細胞層，増殖軟骨細胞層，成熟軟骨細胞層，肥大軟骨細胞層，予備石灰化層および石灰化層に区分される．軟骨細胞はこれらの層によって形態を異にしている．静止軟骨細胞層の軟骨細胞は扁平で，細胞小器官の発達も悪く未分化の形態を示すが，増殖軟骨細胞層では細胞分裂して増殖し，数個から数十個の扁平な軟骨細胞が一列に並んでいる．成熟軟骨細胞層の軟骨細胞は粗面小胞体などの細胞小器官が発達し，グリコーゲンを多量に含み，軟骨基質を構成するプロテオグリカンやコラーゲンを合成・分泌している．この成熟軟骨細胞層によって軟骨基質が付加されている．肥大軟骨細胞層の軟骨細胞は膨化し，細胞の核は濃縮するとともに，細胞小器官も崩壊して空胞化している．これらの細胞の周囲基質は石灰化して，予備石灰化層となる．さらに，石灰化層では軟骨基質全体が石灰化すると骨髄腔から血管が侵入し，石灰化軟骨基質は破骨細胞によって吸収されるとともに，柱状に配列した軟骨細胞の層に向けて軟骨性骨梁が形成される．これらの骨梁は骨芽細胞によって骨組織が付加されて海綿骨になる．このように，

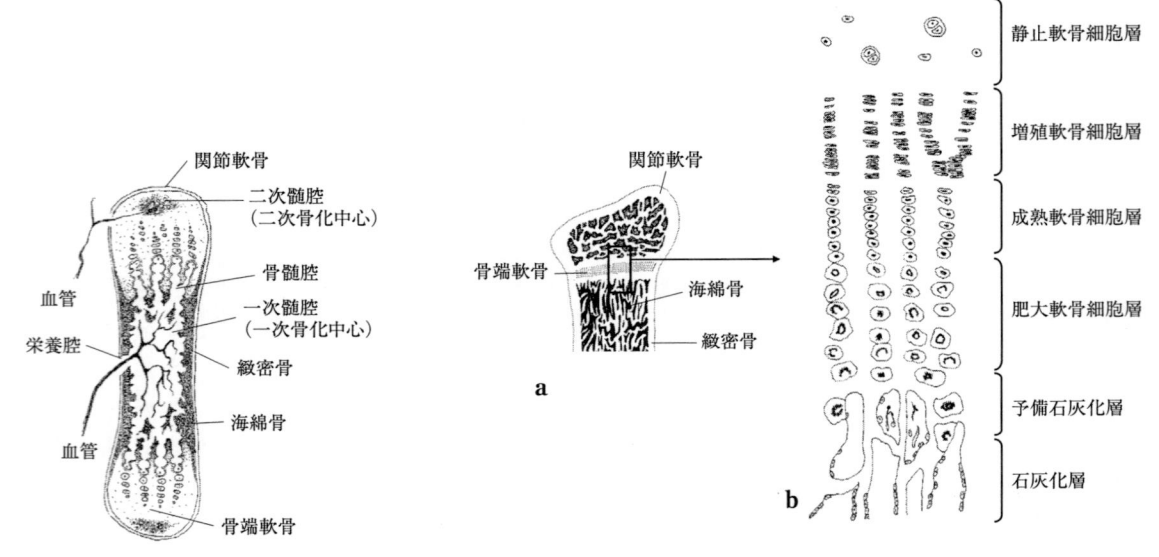

図3.7 長骨の軟骨内骨化の模式図

図3.8 骨端部（a）の模式図と骨端軟骨の拡大図（b）

　軟骨細胞は分裂・増殖した後に変性して軟骨基質とともに吸収されて骨組織に置換されることから，軟骨は徐々に後方に退き，骨は長軸方向に成長する．

　骨の太さの成長は膜性骨化によって行われ，骨膜の骨形成層にある骨芽細胞が骨基質をつくることによって起こる．発生過程によりできた骨小柱の骨梁が互いに融合すると，これらの骨梁は骨芽細胞によって骨基質が付加されて緻密骨になる．緻密骨の外側は結合組織が密生して骨膜となり，骨膜下の骨芽細胞の骨形成によって緻密骨の厚さが増すとともに，骨膜下の血管を中心として同心円状の一次ハバース層板（primary Haversian lamellae）をつくる．この骨膜骨形成層の骨芽細胞により，成長が停止するまで骨基質を作り続けて骨幹の太さの成長が行われる．一方，骨成長が続いている間，骨幹の緻密骨内側の骨内膜表面は破骨細胞によって緻密骨が吸収されて骨髄腔が拡大するとともに，吸収面は骨芽細胞によって骨形成が行われて骨内膜表面を滑らかにしている．

　成長が終了間近になると，骨芽細胞によって骨膜側には外基礎層板，骨内膜側には内基礎層板が骨の長軸に沿って形成される．成長が停止すると，骨膜側と骨内膜側の骨芽細胞は萎縮し，扁平な休止型の細胞になる．このように緻密骨の骨幹の太さは骨膜によって行われるが，同時に骨内膜から骨髄腔の拡大も進行する．

　緻密骨や海綿骨では骨の改築（リモデリング：remodeling）が絶えず行われている．図3.9のように緻密骨では古い骨基質をもつ一次ハバース層板のハバース管に破骨細胞が出現し，骨吸収のトンネルを形成する．ある程度に骨吸収が進行すると，この吸収トンネルの部位に血管が新生するとともに，未分化間葉細胞から骨芽細胞が分化して新しい同心円状の骨基質を形成し，二次ハバース層板（secondary Haversian lamellae）ができる．この二次ハバース層板が多いほど緻密骨の改築が起こっていることを示している．このような古い骨組織を吸収し，新しい骨組織をつくる現象が骨成長の終了後も続いている．一方海綿骨でもこの改築が行われ，図3.10に示すように古い海綿骨の骨基質の層板が破骨細胞によって吸収された後に，新しい骨組織の層板が骨芽細胞によって形成される．この新しく形成された骨基質の微小区域の層板をバケットと呼ぶ．

　骨組織の吸収と形成による改築はいつも均衡が

図3.9 ハバース層板の改築

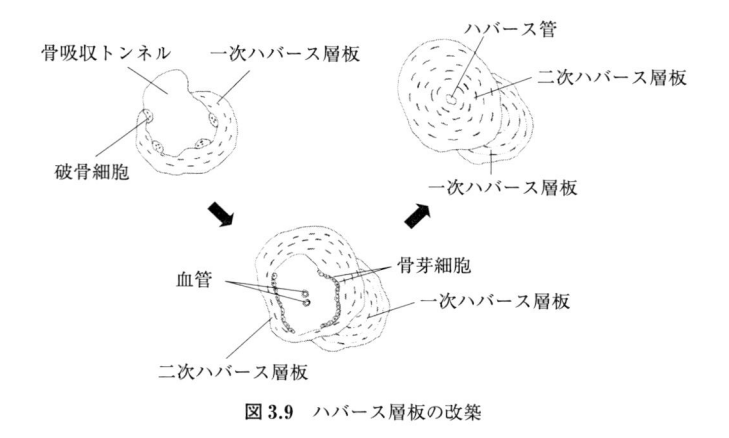

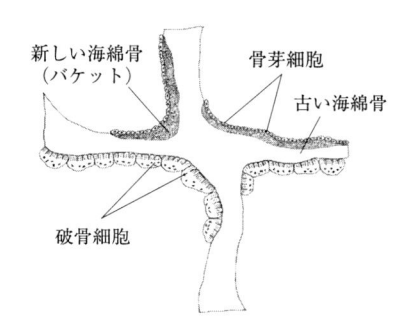

図3.10 海綿骨の改築

保たれている．この改築の均衡は血液中のCa濃度によって調節されている．血液中のCa濃度が減少すると，破骨細胞による骨組織の吸収が起こり，骨量を減少させて血液中のCa濃度を補う．血液中のCa濃度が増加すると，骨芽細胞によって骨組織が形成され，骨量を増加させて血液中のCa濃度を減少させる．

(2) 軟骨組織

軟骨（cartilage）は骨とともに骨格系を築き，負荷に対して抵抗性を示すためにある程度の硬さと弾力性をもつ支持組織である．軟骨組織は特殊化した組織で，血管，神経，リンパ管を欠いており，軟骨細胞（chondrocyte）と多量の軟骨基質からつくられている．軟骨細胞は軟骨基質に存在する軟骨小腔内（cartilage cavity）に位置する．軟骨基質はおよそ70%が電解質を含む水分で，コロイドになる部分は膠原線維や弾性線維からなる線維成分とプロテオグリカンからなる無定形のゲル状構造物で構成されている．軟骨組織のプロテオグリカンはグリコサミノグリカン糖鎖をもつ特殊な糖タンパクで，コンドロイチン硫酸，ケラタン硫酸，ヒアルロン酸を含んでいることから，トルイジン青染色に異調染色性を示し，サフラニンO染色，アルシアン青染色，PAS反応に対して陽性である．プロテオグリカンは軟骨基質をつくるが，軟骨細胞に栄養物質や代謝産物の貯留・運搬にたずさわり，水和，イオンの結合・拡散な

どにも役立っている．軟骨組織は線維成分の種類によって硝子軟骨，弾性線維，線維軟骨に区別される．

a. 硝子軟骨

硝子軟骨（hyaline cartilage）は均質無構造で，半透明を呈し，最も普通にみられる軟骨で，関節軟骨，骨端軟骨，肋軟骨などが該当する．

硝子軟骨の表面は，図3.11のように結合組織からなる軟骨膜（perichondrium）に覆われることが多く，軟骨膜には未分化間葉細胞が存在し，この未分化間葉細胞が軟骨組織の中心部に向かうに従って，丸く大きくなり，軟骨細胞に分化する．軟骨細胞は円形もしくは卵円形を呈し，硝子軟骨基質にある軟骨小腔内に数個ずつ存在する．この軟骨小腔の壁は好塩基性で，細胞領域基質（territorial matrix）と呼ばれ，軟骨細胞を含めて軟骨単位（chondron）ともいう．軟骨細胞は細胞質突起がなく，骨細胞のように細胞質突起での隣接細胞との連絡はない．軟骨小腔内で軟骨細

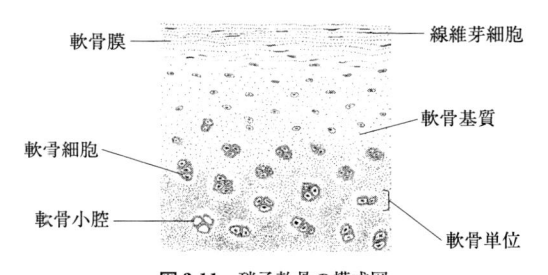

図3.11 硝子軟骨の模式図

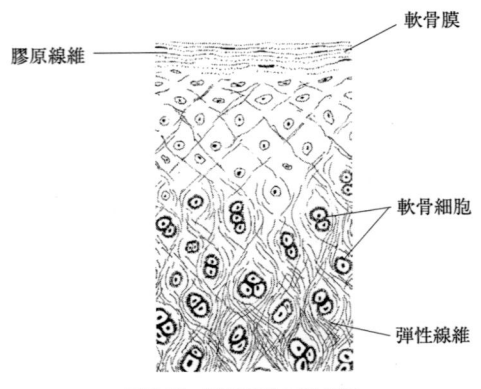

図 3.12 弾性軟骨の模式図

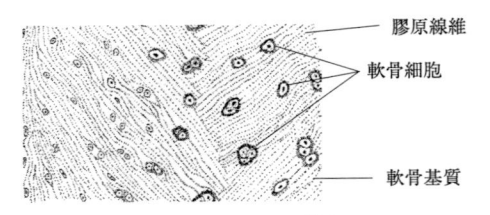

図 3.13 線維軟骨の模式図

胞は浮遊した状態にある．

軟骨基質は豊富で，膠原線維は多量に存在するものの，これらの線維は細く，直径およそ 30 nm の II 型コラーゲンからなる．これらの膠原線維は周期的な縞模様をつくらず，プロテオグリカンの側鎖と直交して結合している．

b. 弾性軟骨

弾性軟骨（elastic cartilage）は黄色を呈し，耳介や喉頭蓋などの軟骨組織にみられ，硝子軟骨よりも透明度が高く，弾力性がある．図 3.12 のように軟骨細胞は硝子軟骨のものとよく似た形態を示すが，網目状の弾性線維に密に包まれている．弾性軟骨の基質は硝子軟骨や線維軟骨に比べて，膠原線維が少なく，弾性線維が著しく多い．この弾性線維によって網目状の構造をつくり，この中にわずかなプロテオグリカンが含まれる．

c. 線維軟骨

線維軟骨（fibrocartilage）は極めて強靭な軟骨で，膝関節にある関節半月，骨・腱結合部，恥骨結合，椎間円板などの軟骨にみられる．軟骨細胞は硝子軟骨のものよりも小さく，数も少ない．図 3.13 に示すように線維軟骨は無定形の基質が少なく，方向性のない多量の膠原線維が密に存在し，プロテオグリカンが線維間にわずかに認められる．

3.1.2 骨格系

骨格（skeleton）は図 3.14 のようにおよそ 200 個の骨（bone）が互いに連結してつくられている．これらの骨は大部分が身体の左右で対をなしている．骨格は頭蓋（脳頭蓋，顔面頭蓋），舌骨，耳小骨，脊柱，胸郭（胸骨，肋骨）からなる軸性骨格（中軸骨格：axial skeleton），前肢と後肢の骨に加え，これらの骨と軸性骨格をつなぐ前肢帯と後肢帯からなる付属肢骨格（体肢骨格：

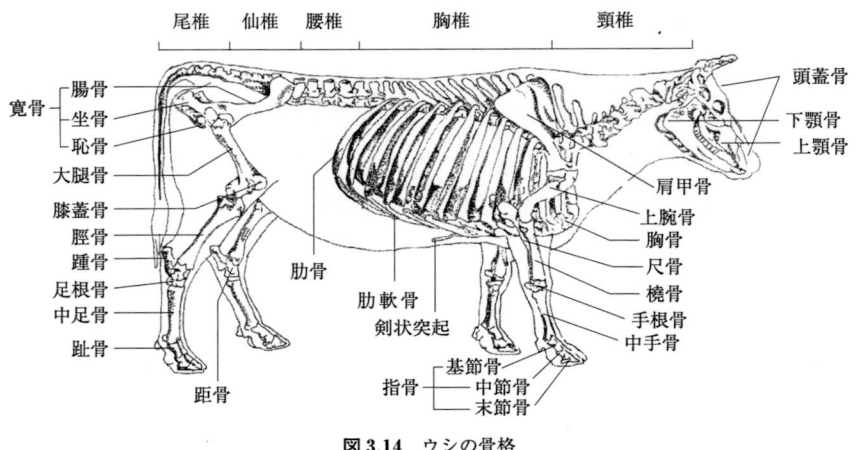

図 3.14 ウシの骨格

appendicular skeleton）で構成されている．耳小骨は鼓膜にあたる波長に反応して振動し，聴力に重要な役割をしているものの，軸性骨格でも，付属肢骨格にも含まれないが，便宜上，軸性骨格に入れている．

(1) 軸性骨格（中軸骨格）
a. 頭 蓋

家畜の頭蓋（skull）は脳や感覚器を保護する頭蓋骨と，消化器や気道のはじめの部分を囲む顔面骨からなる．図3.15のように頭蓋骨は後頭骨，蝶形骨，頭頂骨，頭頂間骨，側頭骨，篩骨，前頭骨，翼状骨および鋤骨によって構成され，顔面骨は鼻骨，涙骨，上顎骨，腹鼻甲介骨，切歯骨，吻鼻骨，口蓋骨，頬骨，下顎骨および舌骨からなる．頭蓋は大きな頭蓋腔を形成するほかに，鼻腔や眼窩などの小さな腔を形成する．また，頭蓋骨には脊髄，神経および血管が出入りする孔が多くみられる．頭蓋骨はいずれも扁平骨で，不動性の縫合によって結合している．出生時には，これらの骨の縫合は不完全で，線維性の結合組織の膜からなる泉門が存在する．特に，左右の前頭骨と頭頂骨との間を大泉門，左右の頭頂骨と後頭骨の間を小泉門と呼ぶ．成長とともに，泉門は膜内骨化によって縫合が完全となる．顔面骨を構成する骨も頭蓋骨と同様に不動性の縫合で結合しているが，下顎骨は可動性で，顎関節によって連結する．

家禽の頭蓋骨は後頭骨，蝶形骨，頭頂骨，側頭骨，篩骨，前頭骨，翼状骨および鋤骨によって構成されている．顔面骨は涙骨，上顎骨，鼻甲骨，切歯骨，口蓋骨，頬骨，方形骨，下顎骨，舌骨，強膜骨からなるが，方形骨と強膜骨は鳥類特有の骨である．方形骨は側頭骨外側にあり，側頭骨，翼状骨および下顎骨とそれぞれ結合し，開口に役立っている．強膜骨は眼窩内にみられ，眼球強膜が骨化したもので，小骨片が重なって輪状に認められる．切歯骨と下顎骨は嘴に覆われているが，歯の発達はない．下顎骨は多数の骨が複雑に合体し，歯骨，上角骨，角骨，関節骨および板状骨から構成されている．

b. 脊 柱

脊柱（vertebral column）は頭蓋の後方に続き，胸郭を作る胸骨および肋骨とともに体の中軸骨格を構成し，多くの椎骨が可動的に連結している．体重の平衡を保つために湾曲しており，部位によって頸椎，胸椎，腰椎，仙椎（仙骨）および尾椎に区分される．椎骨は基本的に椎体と椎弓からなり，隣り合う椎体の間には線維軟骨からなる椎間円板があり，これを介して前後に連結している．椎弓は椎体の後ろから伸びて，椎体とともに椎孔をつくり，椎孔は頸椎から仙椎まで連続する一本の脊柱管となって，脊髄が通っている．椎弓は背側に棘突起，両側に横突起，前後に前関節突起および後関節突起を備えている．これらの関節突起の関節によって脊柱をつくっている．

頸椎（cervical vertebrae）： 脊柱の頸部に位置し，哺乳類全般を通じて原則7個の椎骨からなるが，鳥類では著しく多く，12～35個で，首の長さに応じて数が異なり，ニワトリは14個である．図3.16に示すように椎体はよく発達し，椎体の前端（椎頭）が突出して後端（椎窩）が凹み，棘突起よりも前および後関節突起がよく発達している．頸椎の中で，第一頸椎のことを環椎（atlas）と呼び，頭蓋の運動に関連して特殊な形を示し，その形が輪状であることから，環椎といわれる．Atlasとはギリシャ神話の宇宙を支える神（アトラス神）のことで，頭蓋を支えるという意味をもっている．

胸椎（thoracic vertebrae）： 脊柱の胸部に位

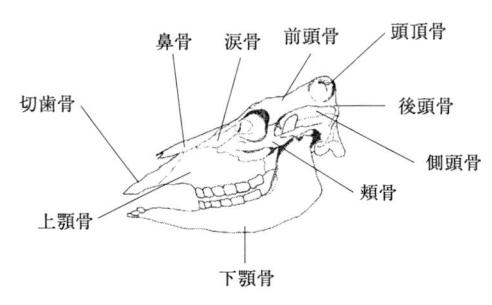

図3.15 頭蓋を構成する骨

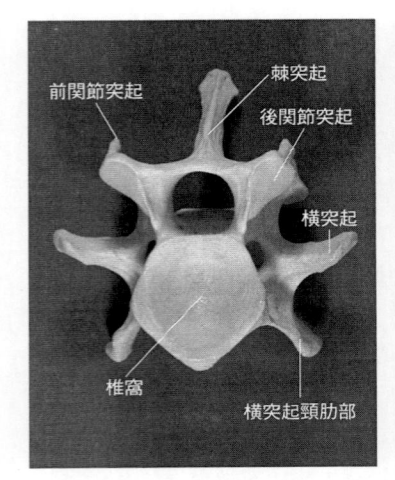

図 3.16 ウシの頚椎（第五頚椎後面）

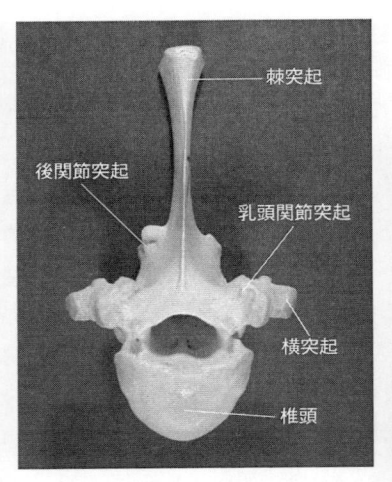

図 3.17 ウシの胸椎（第十胸椎前面）

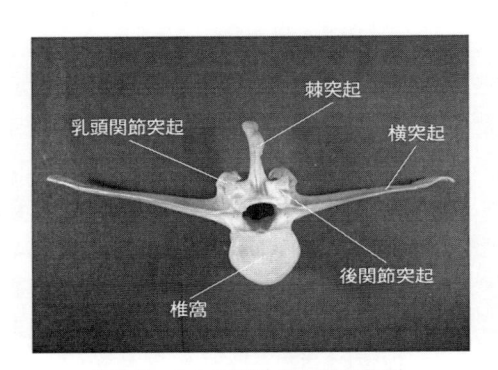

図 3.18 ウシの腰椎（第四腰椎後面）

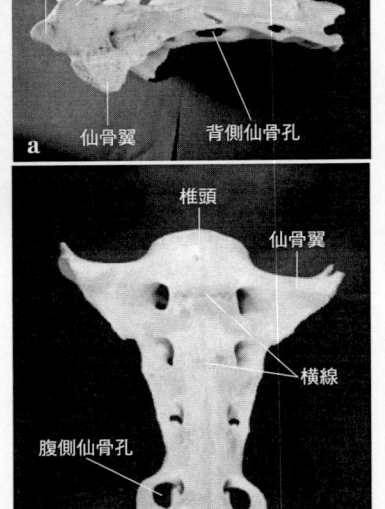

図 3.19 ウシの仙骨（a：側面, b：腹側面）

置し，図 3.17 のように椎体が短小で棘突起の発達が極めてよい椎骨で構成され，肋骨に対する関節面を備えている．椎骨の数はウシをはじめ大多数が 13 個であるが，ウマは 18 個，ブタは 14〜16 個である．

腰椎（lumbar vertebrae）： 脊柱の腰部に位置し，図 3.18 に示すように横突起が翼状によく発達した椎骨からなる．椎骨の数は多くの家畜で 6〜7 個である．ニワトリは 7 個であるが，アヒルやガチョウは 9 個からなる．

仙椎（sacral vertebrae, 仙骨：sacrum）：脊柱の後部に位置し，図 3.19 のように生後椎骨が癒合して三角形の形をしている．寛骨の腸骨と関節結合する．ウシやウマでは 5 個，ブタでは 4 個の仙椎が癒合して仙骨をつくっている．ニワトリでは最後胸椎，腰椎，仙椎，数個の前位尾椎がそれぞれ癒合して，複合仙骨をつくり，さらに両側に寛骨が付着して，堅牢な腰仙骨（pelvic girdle）となっている．

尾椎（caudal vertebrae, caudal coccygeal vertebrae）： 脊柱の最後位にみられ，椎骨の形態を備えているが，図 3.20 に示すように棘突起や横突起が退化し，後位の椎骨ほど小さくなっている．椎骨の数はウマ 15〜19 個，ウシ 18〜20 個，ブタ 20〜23 個と家畜種によって異なり，また同じ家畜でも個体差がみられる．ニワトリでは，7 個の椎骨からなり，後位の数個が結合して 1 個の尾端骨（pygostyle）をつくっている．

c. 胸郭

胸郭（thorax）は胸椎，肋骨および胸骨からなり，胸腔を囲む胸部骨格をつくっている．背側の脊柱と腹側の胸骨が左右それぞれ十数本の肋骨に

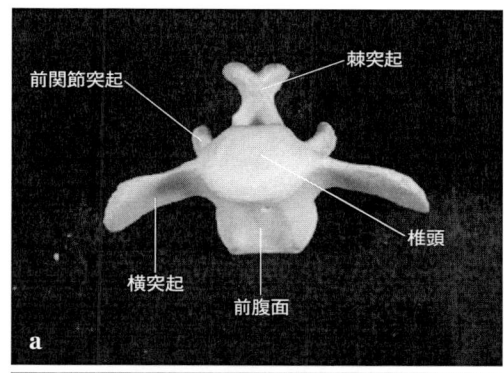

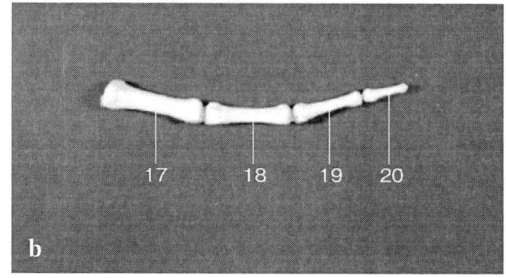

図 3.20 ウシの尾椎
a：第二尾椎，b：第十七～二十（最後位）尾椎．

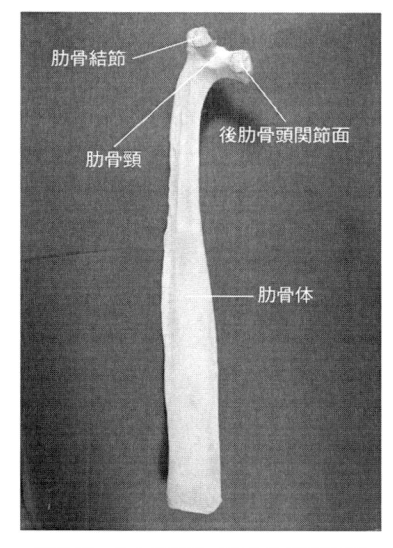

図 3.21 ウシの肋骨（第十肋骨内側面）

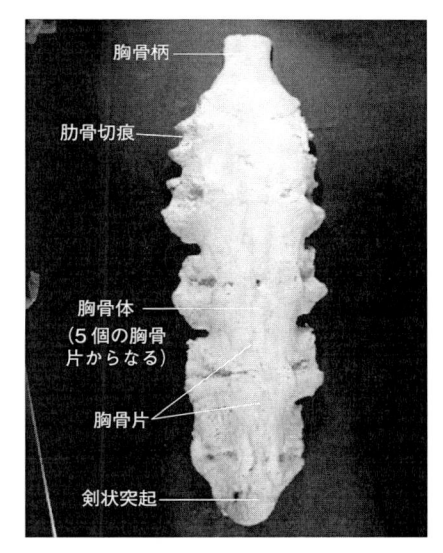

図 3.22 ウシの胸骨（背面）

よって連結し，胸腔内にある心臓や肺などの重要な器官を保護するために堅固な構造を備えている．

肋骨（ribs）： 胸郭を形作るために，図 3.21 のように棒状の湾曲した有対の軟骨性骨で，胸椎の横突起に関節する．全長の 3/4 が硬い骨からなる肋硬骨，残りが軟骨組織を主とする肋軟骨からできている．肋骨は真肋（胸肋骨）と仮肋に区別され，真肋は肋骨の前位を占めて直接胸骨に連結している．仮肋は真肋の後位にみられ，肋軟骨がまとまって弓状に曲がって肋骨弓をつくっている．肋骨の数は，ウマでは真肋 8 と仮肋 10，ウシでは真肋 8 と仮肋 5，ブタでは真肋 7 と仮肋 7 で，家畜種によって異なっている．ニワトリは 7 個の肋骨からなるが，いずれも硬骨である．

胸骨（sternum）： 肋骨と関節するとともに，図 3.22 のように数個の胸骨片が胸骨軟骨結合で連結して合体し，胸郭を構成している．胸骨先端は 1 個の胸骨片からなる胸骨柄，それに続く数個の胸骨片で形成される胸骨体，肋骨と連結しない胸骨末端の軟骨からなる剣状突起に区別される．ウマとウシは 7 個，ブタは 6 個の胸骨片で構成されるが，ニワトリの胸骨はよく発達している．

(2) 付属肢骨格（体肢骨格）

前肢骨および後肢骨を構成し，運動機能を発揮するために家畜ではよく発達している．前肢骨は前肢帯と自由前肢骨，後肢骨は後肢帯と自由後肢骨からなり，それぞれ対応している．

家畜の前肢帯は鎖骨が存在しないので，肩甲骨が唯一の前肢帯であるが，軸性骨格とは連結していない．したがって，肩甲骨は筋肉のみによって結ばれているため，自由前肢骨も軸性骨格とは関係していない．後肢帯は前肢帯とは異なり，寛骨（骨盤）が軸性骨格の脊柱と関節結合していることから，自由後肢骨も軸性骨格に関係している．ニワトリの前肢帯は肩甲骨，癒合鎖骨および烏口骨からなり，翼としての強力な運動にたずさわっている．前肢帯のこれらの骨は胸骨と関節するから，前肢帯は軸性骨格と結合し，後肢帯も寛骨で，脊柱の複合仙骨と関節結合しているため，軸性骨格と連結している．

a. 前肢骨

前肢骨は図3.23に示すように前肢帯および自由前肢骨からなる．

前肢帯

肩甲骨（scapula）： 前肢骨を構成する前肢帯の骨で，扇形の扁平な形をして胸郭の側壁に位置しているが，胸部骨格とは連結せずに筋肉のみによって結ばれている．扇形の背縁部分は軟骨からなる肩甲軟骨で，扇形の頂点部分は肩関節の関節窩として上腕骨と連結する．

烏口骨（coracoid bone）： ニワトリの前肢骨に位置し，肩甲骨，鎖骨とともに前肢帯を構成する．強大な棒状の骨で，肩甲骨と鎖骨と連結して，翼の支柱となっている．

鎖骨（clavicle）： 有蹄類やイヌでは消失するが，ネコやウサギでは前肢と胸骨を結んでいる．ニワトリではV字形の癒合鎖骨を形成し，肩甲骨とともに，烏口骨を介して胸骨と結ばれる．

自由前肢骨

上腕骨（humerus）： 前肢骨を構成する骨の一つで，肩甲骨と前腕骨の間に位置する．近位端は肩関節で肩甲骨と，遠位端は肘関節で前腕骨とそれぞれ連結し，骨軸は外側にねじれている．大型の動物では太く，長い．

前腕骨（bones of forearm）： 橈骨（radius）と尺骨（ulna）からなり，上腕骨と手根骨との間に位置し，橈骨の近位端は肘関節で上腕骨と，遠位端は前腕手根関節で手根骨とそれぞれ連結し，前肢骨を構成する．原則として橈骨が内側に，尺骨が外側にある．橈骨と尺骨は関節によって連結しているが，ウマでは生後約1年，ウシやブタでは生後およそ3～4年で骨結合して不動となる．

手根骨（carpal bones）： 前腕骨と中手骨との間にある多数の多角形の短小骨で，前腕骨や中手骨と関節し，また各手根骨とも複雑に関節している．手根骨の数は動物で異なり，ウマ7個，ウシ6個，ブタ8個の骨で構成されている．ニワトリは数が少なく，わずか2個からなっている．

中手骨（metacarpal bones）： 手根骨と指骨の間に位置する棒状の骨で，掌の基礎となっている．近位端は手根骨と，遠位端は指骨とそれぞれ関節している．第一～五中手骨が基本形であるが，図3.24のようにウマは第三中手骨が著しく発達し，第二と第四中手骨は退化して細く，第一と第五中手骨は消失している．ウシは第三と第四中手骨が強大に発達して癒合し，第一と第二中手骨は消失し，第五中手骨も退化してわずかに残っている．ブタは第一中手骨が消失し，第二と第五中手骨は短小で，第三と第四中手骨が強大に発達している．ウマとウシは中手骨を管骨と呼ぶこともある．ニワトリの中手骨は手根中手骨で，第三，第四中手骨が半弓状に癒合している．

指骨（digital phalanges）： 指または蹄を構

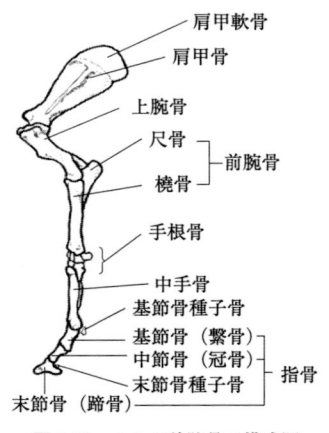

図3.23 ウシの前肢骨の模式図

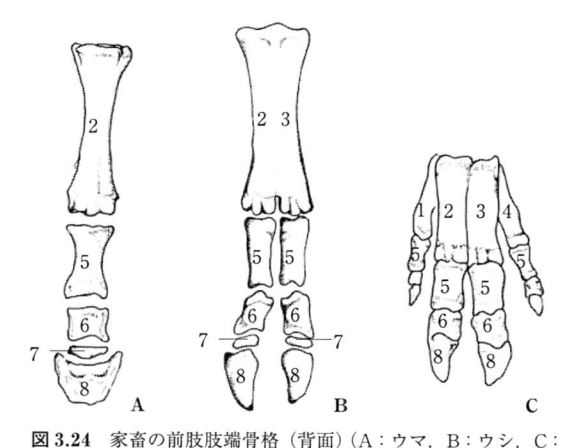

図 3.24 家畜の前肢肢端骨格（背面）（A：ウマ，B：ウシ，C：ブタ）
1：第二中手骨，2：第三中手骨，3：第四中手骨，4：第五中手骨，5：基節骨（繋骨），6：中節骨（冠骨），7：種子骨，8：末節骨（蹄骨）．

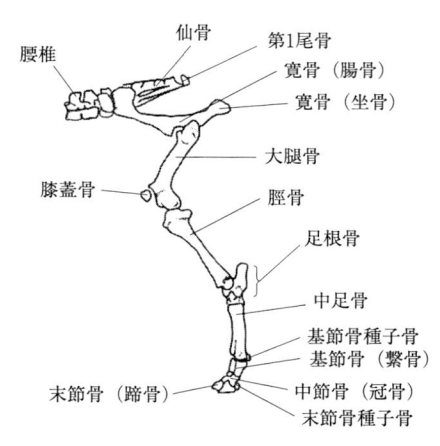

図 3.25 ウシの後肢骨の模式図

成する骨である．基本数は第一〜五列の5列あるが，動物の多くは退化してこれよりも少ない．各列とも通常3節からなり，近位から末端へ基節骨（繋骨），中節骨（冠骨），末節骨（蹄骨，鉤爪骨）と呼ぶ．ウマは第三列のみが異常に発達し，他の列は退化している．ウシは第三と第四からなり，第一，第二および第五列は消失している．ブタは第一列を欠き，第三と第四列が主で，第二と第五列が副指・副蹄として付随する．ニワトリの指列は第二，第三，第四指が残り，指骨の数は著しく少ない．

b. 後肢骨

図 3.25 に示すように後肢帯および自由後肢骨からなる．

後肢帯

寛骨 (hip bone)： 2個の寛骨からなり，左右の寛骨は前方で恥骨結合，後方で坐骨結合によって結合し，背側は仙骨と仙腸関節をつくって脊柱と結合している．2個の寛骨は，恥骨結合，坐骨結合，仙骨からできた環状構造の骨盤 (bony pelvis) をつくっている．骨盤は内部に骨盤腔を有しているが，雌の骨盤は妊娠，分娩のために骨盤腔は雄に比べてはるかに広くなっている．寛骨は3個の骨，すなわち腸骨 (ilium)，恥骨 (pubis)，坐骨 (ischium) で構成されている．これらの3骨は寛骨臼で会合するとともに，大腿骨頭と関節して股関節をつくる．

ニワトリの後肢帯は腸骨，恥骨，坐骨からなる左右の寛骨が中央に複合仙骨を挟み，強固な腰仙骨をつくっている．しかし卵生である鳥類は，哺乳類のように骨盤結合はつくらず，腹側に広く開いたままの開放性骨盤となっている．

自由後肢骨

大腿骨 (femur)： 後肢骨の最大の長骨で，寛骨と下腿骨の間に位置している．近位端は股関節で寛骨と，遠位端は膝関節で下腿骨とそれぞれ連結している．

膝蓋骨 (patella)： 膝関節の前位にある骨で，膝関節の伸筋である大腿四頭筋の終腱中に起こった膜性骨である．運動中には大腿骨の滑車溝を上下に移動する．

下腿骨 (bones of leg)： 脛骨 (tibia) と腓骨 (fibula) からなり，大腿骨と足根骨との間に位置している．脛骨は強大で前内側を占め，近位端は膝関節，遠位端は足根関節によりそれぞれ連結している．有蹄類では腓骨は後外側にみられるものの，発達が悪く，退化しかかっているものが多い．ブタでは全長にわたって独立して脛骨と関節結合するが，ウマでは上半が独立し，下半は細長く，脛骨に癒合結合している．ウシでは最も退化

し，わずかに小突起として残っている．ニワトリも発達が悪く，長さは脛骨の半ばで終わっている．

　足根骨（tarsal bones）：　下腿骨と中足骨との間にある多数の多角形の短小骨で，各足根骨とも複雑に関節して足根関節（飛節）を構成する．足根骨の数は家畜によって異なり，ウマ6個，ウシ5個，ブタ7個の骨からなっている．ニワトリでは近位列の足根骨は脛骨遠位端と，遠位列の足根骨は中足骨近位端と癒合して消失している．

　中足骨（metatarsal bones）：　足根骨と趾骨との間に位置する棒状の骨で，形は前肢骨の中手骨とほぼ同じである．近位端で足根骨と，遠位端で趾骨と関節する．第一〜第五中足骨が基本形であるが，家畜はこれよりも少ない．ウマは第三中足骨のみが著しく発達し，第二と第四中足骨は退化して細く，第一と第五中足骨は消失している．ウシは第三と第四中足骨が癒合して強大に発達し，第二中足骨は退化してわずかに残り，第一と第五中足骨が消失している．ブタはウシと同じく第三と第四中足骨が強大で，第二と第五中足骨が短小で，第一中足骨は消失している．ニワトリの中足骨は足根中足骨（tarsometatarsus）で，第一と第五中足骨は退化し，第二，第三および第四中足骨が癒合して1本になり，遠位端は3本に分かれている．

　趾骨（pedal phalanges）：　趾または蹄を構成する骨で，前肢の指骨とまったく同じ形態で，家畜による数も同じである．ニワトリは第一〜第四趾を備え，第一趾のみが後方に向かい，他の3趾は前方に放射状に開いている．第一趾は2節の趾骨，第二趾は3節，第三趾は4節，第四趾は5節の趾骨をそれぞれ有しているが，全長で第三趾が最も長くなっている．

3.1.3　関節および靱帯

　関節（articulation, joint）は骨を連結することによって，骨格をつくるが，骨相互の不動性結合と図3.26に示す可動性結合がある．骨の連結には，構造と機能に基づいて分類することができる．

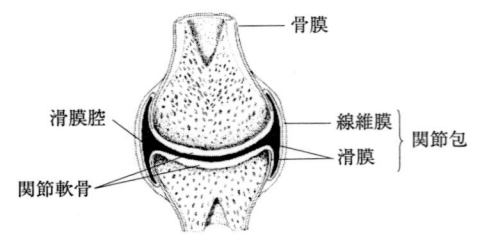

図3.26　可動性結合の模式図

　線維性結合（fibrous joint）：　関節する骨と骨は線維性結合組織によって強固に結ばれ，可動性は存在しない．この結合には，縫合，靱帯結合，釘植の3種類がある．縫合は頭蓋骨にのみみられる線維性の結合で，線維性緻密結合組織の薄い層が骨を連結する．靱帯結合は縫合と同様に線維性の結合であるが，線維性結合組織は束状（靱帯）の構造で，骨間靱帯が該当する．釘植は歯根と歯槽のように，骨が他の骨に釘のようにはまって，連結する．

　軟骨性結合（cartilaginous joint）：　骨と骨とが軟骨によって結合し，可動性はない．後頭骨と蝶形骨の結合のように，硝子軟骨もしくは線維軟骨で固く連結する．

　滑膜性結合（synovial joint）：　関節による結合で，肘関節や膝関節のように骨と骨の間には関節腔（joint cavity）があり，関節の自由な動きを可能にしている．滑膜性結合では，関節腔に面する両骨端は関節頭と関節窩からなるが，これらの両骨端は硝子軟骨でできた関節軟骨（articular cartilage）で覆われている．関節窩の関節軟骨の縁がせり出した域を，関節唇と呼び，運動面を拡大する．膝関節や脊柱の関節の関節腔には，向かい合う骨の関節軟骨面の間に線維軟骨からなる関節半月や関節円板がみられ，骨同士を緊密に連結する役割を果たしている．関節は関節包によって取り囲まれている．関節包は強靱な膜で2層に区別され，外層は線維膜で，内層は滑膜によって構

成されている．線維膜は強靭な結合組織で構成され，関節する骨の骨膜に付着している．線維膜の柔軟性が運動に自由度を与えるとともに，伸張に対して耐性をもっている．また，線維膜は線維が束状に配列して，靭帯に移行し，滑膜性の連結において張力に耐えられる構造にもなっている．滑膜は弾性線維を含む疎性結合組織で，血管や神経に富み，滑液（synovia）を分泌する．滑液は関節腔内にみられる粘稠で，透明もしくは薄黄色の液体である．滑液は，滑膜にある線維芽細胞から分泌されたヒアルロン酸と血漿由来の組織液であり，関節を湿潤させて骨同士の摩擦を防ぐとともに，関節腔内に面する関節軟骨の軟骨細胞に栄養を供給し，また軟骨細胞の代謝老廃物を除去している．

滑膜性結合はいずれの関節も類似した構造であるが，関節面の形態は異なり，運動の種類も多様である．滑膜性結合を形態的に分類すると，球関節，平面関節，蝶番関節，車軸関節，顆状関節，臼状関節，鞍関節および半関節に分けられる．

ⅰ）球関節：　肩関節のように，関節頭と関節窩が半球状で結ばれ，運動範囲が大きい関節．

ⅱ）平面関節：手根または足根間関節や椎骨間の関節のように，関節面が互いに平面で，靭帯で固く結ばれている関節．

ⅲ）蝶番関節：　肘や膝関節のように，関節頭の滑車状の凸面が関節窩の凹面にはまり込み，一方向に回転する関節．

ⅳ）車軸関節：　橈尺関節のように，一方の骨の円筒状の表面が他方の骨の環状構造と靭帯で結ばれている関節．

ⅴ）顆状関節：　環椎後頭関節や中手指節関節のように，関節面が楕円形で連結する関節．

ⅵ）臼状関節：　形態的には球関節であるが，股関節のように関節頭が深い関節窩にはまる関節．

ⅶ）鞍関節：　顎関節のように，一方の骨の関節面がウマの鞍のような形をしており，他方の骨の関節面が鞍に座るような形で連結する関節．

ⅷ）半関節：　平面関節が変形したもので，仙腸関節のように骨同士の関節面が互いに嵌合している関節．

靭帯（ligament）は弾性線維を含む帯状，膜状の強靭な結合組織で，骨と骨との間の連結を補強している．多くの滑膜性結合には関節外靭帯および関節内靭帯が存在し，これらを副靭帯と呼ぶ．膝関節の関節包の外側に存在し，外側および内側副靭帯は関節外靭帯である．また，膝関節の関節包の内側に位置する前および後十字靭帯は関節内靭帯である．靭帯は腱と類似した組織構造を示すが，弾性線維がはるかに多く，強靭になっている．靭帯の最大のものは項靭帯で，頭部を懸垂している．

■ 練 習 問 題 ■
1. 骨組織の構造を図示し，名称を記せ．
2. 骨組織を構成する細胞について，その形態と機能を簡潔に説明せよ．
3. 軟骨基質に存在する線維によって軟骨組織を分類し，それぞれ簡潔に説明せよ．
4. 関節の可動性結合を図示し，名称を記せ．
5. 前肢骨および後肢骨を構成する骨の名称をそれぞれ記せ．
6. 寛骨を構成する骨を記せ．
7. 脊柱を部位によって区分するとともに，それらの部位の椎骨の数をウシ，ウマ，ブタについて記せ．

参 考 文 献

Currie, W.B. (1988)：Structure and Function of Domestic Animals, Butterworths.

Dellmann, H.-D. and Eurell, J.A. (1989)：Textbook of Veterinary Histology, 5th ed., Williams & Wilkins

加藤嘉太郎・山内昭二（1995）：改著　家畜比較解剖図説（上），養賢堂

楠原征治・杉山稔恵（2004）：*The Bone*, **8**：35-42

Moss-Salentijn, L. (1992)：Bone Vol.6 (Hall, B.K. ed), CRC Press Inc.

須田立雄・小澤英浩・高橋英明（1955）：骨の科学，医歯薬出版

Toptora, G.J. and Grabowsk, S.R. (2003)：Principles of Anatomy and Physiology, 10th ed., John Wiley & Sons,

Inc.
van.Sickle, P.C. and Kincaid, S.A. (1979)：Comparative Arthrology Vol.1 (Sokoloff, L. ed.), Academic Press
山田安正 (1994)：現代の組織学 改訂第3版，金原出版

3.2　筋組織と筋系

3.2.1　筋の組織学

(1)　筋組織

　様々な体運動，心臓の拍動，ならびに内臓管の運動を行うために，収縮機能をもった特殊な細胞，すなわち筋線維（細長い線維状であるため）がある．筋線維（muscle fiber）に縞模様のある筋が横紋筋（striated muscle），ないものが平滑筋（smooth muscle）で，さらに，前者は骨格筋（skeletal muscle）と心筋（cardiac muscle）に分けられて，それぞれの筋線維が構造的に特色をもつ．

　平滑筋は内臓管壁，脈管壁に層状に分布し，さらには皮膚の立毛筋，眼球の瞳孔筋と毛様体筋をつくる．平滑筋線維は長紡錘形の細胞で太さ5μm，長さは短いもので20μm，長いものでは200μmに達する．核は線維のほぼ中央に1個あり，細胞質では繊細な筋原線維が長軸方向に走るが，縞模様は示さない（図3.27 (a)）．自律神経支配を受ける不随意筋である．

　心筋は心臓の心筋層をつくる特殊な横紋筋である．心筋線維は全体として網工を形成し，細胞と細胞の間には特殊な接合装置，介在板（intercalated disk）が認められる．核は1個，ときに2個が心筋細胞のほぼ中央部にある．無数の筋原線維は縞模様が段そろいになっていて，筋線維全体に横紋を与える（図3.27 (b)）．心筋線維は自発的に収縮・弛緩を繰り返すことができるが，自律神経に支配される不随意筋である．

　骨格筋線維は多核細胞で，無数の筋芽細胞が融合した合胞体（syncytium）である．太さは20〜100μm，長さは数cmに達するものが多く，10

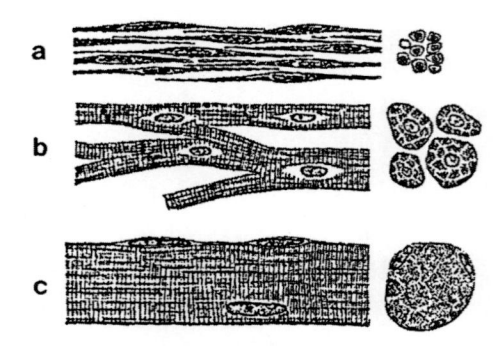

図3.27　筋線維構造の比較（藤田ほか，1988）
a：平滑筋線維，b：心筋線維，c：骨格筋線維.

cmを越えるものも知られている．核は周縁部におしやられ，太さ約1μmの筋原線維（myofibril）が数多く存在して，筋線維の大部分を占めている．筋原線維の縞模様は心筋線維と同じく段そろいになっていて，筋線維に横紋をつくる（図3.27 (c)）．脳脊髄神経支配を受ける随意筋であり，その際1本の神経線維と1本の筋線維が神経筋接合（neuromuscular junction）を形成する．

(2)　骨格筋の組織

　個々の筋線維は繊細な結合組織鞘に包まれていて，筋内膜（endomysium）と呼ばれる．筋線維は数十本から大きいものでは百本以上が束ねられ，第一次筋束（primary fasciculus）となり，さらに大きくくくられて第二次，第三次…の筋束をつくる．筋束をくくる結合組織が筋周膜（perimysium）であり，第一次筋束周囲で最も細く，高次のもので次第に幅広くなる．最後に筋全体が丈夫な結合組織鞘に包まれ筋上膜（epimysium）となり，肉眼解剖では筋膜（fascia）である（図3.28）．結合組織は筋線維を束ねると同時に，筋収縮の際の滑り鞘となる．

　筋紡錘（muscle spindle）は，核の袋線維（nuclear bag fiber）と核の鎖線維（nuclear chain fiber）が結合組織性の鞘に包まれた特殊な装置である．これらの紡錘内線維には運動神経に加えて2種類の知覚神経が分布し，筋の伸展の程度を探知している．

3.2 筋組織と筋系

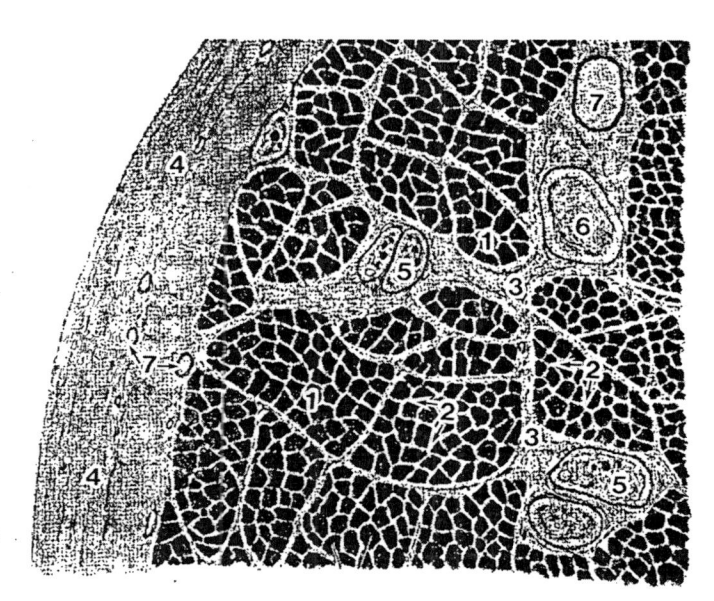

図 3.28 骨格筋の横断組織（藤田ほか，1988）
1：筋線維，2：筋内膜，3：筋周膜，4：筋上膜（筋膜），5：筋紡錘，6：神経，7：血管．

（3）筋線維の構造

筋線維を包む筋鞘（sarcolemma）は形質膜と基底膜からなる．核は筋線維の周縁部にあるが，それらには電子顕微鏡で観察すると，形質膜と基底膜の間に挟まれた小細胞の核も含まれている．この小細胞，外套細胞（衛星細胞：satellite cell）は筋芽細胞が残ったもので，筋線維が成長する際には，有糸分裂を盛んに行って，筋線維に核を供給し，また筋の潜在的な再生能力にも関与すると考えられている．

筋原線維は横紋を示し，単屈折性の明るいⅠ帯（isotropic band）と複屈折性の暗いA帯（anisotropic band）が縞模様に観察される．Ⅰ帯の中央にはZ帯（Z line）が認められ，Z帯とZ帯の間が単位区間をつくり，筋節（sarcomere）である．A帯の中央はやや明るくH帯（Hensen's band）となり，その真中に細い暗線，M線（M line）が認められる（図3.29）．筋原線維では細いフィラメント（thin filament）と太いフィラメント（thick filament）が規則正しく配列している．前者はアクチンが主要なタンパクであり，太さ5〜7 nm，長さ1 μm，後者は主にミオシンタンパクでつくられて，太さ10〜16 nm，長さ1.5 μmのフィラメントである．A帯には太いフィ

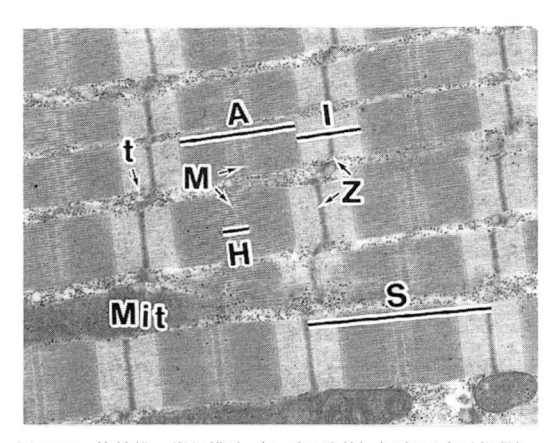

図 3.29 筋線維の微細構造（ウズラ胸筋）（田畑正志氏提供）
S：筋節，A：A帯，Ⅰ：Ⅰ帯，H：H帯，Z：Z帯，M：M線，Mit ミトコンドリア，t：三つ組（Z帯のレベルにあり，A帯とⅠ帯の境界部にある家畜骨格筋とは異なる）．

ラメントがあり，両端でそれらの間に細いフィラメントが入り込んで，太いフィラメントを六角形の配列で囲む．細いフィラメントは伸展時には中央部まで到達せず，H帯を現す．収縮時には細いフィラメントが太いフィラメントの間により深く滑り込むのでH帯が狭くなり，その分細いフィラメントのⅠ帯も狭くなる．

筋形質膜は細い管となって筋線維の走向と直交するように進入し，A帯とⅠ帯の境の高さで筋原

線維を囲む T 系（transverse system）となり，その両側の筋小胞体 L 系（longitudinal system）の終末槽との間で L-T-L という三つ組（triad）をつくる．筋形質膜の興奮は T 系によって瞬時に筋線維内部に伝達され，筋小胞体から Ca^{2+} が放出されて，すべてのミオフィラメントの反応が同時に起こる．筋収縮に要するエネルギーを供給するために，筋原線維の間にはミトコンドリアがあり，特に持続的運動に適応した筋線維でよく発達する．

(4) 白筋線維と赤筋線維

動物体は目的に応じて色々な種類の運動を行う必要があり，疲れやすいが敏捷な運動を行う白筋（white muscle），長時間緊張を続ける必要がある姿勢保持に働く赤筋（red muscle），そのどちらともつかない中間の筋が存在する．白筋には白筋線維が多く含まれ，赤筋では赤筋線維が多いが，その混合の比率に応じて多様な色調の筋が存在する．赤筋が赤いのは，赤筋線維がミオグロビンを多く含むためである．

筋線維は収縮速度とエネルギー代謝の違いに基づいて，基本的な 3 種に区分される．その一つは解糖型速筋線維（fast-twitch glycolytic fiber）であり，白筋に多く含まれ，強い瞬発力を発生するが疲れやすい，最も太い筋線維である（図3.30）．酸化・解糖型速筋線維（fast-twitch oxidative glycolytic fiber）は持続的に強い力を発生する必要がある筋（例えば飛翔能力を有する鳥類の胸筋）に多く含まれるが，比率は低くても様々な筋に広く分布する赤筋線維である．酸化型遅筋線維（slow-twitch oxidative fiber）は，持続的な緊張を求められる姿勢保持に関与する筋肉に多く含まれる赤筋線維である．体重の軽い動物では，骨周囲の一部の姿勢保持筋に局在する傾向を示すが，ウシのように大きな体の動物では体表面の筋肉にも分布している．ところで，"twitch fiber" とは相動筋線維のことであり，悉無律にしたがって，神経の刺激により筋線維全体が一斉に収縮する筋線維である．これに対して，下等な動物では緊張筋線維（tonic fiber）が認められ，多神経支配を受けて，興奮が広く伝播せずに局所的に収縮を行える筋線維がある．

運動神経線維（軸索）は枝分かれして，多くの筋線維を支配する．一つの神経細胞とそれに支配される筋線維群を，運動単位（motor unit）と呼ぶ．運動単位の筋線維数は体肢の小さな筋肉で 100〜300，大きな筋肉では 600〜1700 である．ある運動単位に属する筋線維は同じ機能を有するが，群をなすことはなく，第一次筋束内で 20 以上の運動単位に属する筋線維が分布するといわれ

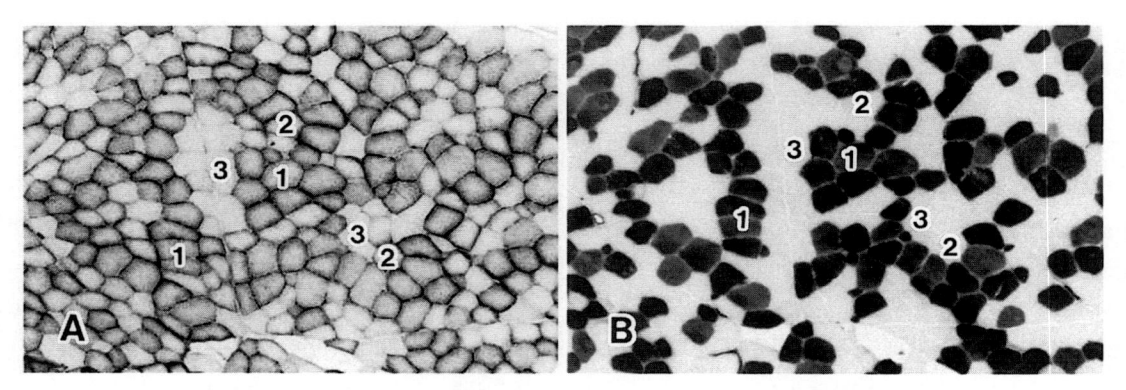

図 3.30 赤筋線維と白筋線維（A：NADH 脱水素酵素活性，B：酸（pH4.3）処理 ATPase 酵素活性，見島牛大腿二頭筋）
赤筋線維；1：酸化型遅筋線維（NADH 脱水素酵素活性が強く，酸処理 ATPase 酵素活性も高い．）
　　　　　2：酸化・解糖型速筋線維（NADH 脱水素酵素活性が中間ないし強く，酸処理後に ATPase 酵素活性は抑制されている．）
白筋線維；3：解糖型速筋線維（NADH 脱水素酵素活性が弱く，酸処理後の ATPase 酵素活性も抑制されている．）

ている．筋運動負荷の強さによって動員される筋線維が異なり，軽い運動の間は酸化型遅筋線維の運動単位だけが動員され，持続的に運動ができる．さらに強い力を要する運動になると，次に酸化・解糖型速筋線維の運動単位が働き，最後に短時間の強力な運動に解糖型速筋線維が動員されるが，すぐに疲労を感じることになる．

□ ハトはなぜ鳩胸？ □

鳩胸は『大辞林』（三省堂）によると，"ハトの胸のように前に張り出した胸"と解説してある．それでは，なぜハトの胸は前に張り出しているのだろうか．鳥類の特徴は前肢が翼になり，飛翔能力を獲得したことである．翼は揚力を得るために様々な方法で，その面積を広げる工夫がなされている．前および後翼膜や翼羽の発達で，軽くて丈夫で，加えて広い面積の翼が出現した．しかし，これだけでは大空を自由に飛び回ることはできない．翼を動かすエンジンが必要である．

高速で長時間の飛行を行うためには，出力が大きく，持久力のあるエンジン，すなわち大きな赤筋が必要である．その筋は羽ばたきを行う翼部分になく，胸郭下部にあるので，まさに鳩胸の形態を作り出す原因となる．胸郭腹側をつくる胸骨は，筋に対する付着面積を拡大するために胸骨稜が発達し，前方の鎖骨，烏口骨も参加して大きな空間が形成され，胸筋（pectoralis muscle）と烏口上筋（supracoracoideus muscle）を収容する．これらの筋はよく発達するがゆえに骨枠からはみ出して膨隆し，鳩胸の輪郭を現す．特に，胸筋は翼を下制して揚力を発生する浅層の強大な筋で，深層の挙上筋（烏口上筋）よりも数倍大きい．両筋とも，上腕骨基部に終止するが，胸筋の腱が直接付着するのに対して，烏口上筋の腱は三骨間孔という滑車を通過しているので，作用の上からは拮抗筋である．ニワトリは，元来飛翔能力に乏しい種で，胸の筋は典型的な白筋であり，胸筋が最大の筋であるとはいえ，相対的に発達が悪い．

(5) 羽状筋

鶏正羽の構造に似て，中心腱に向かって両側の

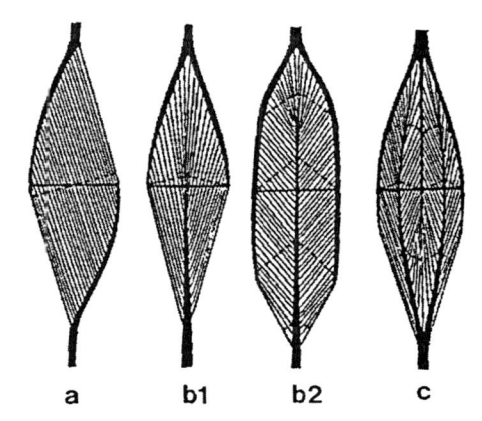

図 3.31 骨格筋の羽状化を示す模式図（Nickel *et al*., 1984）
a：半羽状筋，b1：筋線維の長い羽状筋，b2：筋線維が短く，本数の多い羽状筋，c：多羽状筋．
実線は筋腹の横断面積，破線は生理的横断面積（筋線維横断面積の総和，多羽状筋で著しく大きくなる）．

筋線維が斜走して集中するのが羽状筋（bipennate muscle）であり，片側のものを半羽状筋（unipennate muscle），さらに羽状筋がいくつも重なった構造のものを多羽状筋（multipennate muscle）とよぶ（図 3.31）．筋の作用方向と筋線維の収縮方向が一致しないために，力の損失はあるが，筋線維数を著しく増すことができ，筋線維横断面積の和である筋の生理的横断面積が増加する．多羽状筋の構造をとると，生理的横断面積は飛躍的に増加し，小さな筋でも大きな力を発生できる．しかし，筋線維長が極端に短いので，筋の作動距離は短くなる．作動距離も長く，出力も大きい筋は長い筋線維を数多く収容するために，容量（重量）を著しく増す．

3.2.2 筋　系

(1) 筋の基本形

紡錘形をした筋は，ふくれた中央部に数多くの筋線維をいれて，筋腹（belly）をつくる．両端は細くなって腱で骨格に付着し，筋頭（caput）と筋尾（cauda）をつくり，前者は運動の支点となる起始（origin），後者は作用点になる終止（insertion）を現す．長軸方向に平行な筋線維を

もった筋は家畜体では少なく，多くの筋で羽状化が認められる．

(2) 筋の命名法

相拮抗する作用をもつ筋には，関節を屈伸する屈筋（flexor muscle）と伸筋（extensor m.），動点を体軸に引きつける内転筋（adductor m.）と引き離す外転筋（abductor m.），骨軸を内側と外側に回す回内筋（pronator m.）と回外筋（supinator m.）（両者を一緒にして回旋筋：rotator m.），口を閉じる括約筋（sphincter m.）と開く散大筋（dilator m.），引き上げる挙筋（levator m.）と引き下げる下制筋（depressor m.），前方および後方に引く前引筋（protractor m.）と後引筋（retractor m.）などの名称がつけられている．また，筋膜を緊張させる張筋（tensor m.）も作用による命名である．

筋の形に因んだ命名もあり，長筋（longus m.），最長筋（longissimus m.），短筋（brevis m.），広筋（latus or vastus m.），最広筋（latissimus m.），円筋（teres m.），輪筋（orbicularis m.），三角筋（deltoideus m.），菱形筋（rhomboideus m.），梨状筋（piriformis m.），僧帽筋（trapezius m.）などが用いられている．また，筋腹が腱によって区画された二腹筋（biventer or digastricus m.）および多腹筋（polygastricus m.），鋸歯状の筋端をもつ鋸筋（serratus m.），いくつもの起始と終止をもつ小さな筋が連続してグループをつくると多裂筋（multifidus m.）である．近位の起始部が分かれた筋はその頭の数によって二頭筋（biceps m.），三頭筋（triceps m.），四頭筋（quadriceps m.）などと命名され，四肢の筋でこのような命名をされたものが多い．

(3) 皮　筋

骨格筋と同じ組織構造を示すが，骨格との関係はなく，皮膚の真下にあって，皮膚の運動と緊張を行う筋で，頭部，頸部および躯幹部で認められる．顔面皮筋（cutaneus faciei m.），躯幹皮筋（cutaneus trunci m.），肩上腕皮筋（cutaneus omobrachialis m.）などがある．

(4) 頭部の筋

頭部には口唇，舌，鼻孔，眼瞼，耳介，咽頭，ならびに喉頭などの運動を行う小さな筋肉が無数にあり，それぞれの器官を正確に動かすことによって正常な機能を達成する（図3.32）．特に，口唇と舌が運動できなくなると，家畜は採食不能になる．また，周囲に対する警戒を行うために，耳介の方向を微妙に調節する耳介筋（auricularis ms）が良く発達している．顎関節を動かして咀嚼運動を行う筋として強力な咬筋（masseter m.），翼突筋（pterygoideus m.），側頭筋（tempo-

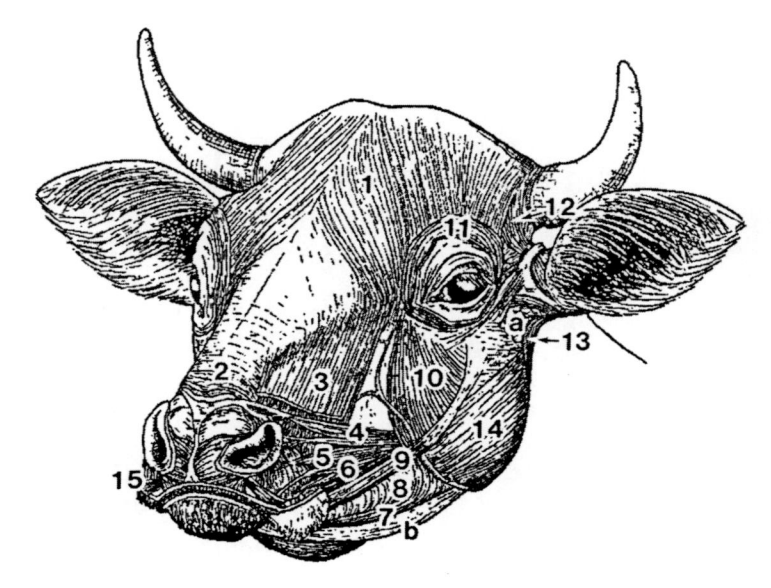

図3.32　ウシ頭部表層の骨格筋
(Nickel et al., 1984)
1：前頭筋，2：内側鼻孔散大筋，3：鼻唇挙筋（浅層部と深層部に分かれ，その間を次の4, 5および6の3筋が通過），4：上唇挙筋（左右の腱が，鼻先端で合したあと上唇に達する．），5：犬歯筋，6：上唇下制筋，7：下唇下制筋，8：頰筋，9：頰骨筋，10：背頰筋，11：眼輪筋，12：楯状間筋，13：耳下腺耳介筋，14：咬筋，15：上切歯筋．
a．：耳下腺，b：下顎骨．

ralis m.) などがある.

(5) 頸部の筋

四肢がつくる体重支持面よりも前方に突出した重い頭部を支えるために，胸椎棘突起の棘上靱帯が前方へ伸びて強力な項靱帯となり後頭部に終止し，頸部の背線をつくる．頸椎列は項靱帯より離れて腹方から頭部を頂き，重い頭部を支持するために，両者は力学的に適った構造をつくる．項靱帯と頸椎列の隙間を埋めるようにして，腰背部から軸上筋が延びていて，それらには内側より外側へ順に，胸および頸棘および半棘筋（spinalis et semispinalis thoracis et cervicis m.），頭半棘筋（spinalis capitis m.），頭および環椎最長筋（longissimus capitis et atlantis ms），頸最長筋（longissimus cervicis m.）などがある（図3.33）．頸部は前肢帯筋で覆われているが，その直下浅層部には板状筋（splenius m.）も認められる．これらの筋群は頸椎列の背側にあり，頭部の挙上に働ける位置を占めて，その腹側の下制筋群よりも強力である．

項靱帯はほとんど伸縮しないので，頸椎列の様々な湾曲が頭部の運動に必須である．そのために前述の頸部の筋に加えて，頸椎列に密着して，その運動に関与する筋の発達もよい．それらには，頸多裂筋（multifidus cervicis m.），横突間筋（intertransversales ms），頸長筋（longus colli m.）などがあり，前位頸椎列に起始して頭部に終止する筋に背頭直筋（rectus capitis dorsalis ms），頭斜筋（obliquus capitis ms），頭長筋（longus capitis m.）などが認められる.

(6) 躯幹の筋

胸腰部の椎列は，胸腔，腹腔内に納められた内臓を保持するために，椎体部が緩やかにアーチをつくるように並んでいる．この椎列から胸郭と胸腹部の筋で，特に草食性家畜で大きな内臓を保定する．そのために，椎体列より腹部で相互に交叉する筋線維を有する筋が認められ，前背方から後下走する筋線維を有する胸部の外肋間筋（external intercostales ms），腹部の外腹斜筋（obliquus abdominis externus m.），逆に後背側から前下走する筋線維の内肋間筋（internal intercostales ms），内腹斜筋（obliquus abdominis internus m.）があり，さらに体軸に平行な筋線維の胸直筋（rectus thoracis m.）と腹直筋（rectus abdominis m.），横走する筋線維の胸横筋（transversus thoracis m.）と腹横筋（transversus abdominis m.）が認められる（図3.33および3.34）．胸郭のある胸部では，内および外肋

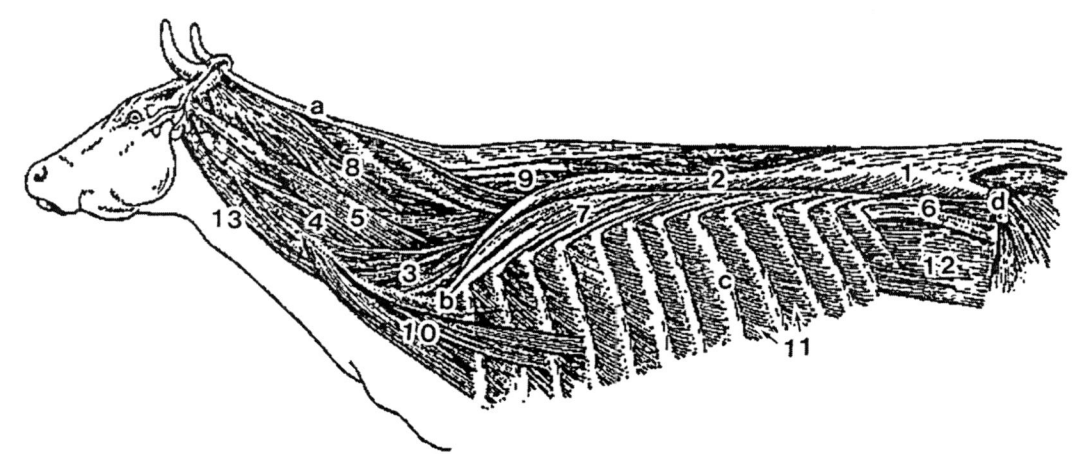

図3.33 ウシの頸部ならびに腰背部深層の筋（加藤ほか，1995）
1：腰最長筋，2：胸最長筋（前筋と癒着して一筋にまとまる），3：頸最長筋，4：環椎最長筋，5：頭最長筋，6：腰腸肋筋，7：胸腸肋筋，8：頭半棘筋，9：胸および頸棘および半棘筋，10：斜角筋，11：外肋間筋，12：外腹斜筋，13：頸長筋．
a：項靱帯，b：第7頸椎横突起，c：第8肋骨，d：寛結節．

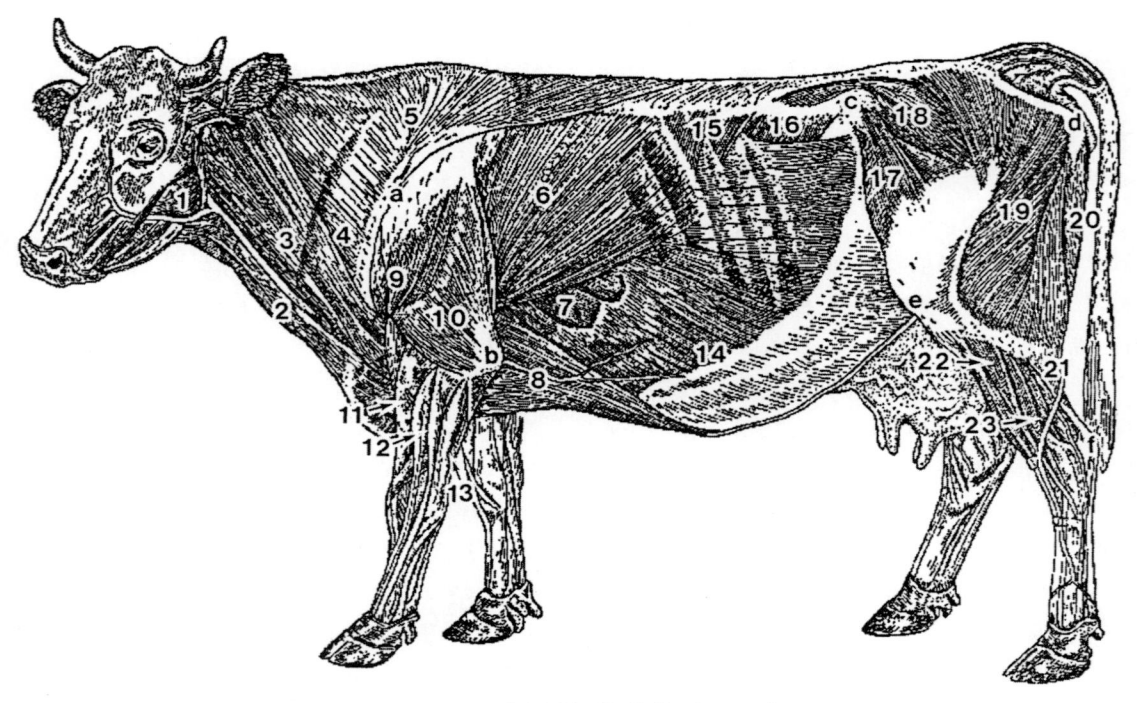

図3.34 ウシの全身表層の筋（加藤ほか，1995）

1：咬筋，2：胸骨頭筋，3：上腕頭筋，4：肩甲横突筋，5：僧帽筋，6：広背筋，7：腹鋸筋，8：胸筋，9：三角筋，10：上腕三頭筋，11：橈側手根伸筋，12：総指伸筋，13：尺側手根伸筋，14：外腹斜筋，15：後背鋸筋，16：内腹斜筋，17：大腿筋膜張筋，18：中殿筋，19：殿二頭筋，20：半腱様筋，21：腓腹筋（同筋の内・外側頭とヒラメ筋で下腿三頭筋となる．），22：長腓骨筋，23：外側趾伸筋．
a：肩甲棘，b：尺骨肘頭，c：寛結節，d：坐骨結節，e：膝関節，f：踵骨隆起．

間筋は呼吸筋としてよく発達するが，胸直筋と胸横筋は小さな筋である．さらに，前位の肋骨は斜角筋で頸椎列に結合され，胸腔底には胸骨があり，腹腔底の壁は強力な白線で恥骨櫛前端に固定され，寛骨は仙腸関節で脊柱に固定されるので，内臓重量は完全に胸腔，腹腔内に閉じ込められている．

椎体列より背部には胸腰部の棘筋および半棘筋，最長筋（longissimus ms），腸肋筋（iliocostalis ms）などが認められ，特に最長筋がよく発達してロース芯（rib eye）となる．腰および胸最長筋は腸骨稜から前方に伸び，内側で棘上靱帯とも結合した背側の強力な腱に向かって腹側の骨格から筋線維が後背走している半羽状筋である．その筋線維はかなり長く，前部では水平に近い走行を示し，後部では次第に立ってきて，最後部ではより垂直に近くなる．これらの筋の内側には多裂筋，浅層表面には呼吸運動に参加する背鋸筋（serratus dorsalis m.），肋骨後引筋（retractor costae m.）もある．この部位の筋は椎骨の棘突起，横突起，関節および乳頭突起や肋骨などに起始と終止を求めて，腰背部の運動に関わっている．歩行の際には，胸腰椎列は四肢の動きに同調して左右交互に軽く湾曲する．また，腰最長筋の最後部が中殿筋に覆われて連結し，後肢が発生する推進力を効率的に躯体に伝播する構造もみられる．排便，排尿，交尾などの際には，胸腰椎列を背方に湾曲するが，大型の草食性家畜では大きな内臓がその運動を制限する．しかし，ウサギや肉食性のイヌなどでは腰背部の屈曲はかなり自由である．

3.2 筋組織と筋系

□ ヒレは得してサーロインは損？ □

ヒレ肉を買ったほうが得ですよと薦めているわけではない．いずれも軟らかいステーキ肉として重宝されているが，サーロインよりもヒレのほうがさらに軟らかい食肉で，最高のステーキ肉とされている．そもそも，食肉の硬さを決定する要因は，腱，筋膜が混入すると決定的に硬く，スネ肉がよい例である．次に，大腿部の筋は表面の筋膜を除いて，腱を含まない大きな肉塊を得ることができるが，運動が激しく，筋の変形，歪みがあるところで筋周膜の発達がよく，食肉を硬くする．

ヒレおよびサーロインは，最長筋と腸腰筋が筋線維の長い半羽状筋で，表面の筋膜を剥ぐと腱を含まない大きな肉塊を得ることができ，骨枠で守られ変形も少なくて筋周膜の発達も悪いので，軟らかい食肉となる．このような部位で食肉の硬さを決定する第三の要因が筋線維である．収縮状態，すなわち筋節が短いと硬くなり，弛緩状態で筋節が長くなると軟らかくなる．熟成して筋線維の脆弱性が増すと軟らかくなる食肉でもある．ところで，損得の本論に戻ると，半丸枝肉はアキレス（総踵骨）腱にフックをかけて吊るし冷蔵保存される．すでに，胴体の構造は壊れているので，脊柱は後肢ともども思いっきり伸ばされる．そのとき，同時に伸びる腹側の腸腰筋，逆に収縮するのが背側にある最長筋である．ヒレ肉は軟らかさを増す条件が一つ多く加わって得をしている．

(7) 四肢の筋

前肢と後肢で躯幹を地面より高く持ち上げ，高速での移動（locomotion）を勝ち取ったのが哺乳動物であり，特に農用家畜のウシ，ウマ，ヒツジ，ヤギおよびブタなどは，四肢の長さを最大限に伸ばした蹄行型動物である（図3.34）．重い頭部が前方へ突出しているので，重心は胴体の中心よりも前位にあり，体重負荷の一部は前方への移動に有利に働く．佇立している場合にも体重の負荷は前肢に大きく，移動の際には後肢の推進力により胴体が前方へ押されてくるので，前肢にかかる体重負荷はさらに大きくなる．このような機能上の違いが，前・後肢の筋構造にも少なからず影響を及ぼす．

四肢は高速での振り子運動が可能になるように，出力と作動距離がともに大きい，重い筋は近位部に集中して，遠位部は軽くなっている．その強力な筋がより近位の関節を屈伸させると，前腕部および下腿部にある多羽状筋がその力を伝えて，より遠位の関節も同調して屈伸する．多羽状筋は小さな筋腹に不釣合いに太い腱を有し，数多い筋線維が強い緊張を生み出して，効率的に力の伝達を行うことができる．指（趾）関節の屈伸運動を行う筋は，筋腹が前腕部，下腿部にあって，それらの腱が蹄骨・冠骨まで伸びている．躯体を前方へ押し進めるためには，後方へ強く接地面を蹴ることが必要であるので，屈筋は伸筋よりも大きく，その腱も著しく太い．また，近位の大きな筋も四肢骨格の後方により多く集まり，前方への運動に有利な分布をとる．

a. 前　肢

前肢は胴体に骨格的な連結がなく，前肢帯筋（ms of the shoulder girdle）で結合される．両側の前肢骨格の間に胴体を吊るすのが腹鋸筋（serratus ventralis m.）であり，強大な半羽状筋で，肋骨や頸椎横突起に起こって，強靭な腱で前後に分かれて肩甲骨背縁近くの鋸筋面に終わっている．そのほかに，菱形筋，僧帽筋，肩甲横突筋（omotrasversarius m.），上腕頭筋（brachiocephalicus m.），広背筋（latissimus dorsi m.）などがあり，腹側にはかなり大きな胸筋（pectorales ms）も認められる（図3.35）．これらの肩部の筋は雄ウシで第二次性徴を現し，特に頸菱形筋が発達して，頸から肩にかけての背部で隆起を認めるようになる．

前肢骨格は肩甲骨，上腕骨と前腕骨以下の3つのテコ棹が肩関節と肘関節である角度をもって連結し，体重負荷は両関節を屈曲する方向に作用する．しかし，浅指屈筋（superficial digital flexor m.）は体重負荷によって肘関節を伸展し，この力は上腕二頭筋（biceps brachii m.）を通じて肩

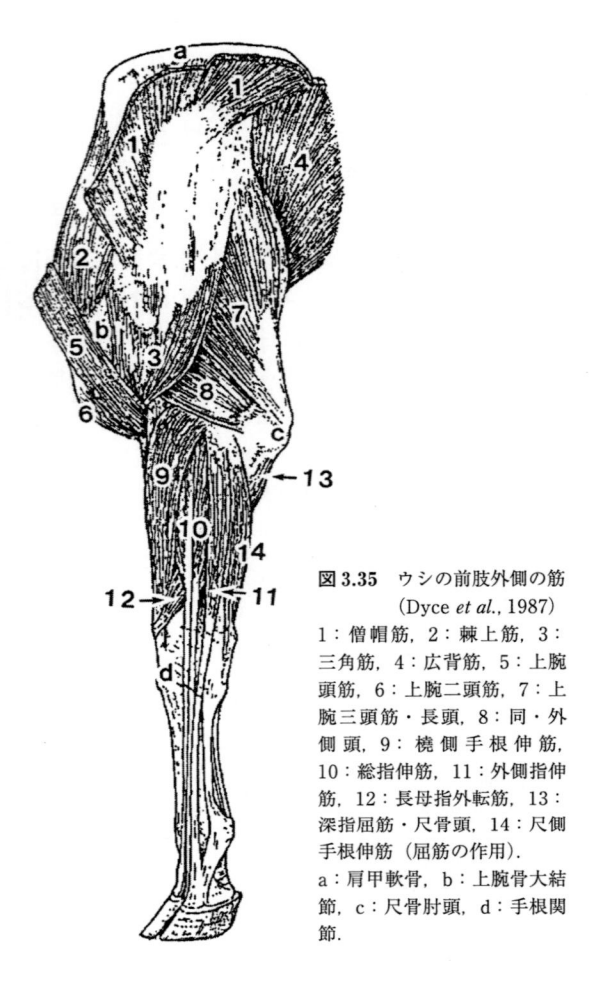

図 3.35 ウシの前肢外側の筋
(Dyce *et al.*, 1987)
1：僧帽筋，2：棘上筋，3：三角筋，4：広背筋，5：上腕頭筋，6：上腕二頭筋，7：上腕三頭筋・長頭，8：同・外側頭，9：橈側手根伸筋，10：総指伸筋，11：外側指伸筋，12：長母指外転筋，13：深指屈筋・尺骨頭，14：尺側手根伸筋（屈筋の作用）．
a：肩甲軟骨，b：上腕骨大結節，c：尺骨肘頭，d：手根関節．

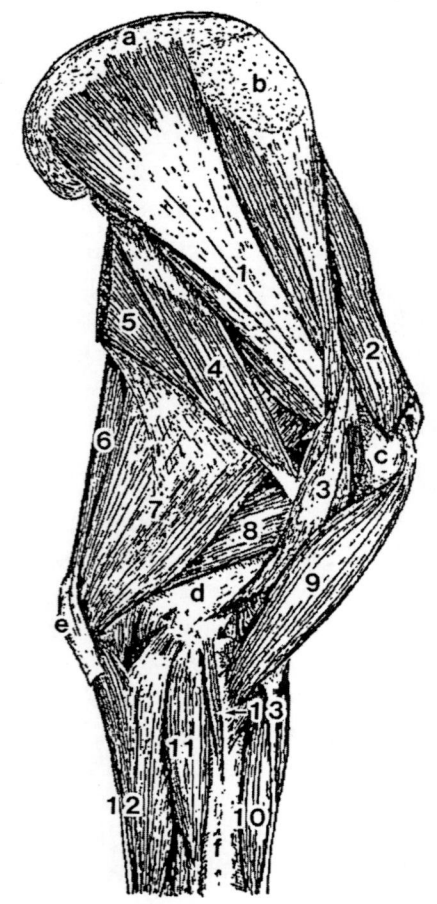

図 3.36 ウシの前肢内側の筋 (Nickel *et al.*, 1984)
1：肩甲下筋，2：棘上筋，3：烏口腕筋，4：大円筋，5：広背筋，6：前腕筋膜張筋，7：上腕三頭筋・長頭，8：同・内側頭，9：上腕二頭筋，10：橈側手根伸筋，11：橈側手根屈筋，12：尺側手根屈筋，13：円回内筋．
a：肩甲軟骨，b：鋸筋面（腹鋸筋の終止部），c：上腕骨小結節，d：上腕骨体，e：尺骨肘頭，f：橈骨．

関節の伸展にも作用する．肩関節が伸展すると上腕三頭筋長頭（long head of the triceps brachii m.）によって肘関節を伸展する作用にもなる．前肢を挙上しているときには手根関節および指関節が屈曲しても，着地の際には必ず伸展した状態にならなければ，体重を支えることができない．この3つのテコ棹構造は，相拮抗する働きをもつ種々の筋とともに，一種のバネ構造にもなっていて，前肢帯筋とともに衝撃吸収装置をつくる．

肩甲骨外側面には棘上筋（supraspinatus m.），棘下筋（infraspinatus m.），肋骨面には肩甲下筋（subscapularis m.）があり，いずれも肩関節の運動に関与しているが，その伸筋としての役割が大きい．これに拮抗する働きをもつのが上腕三頭筋・長頭である（図3.35および3.36）．上腕三頭筋・長頭はかなり大きな筋で，肩関節の屈筋，肘関節の伸筋であるが，その位置関係から前肢の挙上にも大きな役割を担うと思われる．上腕二頭筋はその大きさとは不釣合いに強力な腱で肩甲骨関節上粗面に起こり，橈骨粗面に終止する肩関節の伸筋，肘関節の屈筋である．しかし，典型的な多羽状筋であり，その作動距離は短く，むしろ肩関節と肘関節の屈伸運動を同調させる働きをもっている．

前腕部には手根関節の伸筋として橈側手根伸筋

3.2 筋組織と筋系

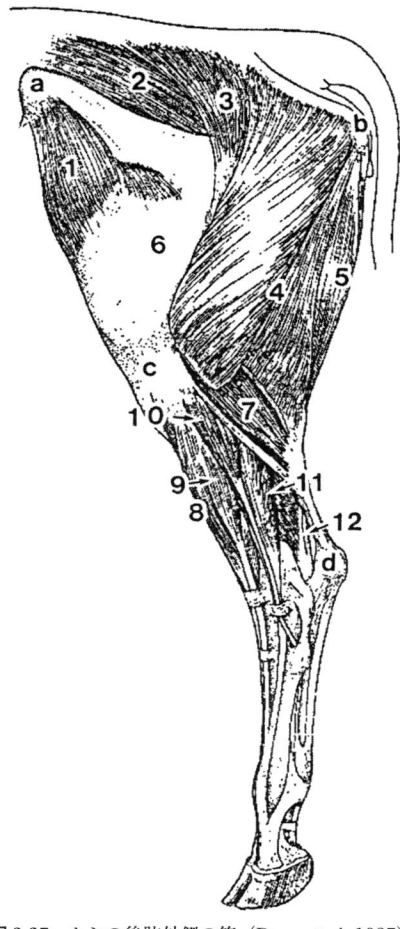

図3.37 ウシの後肢外側の筋（Dyce et al., 1987）
1：大腿筋膜張筋，2：中殿筋，3：浅殿筋・後部，4：大腿二頭筋（浅殿筋後部と癒着して殿二頭筋），5：半腱様筋，6：大腿四頭筋（筋膜の下にある），7：腓腹筋・外側頭，8：第三腓骨筋，9：長趾伸筋，10：長腓骨筋，11：外側趾伸筋，12：深趾屈筋．
a：寛結節，b：坐骨結節，c：膝関節，d：踵骨隆起（腓腹筋腱が終止し，同隆起先端に被さって浅趾屈筋腱が通過している）．

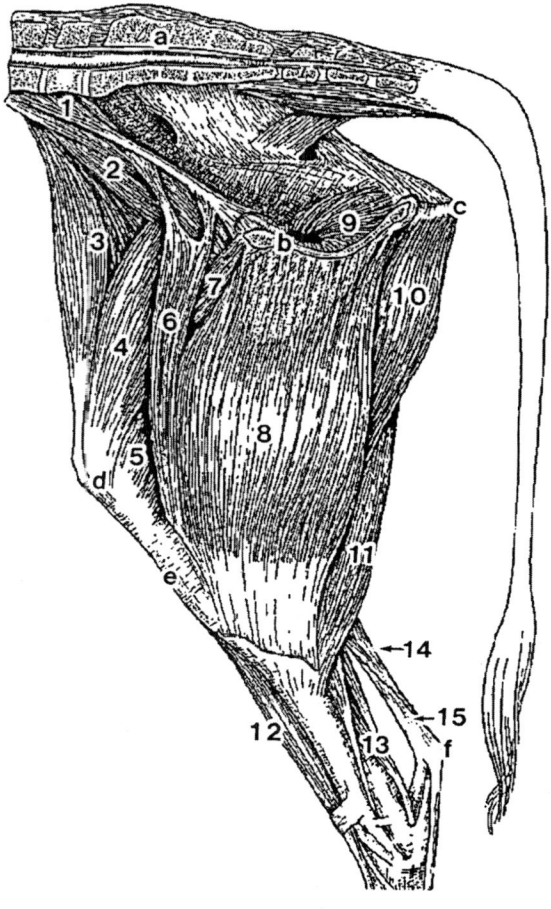

図3.38 ウシの後肢内側の筋（Nickel et al., 1984）
1：小腰筋，2：腸腰筋，3：大腿筋膜張筋，4：大腿四頭筋・大腿直筋，5：同・内側広筋，6：縫工筋，7：恥骨筋，8：薄筋，9：外閉鎖筋，10：半膜様筋，11：半腱様筋，12：第三腓骨筋，13：深趾屈筋，14：下腿三頭筋（アキレス腱），15：浅趾屈筋腱．
a：仙骨，b：骨盤結合，c：坐骨結節，d：大腿骨滑車，e：脛骨，f：踵骨隆起．

(extensor carpi radialis m.)，屈筋として尺側手根伸筋（extensor carpi ulnaris m.），尺側手根屈筋（flexor carpi ulnaris m.），ならびに橈側手根屈筋（flexor carpi radialis m.）が認められる．また，指関節の伸筋には総指伸筋（common digital extensor m.），外側指伸筋（lateral digital extensor m.），屈筋には浅指屈筋，深指屈筋（deep digital flexor m.）があり，長い腱が延びて冠骨，蹄骨に終止する．

b. 後 肢

腸腰筋（iliopsoas m.）（大腰筋（psoas major m.）と腸骨筋（iliacus m.）），小腰筋（psoas minor m.）は腰椎腹側および骨盤に起始して，大腿骨小転子ならびに腸骨体に終止する，数少ない後肢帯筋である（図3.38）．その中で最も大きい大腰筋は筋線維が背側の椎列から腹側表面の腱に延びる典型的な半羽状筋であり，ヒレ肉の芯となる．

後肢は移動の際のエンジンであり，強力な推進

力を発生する．殿部，大腿部には長い筋線維をもった大きな筋が集中している．殿部には股関節の運動に関わる強力な筋が認められ，殿筋（gluteus ms），梨状筋があり，その伸筋として働く中殿筋が特に大きい（図3.37）．また，寛骨に起始する大腿後部の大きな筋群も，股関節の伸筋として作用し，内転筋もそのような筋の一つである．さらに，着地状態の後肢で股関節と漆関節を伸展する作用を殿二頭筋（gluteobiceps m.），半腱様筋（semitendinosus m.），半膜様筋（semimenbranosus m.），薄筋（gracilis m.）などが担い，推進力発生に大きな役割を果たしている．他方で，これらの筋は後肢端が挙上されているときには，漆関節の屈筋にもなる．大腿前部の大腿筋膜張筋（tensor fasciae latae m.），大腿直筋（rectus femoris m.）は股関節の屈筋として，後肢を挙上し，前方へ振り出す働きを行う．その際，膝関節の伸展も必要になるが，大腿四頭筋（大腿直筋，外側広筋：vastus lateralis m.，内側広筋：vastus medialis m.，中間広筋：vastus intermedius m.）が強力な伸筋となる．大腿骨体および腸骨体に起始して，膝蓋骨に終止し，膝蓋直靭帯で脛骨粗面に連結される．股関節と膝関節では体重を支えるために，伸筋が常に働いている必要があり，骨に近い深部で酸化型遅筋線維が数多く観察される．

　足根関節（飛節）は中足以下の足骨格を前方に振り出す方向に屈曲し，下腿骨格と常にある角度で保持されて，緊急の場合に直ちに伸展して，推進力を発生できるように準備している．その飛節の伸筋として，強力な腓腹筋（gastrocnemius ms）が発達する．腓腹筋は大腿骨体遠位の外側および内側顆上粗面に起始して，踵骨隆起に終止するので，足根関節の伸筋であると同時に，膝関節の屈筋にもなる．その拮抗筋として，第三腓骨筋（peroneus tertius m.）がある．多羽状筋の第三腓骨筋は大腿骨遠位端の伸筋窩に起始して，足根骨および中足骨に終止するので，飛節が伸展するとその張力が膝関節を伸展するように作用する．この構造により，膝関節と飛節の屈伸運動は同調できる．足根関節の屈筋には前脛骨筋（tibialis anterior m.）と長腓骨筋（peroneus longus m.）もあるが，全部合わせても，その伸筋である腓腹筋の大きさには遠く及ばない．

　浅趾屈筋（superficial digital flexor m.）は腓腹筋に覆われて大腿骨体遠位に起こり，踵骨隆起先端を覆って，冠骨まで伸びている．体重負荷が趾関節を伸展し，浅趾屈筋腱に張力を発生すると，後部から押す形で飛節を伸展する．その際，浅趾屈筋は膝関節を屈する方向に作用するが，第三腓骨筋の働きによって相殺される．この機構により，移動の際に大腿部の大きな筋肉が膝関節を屈伸すると，飛節が同調し，趾関節も屈伸する．趾関節の屈筋には深趾屈筋（deep digital flexor m.）もあり，その腱は蹄骨まで延びている．深および浅趾屈筋の腱は特に強力で，前肢の相同筋のものに比べても太い．飛節を伸展し，趾関節を屈曲することが，後肢蹄が地面を強く蹴る運動となるので，推進力発生に直接関与する．一方，飛節を屈曲し，趾関節を伸展することは，後肢端を前方へ振り出す運動であり，着地してない時に行われるので，大きな力を必要としない．趾関節の伸筋である長趾伸筋（long digital extensor m.），外側趾伸筋（lateral digital extensor m.）は小さく，その腱も細い．

□ 管囲はなぜ中手部位？ □

　有蹄類の肢端は，高速で振り子運動ができるように軽くなり，筋がほとんど付いていない．それゆえに，中手・中足部は管骨（中手・中足骨）以外に伸筋・屈筋の腱，血管，神経などがあるだけで，その上に皮膚が被さっている．骨の太さを知る目安として，管囲はほかの身体計測値よりも有効であると思われる．実際には，前肢で管囲を計測するが，後肢ではいけない？

　恐らく，大小の違いはあっても，等しく骨の太さの指標になり得るものと思われる．

　前肢で計測される理由は，計測者の安全のためであり，後肢で危険を冒してまで計ることは

ないであろう．顔を近づけて計測値を読むとき，万一蹴りの一撃をくらったら…大変なことになる．今一度，前肢・後肢の機能的な違いを思い出してほしい．佇立しているとき，体重は前肢に多くかかっているので，その挙上はより難しくなる．後肢は，挙上することに抵抗が少なく，推進力となる大きな筋力を発生するので，その蹴りの一撃は，運が悪ければ天国行きとなろう．後ろ足にはくれぐれも注意を！　特に，ウマの蹴りにご用心！

■ 練習問題 ■

1. 軟らかい食肉（ロースおよびヒレ肉）は腰背部で生産される．なぜ，この部位の食肉は軟らかくなるのか考察せよ．
2. 逆に，スネ肉が硬いのはなぜか．いくつかの理由をあげよ．
3. 寝そべったウシが立ち上がろうとしている．その際，四肢はどのような動きをするか．また，どのような筋が主に働くと思われるか．
4. 家畜を後退させようと思う．手綱をもっている人が家畜をどのように制御すれば，家畜は上手く後退できるだろうか．
5. 最も速いスピードをもっているのは蹄行型動物よりも，相対的に脚が短いはずの趾行型動物である．このような違いが生じる原因について考察し，説明せよ．

参考文献

Bloom, W. and Fawcett, D.W. (1994)：A Textbook of Histology, 12th ed., Chapman & Hall

Dyce, K.M., Sack, W.O., and Wensing, C.J.G. (1987)：Textbook of Veterinary Anatomy, W. B. Saunders

藤田尚男・藤田恒夫 (1988)：標準組織学　総論　第3版，医学書院

加藤嘉太郎・山内昭二 (1995)：改著　家畜比較解剖図説（上），養賢堂

Nickel, R., Schummer, A., Seiferle, E., Frewein, J., Wille, K.-H. and Wilkins, H. (1984)：Lehrbuch der Anatomie der Haustiere, Verlag Paul Parey

Sisson, S. and Grossman, J.D. (1953)：Anatomy of the Domestic Animals, 4th ed., W. B. Saunders

4 生体維持系

4.1 消化器系

　動物はエネルギーを外部から摂取する栄養分に依存しているので，食物の摂取・貯蔵・消化・吸収・排泄を行う消化器（digestive organ）は系統発生学的に最も古くから存在する器官の1つである．脊椎動物の消化器系は口から取り入れた食物を食道，胃，小腸，大腸を経て肛門へと送る1本の管，すなわち消化管（alimentary canal）と，唾液腺，肝臓，膵臓のような消化液を分泌する消化腺，および歯や舌などの付属器官からなる．消化管は動物の体内をまっすぐに走る単純な形態から，複雑に屈曲してその長さを増したり，内腔にヒダや腸絨毛を発達させたりして内腔に接する表面積を増加し，部位により構造上・機能上の分化を示すようになる．これらの分化は動物の系統や食性などにより多様である．

　消化管は体内に存在するとはいえ，その内腔は大量の飲食物が通る外界でもある．したがって消化管は常に微生物，抗原，毒素などにさらされており，粘膜の内面を覆う粘膜上皮は消化・吸収に関与すると同時に，外界に対するバリアとなる．さらに，上皮下にはリンパ球やマクロファージなどの免疫担当細胞が多く存在し，粘膜下には様々な規模のリンパ球浸潤やリンパ小節があり，外界からの異物の侵入に対する防御機構が発達している．

　消化管の運動と消化液の分泌は神経系とホルモンの制御を受けているが，消化管は脳の制御がなくても単独で消化・吸収を正確に効率よく行うことができる．これは脊髄に相当するほどの神経細胞数をもつ器官内神経叢と40種類以上もあるといわれている胃腸内分泌細胞の働きによるところが大きい．また，消化管は吸収した栄養素を運び出すために特別な循環系，すなわち門脈とリンパ管をもつ．

4.1.1 消化管の一般的構造

　消化管の壁は一般に内側から粘膜（mucous membrane），粘膜下組織（submucosa），筋層（muscular layer）からなり，外側を外膜（adventitia）あるいは漿膜（serous membrane）が覆っている（図4.1）．粘膜は粘膜上皮（mucous epithelium），粘膜固有層（lamina propria），粘膜筋板（lamina muscularis）からなる．消化管の最内層を形成する粘膜上皮の細胞は細胞間に結合組織が入り込まないので，上皮細胞が隙間なく規則的に配列している．粘膜上皮は上皮細胞の形や細胞層の厚さがいろいろで，口腔，食道，肛門管のような機械的刺激が強い部位では重層扁平上皮で，分泌や吸収が行われる胃や腸では単層円柱上皮でできている．粘膜上皮の下にある層は結合組織からなる粘膜固有層で，血管やリンパ管，神経が走っている．粘膜上皮が陥入してできている胃腺や腸腺はこの層に存在する．粘膜固有層と粘膜下組織の間には平滑筋からできている粘膜筋板がある．粘膜がヒダを形成している部位では粘膜筋板はヒダに沿って内腔に突出する．粘膜下組織は

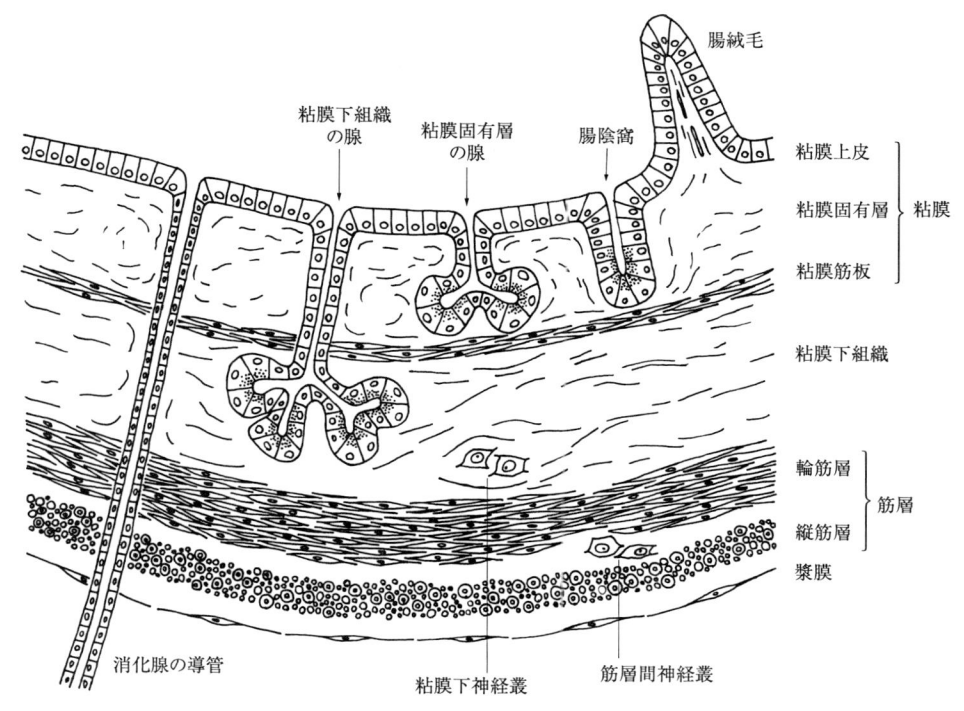

図 4.1 消化管の一般的な構造を示す模式図

太い膠原線維からなる疎性結合組織の層で，血管やリンパ管，神経が多数走っている．食道腺や十二指腸腺は粘膜下組織に存在し，導管が粘膜を貫いて内腔に開口する．粘膜下組織の外側には筋層がある．これは通常2層の平滑筋層，すなわち筋線維が輪走する内側の輪筋層（circular muscle layer）と筋線維が縦走する外側の縦筋層（longitudinal muscle layer）からなる．漿膜は単層扁平上皮性の薄い漿膜上皮と疎性結合組織の薄層，すなわち漿膜下組織からなっている．食道のように器官が体壁の中に埋もれている場合は漿膜に覆われないで，筋層の外側を厚い結合組織の層，すなわち外膜が取り囲み，他の器官と結びつけている．

消化管の器官内神経叢（intrinsic nerve plexus）は粘膜下組織に存在する粘膜下神経叢（submucosal nerve plexus），および輪筋層と縦筋層の間に見られる筋層間神経叢（myenteric nerve plexus）に分けられる．2つの神経叢は網目状に連絡して広がり，腸管の全周を二重に取り巻いて食道から直腸まで伸びている．網目状に走る神経線維束の結び目に叢神経節があって，知覚神経細胞，介在神経細胞，および運動神経細胞の細胞体が多数存在している．粘膜下神経叢は主に腸液や消化管ホルモンの分泌を，筋層間神経叢は主として消化管運動を制御・調節しているので，神経叢から粘膜や筋層の中へ神経線維が伸びている．両者の神経叢は相互にも神経線維を送り，互いに密接に連携している．また，外来性神経線維，すなわち交感神経と副交感神経からの入力も受けている．

粘膜は口唇と肛門で皮膚に移行する．粘膜上皮は皮膚の表皮に，粘膜固有層は皮膚の真皮に，粘膜下組織は皮下組織に対応するが，次の点で粘膜は皮膚と異なる．粘膜は粘液や漿液を出す腺を備えており，いつも粘膜の表面がうるおっている．一般に上皮が角化していないために下の血液が透けて，赤く見える．また，粘膜には毛が生えてい

> □ 消化管の処理量 □
> 　ヒトは誕生とともに口から栄養を摂取し始め，一生の間には8万食もの膨大な食物を食べ続ける計算になる．日本人は平均して毎日2～2.5 kgの飲食物を口から摂取しており，その大部分（95%）を消化管内で消化・吸収し，体内に取り込んでいる．消化管の処理量は年間で1 t近くに，一生で約60 t（体重の約1000倍）にもなる．これだけ大量の物質を取り込んで適切に処理している消化管の能力は驚きである．大型家畜の場合はどのくらいの量になるだろうか．

4.1.2 口　　腔

　口唇から咽頭に至る空所を口腔（oral cavity）という．口腔の機能は採食，咀嚼，および嚥下であり，一連の採食行動を口唇，歯，舌などを用いて行う．口腔の入り口は上唇と下唇がつくる口裂で，その外側のはしを口角という．口唇あるいは頰と歯列の間に形成される狭い空間を口腔前庭，歯列の内側の大きな空所を固有口腔という．口腔の背壁は前方の硬口蓋と後方の軟口蓋からなり，切歯乳頭，口蓋縫線，口蓋ヒダを区別する．軟口蓋の後方遊離部は口蓋帆といい，食物が鼻腔に入るのを防ぐ．口腔の腹壁は口腔底と呼ばれ，舌が大部分を占めている．哺乳類で口唇と頰は母乳を吸うために発達している．鳥類では口唇の代わりに切歯骨と下顎骨を土台にした角質の嘴（beak）が発達し，歯を欠く．また，口蓋は完全には形成されないので，間隙状の後鼻孔が見られる．

　口腔から咽頭への移行部の粘膜下には扁桃（tonsil）と呼ばれるリンパ組織が輪状に分布しており，口や鼻からの病原体の進入を防いでいる．扁桃は哺乳類でよく発達しており，口蓋扁桃，口蓋帆扁桃，喉頭蓋傍扁桃，咽頭扁桃，耳管扁桃，舌扁桃などに分けられる．

(1) 口腔腺

　口腔腺（salivary gland）は口腔に開口する外分泌腺で，唾液を分泌するので唾液腺とも呼ばれる．両生類以上の脊椎動物に存在し，高等になるにつれて腺の種類を増す．口腔の粘膜に付属して存在する小唾液腺と独立した実質性器官を形成する大唾液腺に分けられる．哺乳類で，小唾液腺は小型の腺で，口腔の各所で粘膜下に散在して，あるいは集団をなして分布しており，口唇腺，頰腺，臼歯腺，口蓋腺，舌腺，小丘傍腺（ヤギ，ウマ）などに分けられる．一方，口腔粘膜から離れた場所に腺体をもつ大唾液腺は耳下腺（parotid gland），下顎腺（mandibular gland），舌下腺（sublingual gland）に分けられ，それぞれ耳下腺管，下顎腺管，舌下腺管により口腔に開口する．鳥類では小唾液腺のみが存在する．

　大唾液腺は腺房（acinus），介在導管（intercalated duct），線条導管（striated duct）から構成される複合管状胞状腺である（図4.2）．唾液腺の腺房は細胞質が塩基好性で，丸い核をもつ漿液細胞（serous cell），あるいは酸好性で，扁平な核をもつ粘液細胞（mucous cell）によって構成される．1個の腺房で両者の細胞が混ざり合う場合，漿液細胞群は粘液細胞群の外周を取り囲むように存在し，その形から漿液半月と呼ばれる．腺房の外周を包み込むように星状筋上皮細胞が存在する．介在導管は丈の低い立方上皮細胞で構成される．線条導管は漿液性の腺房においてよく認められる．導管を構成する円柱上皮細胞は細胞体の基底面に対して垂直に配列したミトコンドリアと基底陥入からなる基底線条をもっており，溶質の再吸収を行う．耳下腺は家畜や齧歯類で漿液性であるが，イヌは粘液細胞も含むことがある．下顎腺は反芻類やウマで漿液細胞と粘液細胞からなる混合性であるが，イヌ，ネコ，齧歯類では粘液性である．舌下腺は一般に混合性であるが，反芻類，ブタ，齧歯類では粘液性が強い．

　唾液は多量のムチンを含む粘液性の分泌物と，消化酵素を含む漿液性の分泌物から構成される．唾液は食物をうるおしたり，餌を粘着させたりして，嚥下を容易にするほかに，アミラーゼなどの

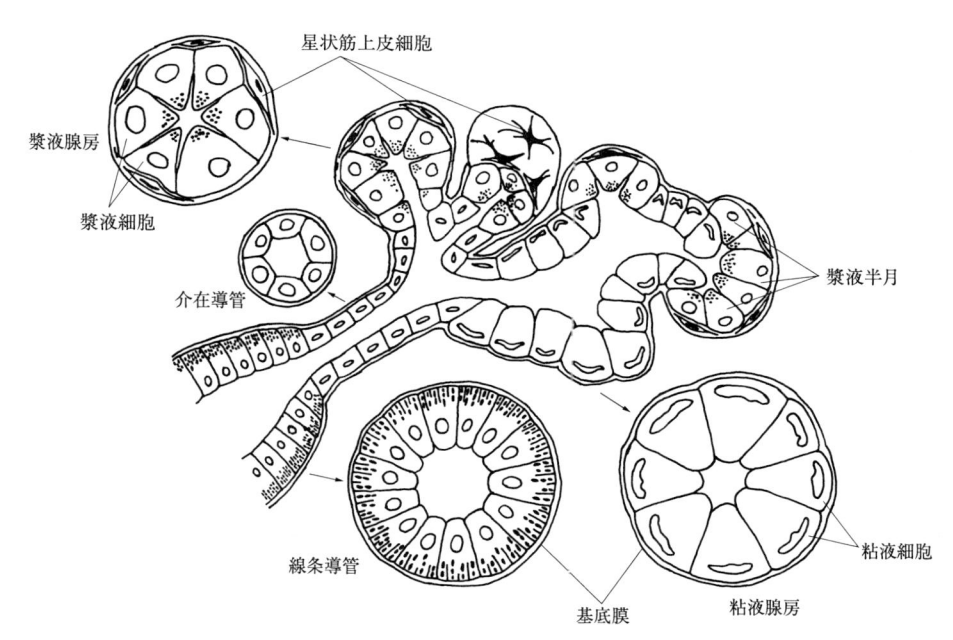

図 4.2 下顎腺の構造を示す模式図

消化酵素を含むので炭水化物の消化の一部を担当し，口腔内の乾燥防止や味物質の溶媒などの働きをする．

(2) 歯

歯（tooth）は無顎類と鳥類をのぞくほとんどの脊椎動物に存在する．食物を咀嚼するための硬い器官で，上顎と下顎に歯列弓をつくっている．爬虫類以下の歯は形がすべて円錐形なので，同形歯性というが，多くの哺乳類の歯は機能的な形態分化を示し，切歯（I：incisor），犬歯（C：canine），前臼歯（P：premolar），後臼歯（M：molar）に分かれるので，異形歯性という．また，切歯，犬歯，前臼歯は二生歯性で，乳歯が脱落したあとで永久歯が生えるが，後臼歯は乳歯に相当するものがなく，一生歯性である．哺乳類の歯は上顎骨，切歯骨，下顎骨にある歯槽に歯根がはまりこむ槽生歯で，歯根膜が骨と歯根を強く結びつけている．歯は口腔内に露出している歯冠，歯槽の中にある歯根，歯肉に覆われ歯冠と歯根の間に存在する歯頸に分けられる．上顎と下顎の歯がかみあう面を咬合面という．食肉類の臼歯は咬合面全体がエナメル質で覆われ，数個の隆起を形成する切断歯の形を示す．咀嚼は下顎の上下運動で，食物を噛み切るのに適している．一方，反芻類やウマの臼歯は咬合面が平らで，硬いエナメル陵が複雑に露出している．咀嚼は下顎の水平運動で，食物を磨り砕くのに便利である．家畜の歯式は表4.1の通りである．

表 4.1 家畜の歯式

ウマ（雄）	I $\frac{3}{3}$ C $\frac{1}{1}$ P $\frac{3\sim4}{3}$ M $\frac{3}{3}$	イヌ	I $\frac{3}{3}$ C $\frac{1}{1}$ P $\frac{4}{4}$ M $\frac{2}{3}$
ウマ（雌）	I $\frac{3}{3}$ C $\frac{0}{0}$ P $\frac{3\sim4}{3}$ M $\frac{3}{3}$	ネコ	I $\frac{3}{3}$ C $\frac{1}{1}$ P $\frac{3}{2}$ M $\frac{1}{1}$
ウシ・ヤギ	I $\frac{0}{3}$ C $\frac{0}{1}$ P $\frac{3}{3}$ M $\frac{3}{3}$	ウサギ	I $\frac{2}{1}$ C $\frac{0}{0}$ P $\frac{3}{2}$ M $\frac{3}{3}$
ブタ	I $\frac{3}{3}$ C $\frac{1}{1}$ P $\frac{4}{4}$ M $\frac{3}{3}$		

反芻類では上顎の切歯と犬歯がなく，その部分の歯肉は角化して硬い歯床板となっている．また，下顎の犬歯は切歯と同じ形をしているので，便宜上切歯として扱われることもあるが，実際は犬歯である．

(3) 舌

哺乳類の舌（tongue）は採食，口腔内での食物の移動，嚥下および哺乳に適応して一般に柔軟で，舌筋により微妙に運動する．舌は舌尖，舌体，舌根に分けられる．舌体の背側面を舌背といい，反芻類，ウマ，ウサギでこの部分に舌隆起がある．舌粘膜は重層扁平上皮で，その表面には多数の舌乳頭がある．舌乳頭は主に機械的な機能を行う糸状乳頭，円錐乳頭，レンズ乳頭と，味蕾を備えた茸状乳頭，有郭乳頭，葉状乳頭に分けられる．舌の大部分は横紋筋からなる固有舌筋によって占められ，筋束が前後（縦），左右（横），上下（垂直）の3方向に走る．鳥類の舌は厚い角化重層扁平上皮で覆われているために硬く，舌筋の発達が悪いので運動性に乏しい．哺乳類と異なって，舌の中心部には舌骨が入り込み，中軸をなす．

4.1.3 咽　　頭

咽頭（pharynx）は頭方で鼻腔と口腔に，尾方で食道と喉頭に通じ，消化管と気道の両者が使用する交差点となっている．側壁には耳管咽頭口が開き，中耳と連絡している．咽頭の粘膜は重層扁平上皮で，粘膜下組織に咽頭腺がある．普段は常に呼吸しているので，鼻腔や口腔が喉頭とつながり，咽頭は空気が通っている．飲食物を飲み込むときは空気の流れを一時的に遮断して，咽頭は飲食物だけを通す．舌が口蓋に押しつけられて口からの呼吸が止められ，軟口蓋によって鼻からの呼吸が止められる．一方，喉頭蓋が喉頭口のほうへ，同時に喉頭口が喉頭蓋に向かって移動することによって，喉頭蓋が喉頭口にふたをするので，喉頭への空気の流入を止めるとともに飲食物が気管へ入るのを防ぐ．喉頭蓋が閉じると食道の上端が開き，食物は容易に食道へ送り込まれる．この一連の運動は主として反射的に行われ，意識しなくても飲食物は正しく咽頭から食道へ送られる．

> ◻ 嚥下 ◻
>
> 飲食物を飲み込むとき，必ず呼吸が一時的に止まる（嚥下性無呼吸）．呼吸をしたままでは，ものを飲み込めない．下顎を下げて口を少し開いていると舌で口腔を閉じることが難しいので，うまく飲み込めない．口を閉じて飲み込むとき，喉頭口を喉頭蓋によってふさぐために甲状軟骨が上がる．これらのことを自分の体で試してみよう．

4.1.4 食　　道

食道（esophagus）は咽頭と胃を結ぶ管で，哺乳類では頸部・胸部・腹部に分けられる．その長さは首の長さに相応して長短があるが，横隔膜食道裂孔を貫くと腹部は非常に短く，すぐ胃に連なる．食道は蠕動運動により食物を胃に送るが，消化・吸収は行わない．粘膜の内面は縦ヒダが発達しており，拡張性に富む．粘膜上皮は重層扁平上皮で，イヌやネコではほとんど角化しないが，反芻類では角化する．粘液性の食道腺（esophageal gland）が哺乳類では粘膜下組織に，鳥類では粘膜固有層に存在する．食道腺は反芻類，ウマ，ネコで食道前庭に，ブタで頭側半分に，イヌで全長に分布している．筋層は内外2層であるが，輪走と縦走ではなく，互いに交差してらせん状に走る．筋層には横紋筋が含まれ，胃に近づくに従って平滑筋に入れ替わるが，反芻類とイヌ，ネコでは全長にわたって，ブタでは頭側の三分の二まで横紋筋で構成される．最外層は疎性結合組織で構成される外膜であるが，胸部と腹部では漿膜で覆われる．

鳥類の食道は胸腔の入り口で拡大し，嗉嚢（crop）を形成する（図4.3）．嗉嚢は大量に摂取した餌を一時的に貯蔵し，膨化・軟化を助け，胃へ送る内容物の量を調節する．組織学的に食道と

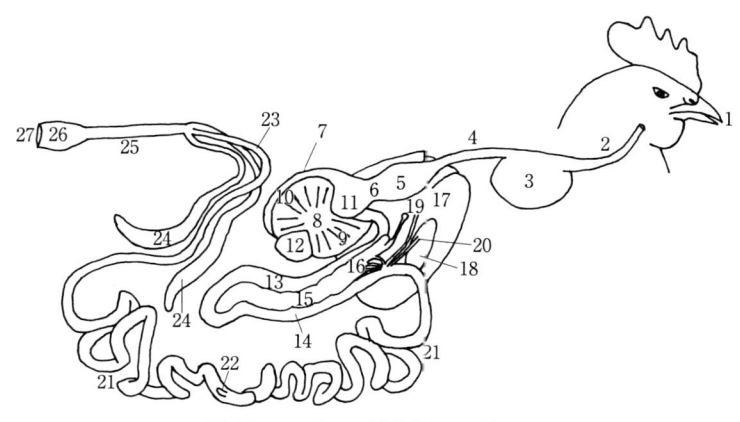

図4.3 ニワトリの消化管を示す模式図
1：嘴，2：食道頸部，3：嗉嚢，4：食道胸部，5：前胃（腺胃），6：胃峡部，7：砂嚢（筋胃），8：腱中心，9：前腹側大筋，10：後背側大筋，11：前背側小筋，12：後腹側小筋，13：十二指腸下行部，14：十二指腸上行部，15：膵臓，16：膵管（3本），17：肝臓，18：胆嚢，19：総肝腸管，20：胆腸管，21：空腸，22：卵黄憩室，23：回腸，24：盲腸，25：直腸，26：排泄腔，27：肛門．

同じ構造を示すが，食道腺はない．ハトの嗉嚢は抱卵期から育雛期にかけて雌雄ともに粘膜上皮が非常に肥厚する．育雛期にその上皮細胞は脂肪変性を起こし，嗉嚢腔に脱落する．親鳥はこれを嗉嚢乳として口移しに雛に与え，育雛する．

4.1.5 胃

胃（stomach）は食道に続くふくらみで，食物を一時的に留めて部分的に消化し，胃内容物の小腸への移動を調節する．大部分の動物で胃は1室からなる単胃であるが，反芻動物の複胃は4室から，鳥類の胃は前胃と砂嚢の2室からなる．

(1) 単胃

食道に続く入口を噴門（cardia），出口を幽門（pylorus）という（図4.4）．U字形あるいはJ字形に湾曲した内側を小彎といい，小網が付着する．一方，外側を大彎といい，大網が付着する．胃の主体をなす部分を胃体，大彎に沿った噴門側の膨出部を胃底という．噴門に近い左側胃底に，ウマで胃盲嚢が隆起し，ブタで胃憩室が突出する．ウマで胃の噴門側三分の一，ブタで噴門周囲に，腺がなく，非角化重層扁平上皮からなる無腺部がある（図4.5）．無腺部は明るい灰白色であ

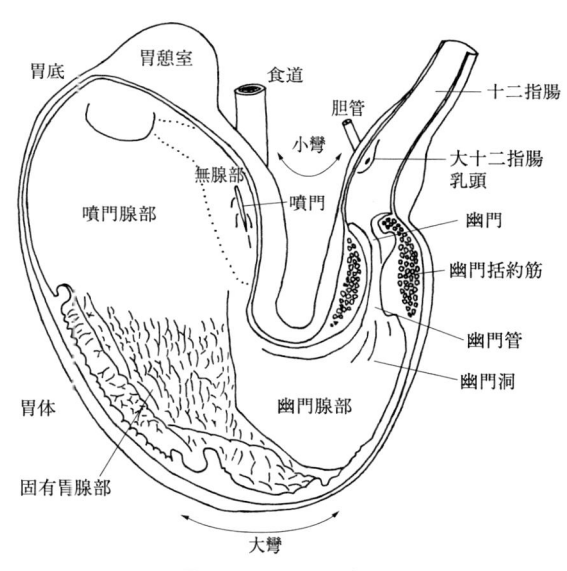

図4.4 ブタの胃の内景

るが 腺部は赤みを帯びて柔らかく，滑らかである．無腺部と腺部の境で，粘膜は重層扁平上皮から単層円柱上皮に突然移行し，ウマでここにヒダ状縁を形成する．イヌやネコの胃には無腺部がない．腺部は丈が高く，粘液を分泌する胃表面上皮細胞（gastric superficial epithelial cell）で覆われ，胃小窩という小さなくぼみがある．胃腺は腺体が粘膜固有層に存在し，胃小窩の底に開口する．胃腺には噴門腺（cardiac gland），固有胃腺

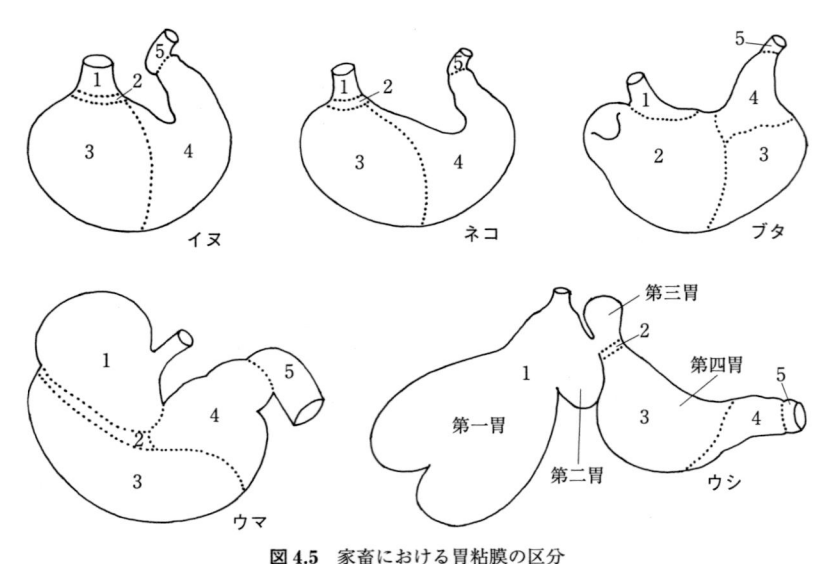

図4.5 家畜における胃粘膜の区分
1：食道と前胃部の無腺部，2：噴門腺部，3：固有胃腺部，4：幽門腺部，5：十二指腸粘膜．

(proper gastric gland), 幽門腺 (pyloric gland) がある．噴門腺は噴門部に存在し，幽門腺は幽門部に分布する（図4.5）が，ともに粘液を分泌する．固有胃腺は胃体に広く分布しているが，胃底腺とも呼ばれる．固有胃腺は胃小窩につながるところから順に峡，頸，主部（体と底）に分けられる（図4.6）．固有胃腺には主細胞（chief cell），壁細胞（parietal cell），頸粘液細胞（mucous neck cell）がある．主細胞は主部に分布する小型の細胞で，核は丸く，基底側の細胞質は粗面小胞体を含むので強い塩基好性を示す．腺腔側の細胞質にはペプシノーゲンなどのタンパク分解酵素を含む酵素原顆粒が豊富に存在する．壁細胞は腺全体に分布するが，体に多く存在する大型の細胞で，細胞体は三角形か扇形で，円形の明るい核をもち，細胞質はミトコンドリアが多く酸好性である．細胞内分泌細管が発達し，塩酸（胃酸）を分泌する．頸粘液細胞は名前のように頸に多く存在し，扁平か不定形の核を基底側にもち，粘液を分泌する．峡には未分化細胞が多く，細胞の分裂像がよく見られる．幽門部の粘膜上皮には胃腸内分泌細胞（gastrointestinal endocrine cell）の1つであるG細胞が散在し，この細胞が分泌するガ

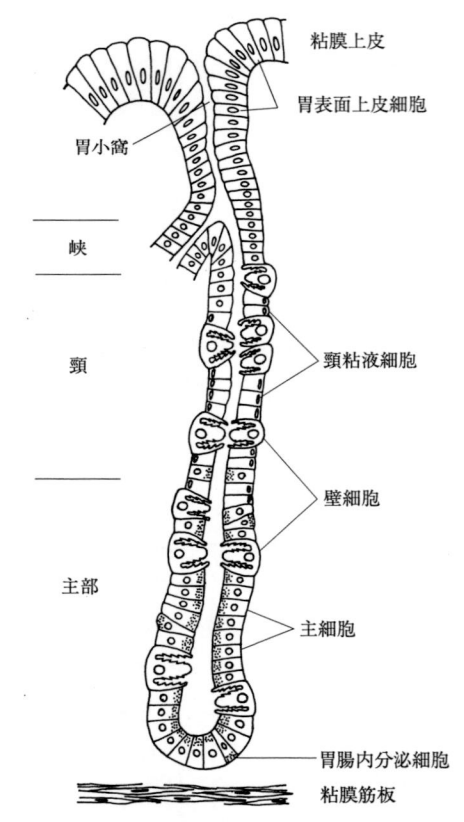

図4.6 固有胃腺の構造を示す模式図

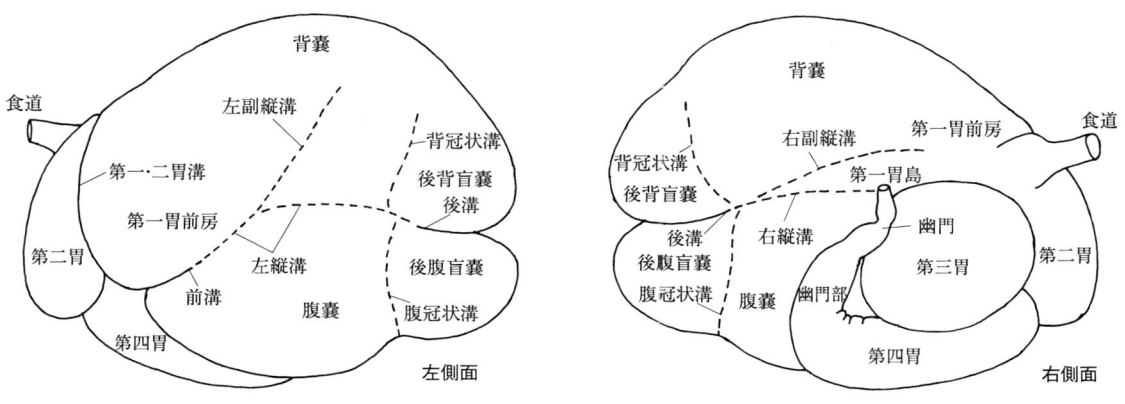

図4.7 反芻類（ウシ）の胃

ストリンは血行性に作用して固有胃腺の壁細胞からの塩酸分泌を促進する．

□ **食前酒と胃液** □
　胃腸内分泌細胞は消化管全体の粘膜上皮に存在し，各種の消化管ホルモンを分泌している．幽門部の粘膜にはガストリンを分泌する内分泌細胞が散在していて，アルコールやアミノ酸を感知するとガストリンを放出する．ガストリンは血液中を経て固有胃腺の壁細胞に作用し，塩酸の分泌を促進する．したがって，日本料理で最初に杯で乾杯してから料理に手をつけたり，西洋料理で食前酒が出たり，コース料理の最初にスープがでたりするのは，胃液の分泌が活発になるので，合理的である．

(2) 複　胃

　反芻類の胃は4つに区分される．腺のない第一胃（rumen），第二胃（reticulum），第三胃（omasum）は前胃と呼ばれ，その内面は重層扁平上皮で覆われている（図4.5）．第四胃（abomasum）の粘膜上皮は腺を備えた単層円柱上皮からなる．ウシの複胃は腹腔の四分の三を占め，その容積はおおよそ 200 l に達する．そのうち第一胃が80％を，第二胃が5％を，第三胃が7％を，および第四胃が8％を占める．

　i）第一胃：　第一胃は食道に続く大囊で，腹腔の左半分と右下部を占める．表面にある左縦溝と右縦溝，および前溝と後溝により，第一胃は大きく背囊と腹囊に分けられる（図4.7）．さらに背冠状溝と腹冠状溝により，広く交通した4つの囊，すなわち背囊，後背盲囊，腹囊，後腹盲囊に分けられる．背囊と腹囊は広い第一胃内口によって連絡する．おのおのの溝に相当する部分の内面には同名の筋柱が走る．内面のほとんどの部分は舌状，葉状，あるいは指状の第一胃乳頭で覆われているが，乳頭は背囊の背側壁と筋柱には存在しない．第一胃内に存在する微生物によって粗繊維を発酵して揮発性脂肪酸を生成し，これを第一胃乳頭から吸収する．上皮は角化重層扁平上皮であるが，角質化の程度は飼料組成に影響される．第一胃と第二胃の間には第一・二胃溝があり，その内面は第一・二胃ヒダが第一胃と第二胃を連絡する広い開口部，第一・二胃口を取り囲む．

　ii）第二胃：　第二胃は小球状で，第一胃の前方を占める（図4.7）．第二胃の内面は第二胃稜と呼ばれる粘膜ヒダが隆起して，蜂の巣状の第二胃小室を形成する．第二胃稜の稜線部や側面，および第二胃小室底には円錐形をした第二胃乳頭がある．粘膜は角化重層扁平上皮で覆われる．第二胃溝が噴門から腹側に第二・三胃口に向かって走行する．溝は2列のヒダの盛り上がり（右唇と左唇）とその間にある第二胃溝底から構成され，母乳や水などが通過するときにヒダが管状になって食道から直接第三胃に通じるようになる．

ⅲ）第三胃： 球状で第二胃の右後方に位置する（図4.7）．第三胃の内壁には第三胃彎から第三胃底に向かって約100枚の第三胃葉がカーテンのように垂れ下がっている．葉は大きさの異なる大葉，中葉，小葉，最小葉の四種類があり，大，最小，小，最小，中，最小，小，最小，大の順に並んでいる．第三胃葉には小さな第三胃乳頭が密生している．流動物は第三胃底にある第三胃溝を，第二・三胃口から第三・四胃口に向かって流れる．

ⅳ）第四胃： 第一胃の右側，第三胃の腹側に位置し，小彎は第三胃に沿って屈曲する（図4.7）．第三胃との境に沿って噴門腺が分布する（図4.5）．第四胃底と第四胃体には第四胃ヒダが見られ，固有胃腺を含む粘膜で覆われている．幽門部は幽門腺を含む黄色みを帯びた粘膜で覆われている．

(3) 鳥類の胃

鳥類の胃は消化液を分泌する前胃（proventriculus，腺胃）と食物をすりつぶす砂嚢（gizzard，筋胃）に分かれている（図4.3）．前胃は紡錘状にふくらんだ器官であるが，内腔は狭く，前胃ヒダが隆起する．内腔表面は粘液を分泌する単層円柱上皮で覆われており，浅前胃腺（superficial proventricular gland）と呼ばれる．粘膜固有層は厚く，その大部分は深前胃腺（deep proventricular gland）とその導管によって占められている．深前胃腺は哺乳類の固有胃腺に相当するが，腺細胞は酸ペプシン上皮細胞から成り，塩酸とペプシノーゲンが同一細胞から分泌される．導管は集合して前胃乳頭に開口しており，内腔表面における特徴的な構造として前胃乳頭は肉眼でも観察可能である．粘膜固有層の外側には比較的厚い粘膜筋板，よく発達した輪筋層，あまり発達していない縦筋層がある．粘膜下組織はほとんど存在しない．

前胃と砂嚢の間のくびれた部分は胃峡部で，その内面はヒダや乳頭がなく，胃中間帯と呼ばれる．砂嚢は哺乳類における胃の幽門部に相当する凸レンズ状の形をした器官で，外表面の中央に腱中心が見られる．著しく発達した筋層の収縮弛緩運動により，餌と一緒に飲み込んだ砂や小石，飼料中の砂礫とともに胃の内容物を機械的に攪拌磨砕する．砂嚢を構成する平滑筋は輪筋層が発達したもので，4つに分類される．前腹側大筋と後背側大筋は砂嚢体を構成する著しく厚い筋である．前背側小筋は胃峡部とつながる前嚢を覆い，一方，後腹側小筋は後嚢を覆う相対的に薄い筋で，それぞれ砂嚢の外表面に膨らみを形成する．前嚢で，前胃との連絡口の右腹側に十二指腸へ通じる胃幽門口が見られる．粘膜は胃小皮と呼ばれる非常に丈夫なケラチン様物質の厚い層で覆われ，筋の粉砕作用から粘膜表面を保護している．この物質は粘膜固有層にある砂嚢胃腺から分泌される．

4.1.6 小　　　腸

腸は胃の幽門に続く部位から始まり，肛門で外界に開く長い管で，小腸と大腸に大別される．腸の長さは動物の食性と関係があり，草食性動物は肉食性のものよりも腸が長い．鳥類では哺乳類に比較して相対的に短く，特に大腸が短い．

小腸（small intestine）は十二指腸（duodenum），空腸（jejunum），回腸（ileum）に区分されるが，その構造は漸進的に変化するので境界は明白ではない（図4.8）．十二指腸は前十二指腸曲で後走し，後十二指腸曲で反転して頭方に向かい，十二指腸空腸曲で空腸に続く．十二指腸の幽門に近い部位には総胆管と膵管が一緒になって開口する大十二指腸乳頭と，副膵管が開口する小十二指腸乳頭がある．空回腸は非常に長い腸管の部分（ウシで約40 m）で，著しく屈曲を繰り返して腸間膜に吊られている．回腸は回腸乳頭を形成して回腸口で大腸に開口する．鳥類の十二指腸は十二指腸ワナを形成してその間に膵臓を挟み，その終末部に胆腸管，肝腸管，膵管が開口する（図4.3）．小腸の経路の中程に外側に突出する小さな突起として卵黄管の遺残物である卵黄憩室を

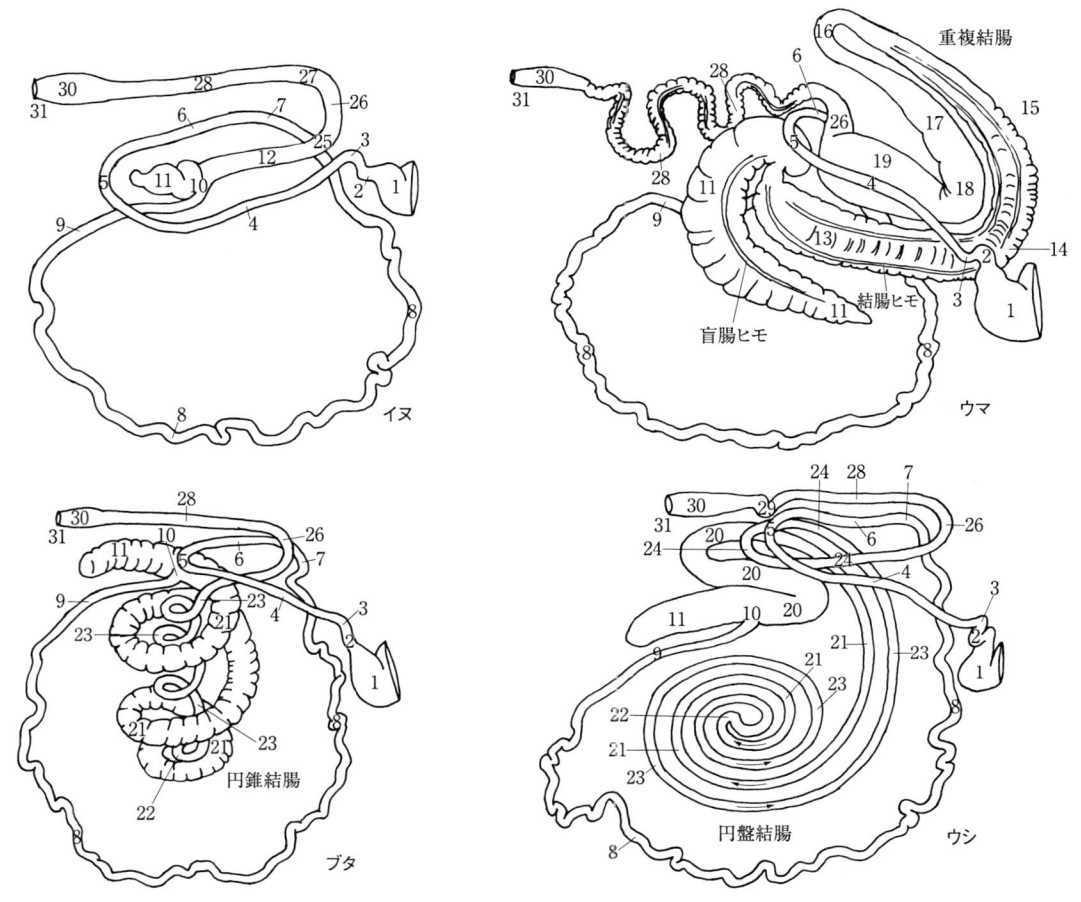

図 4.8 家畜の腸管を示す模式図

1：幽門部，2〜7：十二指腸（2：前部，3：前十二指腸曲，4：下行部，5：後十二指腸曲，6：上行部，7：十二指腸空腸曲），8：空腸，9：回腸，10：回腸口，11：盲腸，12〜24：上行結腸（13：右腹側結腸，14：胸曲，15：左腹側結腸，16：骨盤曲，17：左背側結腸，18：横隔曲，19：右背側結腸，20：結腸近位ワナ，21〜23：結腸ラセンワナ（21：求心回，22：中心曲，23：遠心回），24：結腸遠位ワナ），25：右結腸曲，26：横行結腸，27：左結腸曲，28：下行結腸，29：S状結腸，30：直腸，31：肛門．

認めることがある．

　小腸は胆汁と膵液，腸自体から分泌される腸液の作用により消化を行い，消化された栄養分を吸収する場所である．小腸は吸収面積を拡大するために単に長さが長くなるだけでなく，吸収に適した様々な構造を示す（図 4.9）．哺乳類では小腸の近位部，特に十二指腸の粘膜面には粘膜と粘膜下組織の隆起である輪状ヒダ（circular fold）が発達している．その表面には長さが 1 mm ほどで，指状ないし葉状の小突起，腸絨毛（intestinal villi）が密生し，ビロード状の外観を呈する．腸絨毛の長さは腸の近位部では長く，遠位部では短い．腸絨毛は単層円柱上皮で覆われており，この上皮の表面には PAS 反応陽性を示す線条縁がある．これは長さ $1〜1.5\,\mu m$，直径約 $0.1\,\mu m$ の微絨毛（microvilli）の集まりで，吸収上皮細胞 1 個に約 600 本の微絨毛が密生している．このように輪状ヒダ，腸絨毛，微絨毛の存在により腸管の吸収面積は 600 倍にも拡大し，ヒトでその面積は $200\,m^2$ もあるといわれている．

　腸絨毛の間には腸陰窩（crypt）と呼ばれる上皮の陥入があり，粘膜固有層に腸腺（intestinal

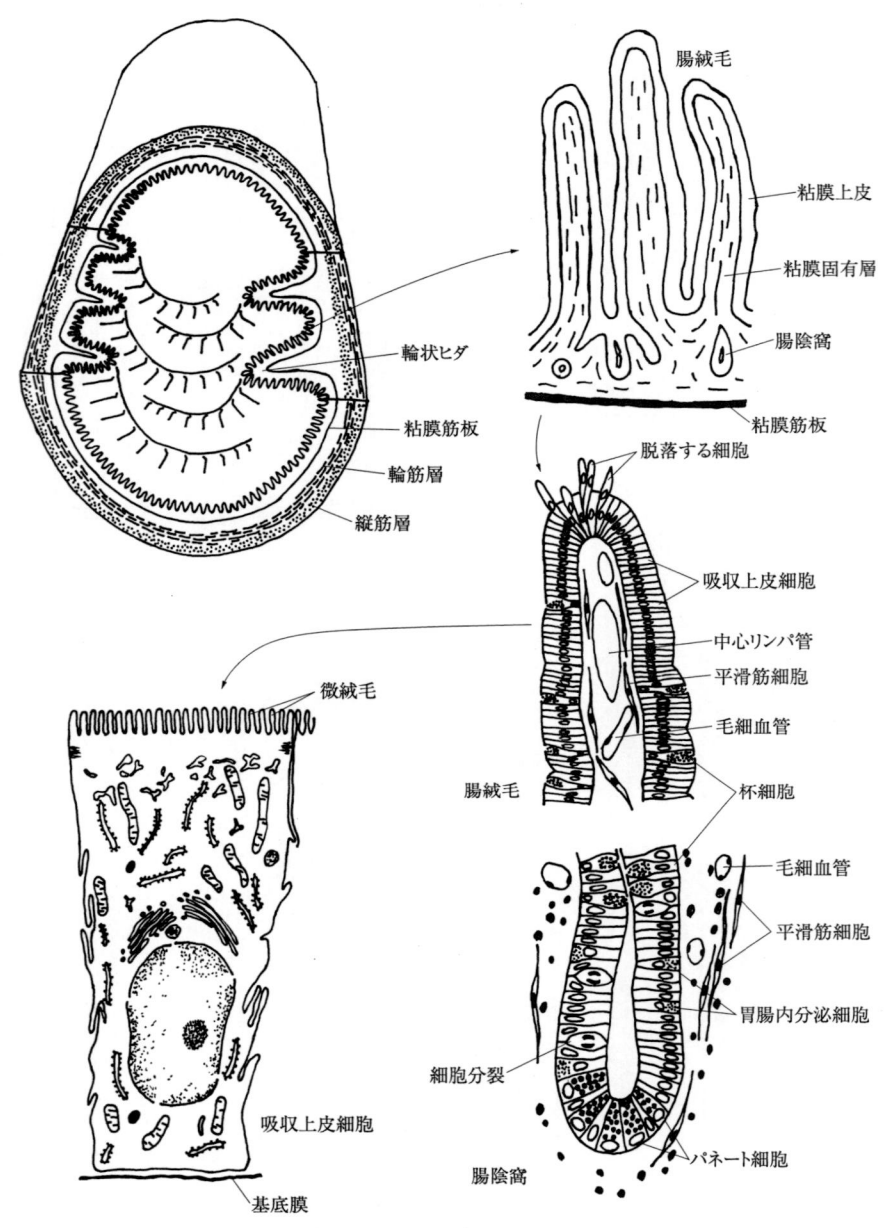

図 4.9 小腸の構造を示す模式図

gland) を形成する．小腸の粘膜上皮は吸収上皮細胞を主体に，杯細胞（goblet cell）や胃腸内分泌細胞から構成されるが，さらに腸陰窩ではパネート細胞や未分化上皮細胞も見られる．吸収上皮細胞は円柱状で基底側に円形ないし楕円形の核をもつ．その管腔面に密生している微絨毛は表面に糖タンパクを主成分とする糖衣を付着しており，これが PAS 反応陽性を示す．微絨毛の細胞膜では消化の最終段階と吸収が同時に進行する（膜消化）．杯細胞は粘液を分泌する単細胞腺で，吸収上皮細胞の間に散在する．胃腸内分泌細胞は消化管ホルモンを分泌する細胞で，基底側の細胞質に分泌顆粒をもつ．未分化上皮細胞は腸陰窩にあり，腸絨毛の吸収上皮細胞より丈が低く，線条

縁が不明瞭な細胞をいう．腸陰窩の底部には細胞分裂像が多く認められ，ここで細胞が増殖し，分化・成熟しながら腸絨毛の先端に向かって移動する．吸収上皮細胞は3～4日で絨毛先端から管腔内へ脱落する．パネート細胞は腸陰窩の底部にある酸好性顆粒をもつ細胞で，ウマ，反芻類，ウサギ，ラット，マウス，ヒトなどで認められる．

腸絨毛上皮下の粘膜固有層には毛細血管が分布しており，吸収したアミノ酸と炭水化物を受け取る．腸絨毛の芯には中心リンパ管があり，脂肪を受け取る．平滑筋細胞である絨毛筋細胞が存在する．

哺乳類の十二指腸粘膜下組織には十二指腸腺（duodenal gland）が存在する．腺細胞は低い円柱状で，細胞質は明るく，核は基底部に偏在して円形または扁平である．この腺の分布域や分泌物の性状は動物種により異なる．小腸の粘膜下組織には腸間膜の反対側に集合リンパ小節が多く認められ，回腸に大きなものが見られる．筋層はすべて平滑筋で，輪筋層と縦筋層からなり，一般に輪筋層が厚い．腸の最外層は腸間膜と連続している漿膜で覆われている．

鳥類（ニワトリ）の小腸は輪状ヒダがないが，腸絨毛が著しく長い．粘膜下組織がほとんどなく，輪筋層は厚いが，縦筋層はあまり発達しない．

4.1.7 大　　腸

大腸（large intestine）は盲腸（cecum），結腸（colon），直腸（rectum）からなるが，盲腸と結腸は回腸の結合部を境にして区分する（図4.8）．大腸は微生物の作用により食物繊維を消化し，さらに水やビタミン，電解質の吸収と糞の形成を行う．ウマやウサギのような盲腸・結腸発酵動物は巨大な盲腸と結腸をもち，セルロース分解のための発酵槽としても機能する．ウマやブタの盲腸と結腸には縦筋層が寄り集まってできた盲腸ヒモや結腸ヒモがあり，大腸表面を縦に走る．腸ヒモの間には多くの盲腸膨起や結腸膨起が見られる．ウシの大腸には腸ヒモや膨起を見ない．ウサギやヒトの盲腸先端にはリンパ組織が厚く発達している虫垂がある．結腸は上行結腸，横行結腸，下行結腸に区分されるが，上行結腸の形態は動物種により著しく異なる（図4.8）．ウマの結腸は腹腔の大部分を占め，大結腸が重複ワナの形に走行したのち急速に細くなって横行結腸に続く．下行結腸は小結腸とも呼ばれ，直腸に続く．ブタと反芻類の上行結腸は結腸ラセンワナを形成する．ウシでは平面上を楕円状に求心回が2回転ほどして中心曲に達し，ここで反転して遠心回を経て戻る．その形から円盤結腸と呼ばれる．ブタでは求心回が円錐状に3，4回転して円錐の頂点に達し，中心曲で反転して遠心回となり，次第に細くなって求心回の内側に沿って戻ってくる．その形から円錐結腸と呼ばれる．結腸と直腸の境界は明白でないが，直腸は脊柱の腹方に沿って骨盤腔内を直線的に走り，短い肛門管（anal canal）を経て肛門（anus）に開く．

大腸の粘膜には輪状ヒダがなく，代わりに半月ヒダが認められる．粘膜面は一般に腸絨毛がないので平らで，そこに多数の腸陰窩が開口する．大腸の粘膜上皮は単層円柱上皮であり，内腔表面は線条縁の発達が悪い腸表面上皮細胞で覆われる．腸陰窩には小腸よりも多数の杯細胞が存在する．大腸末端部の肛門管で単層円柱上皮が突然，非角化重層扁平上皮に変わる．

鳥類の盲腸は一対あり，先端は小腸のほうに向かう（図4.3）．盲腸の発達の程度は種により異なるが，ニワトリで盲腸底は細いが盲腸体と盲腸尖は太い．盲腸内で微生物の作用を受けた臭気の強い褐色で粘りのある糞を盲腸糞と呼び，直腸糞と区別する．結腸と直腸の区別はなく，非常に短いので単に直腸と呼んでいる．排泄腔（cloaca）は消化器，泌尿器，生殖器の共通の開口部であるので，糞と白色の尿酸は混合して排泄されるし，雄の精液も雌の卵も排泄腔から肛門を経て放出される．

□ 前胃発酵動物と盲腸・結腸発酵動物 □

　草食動物はセルロースを分解するために腸内細菌を利用し，その生成物である揮発性脂肪酸をエネルギー源として利用している．反芻動物は前胃を一種の連続発酵槽にし，ここに多数の微生物群を生息させている（前胃発酵動物）．反芻動物はこの微生物の発酵代謝産物である揮発性脂肪酸を前胃の壁から吸収してエネルギー源としているし，微生物体タンパク質を第四胃と小腸で消化・吸収して利用している．一方，ウマやウサギは盲腸や結腸が発達し，ここを発酵槽としている（盲腸・結腸発酵動物）．大腸内の細菌が植物繊維を分解して生成する揮発性脂肪酸を大腸壁から吸収するので，これらの動物の大腸はエネルギー吸収器官でもある．しかし，微生物を大腸で消化・吸収することはほとんどできない．

4.1.8 肝　　臓

　肝臓（liver）は体内で最大の腺で，胆汁を分泌（外分泌）し，血漿タンパク質の合成・分泌（内分泌），および物質代謝・解毒などに関与する．肝臓は赤褐色か暗褐色で，体の右側に偏って位置する．前面が横隔面で隆起し，後面が臓側面で腹腔臓器による多くの圧痕が見られる．臓側面の中央に肝門があり，門脈（portal vein），肝動脈，リンパ管，神経，胆管が出入りする．肝臓は葉間切痕により，いくつかの葉に分かれる（図4.10）．反芻類は左葉（left hepatic lobe）と右葉（right hepatic lobe）のほかに，肝門の腹方に方形葉（quadrate lobe）が，背方に尾状葉（caudate lobe）があり，葉の数が他の動物より少な

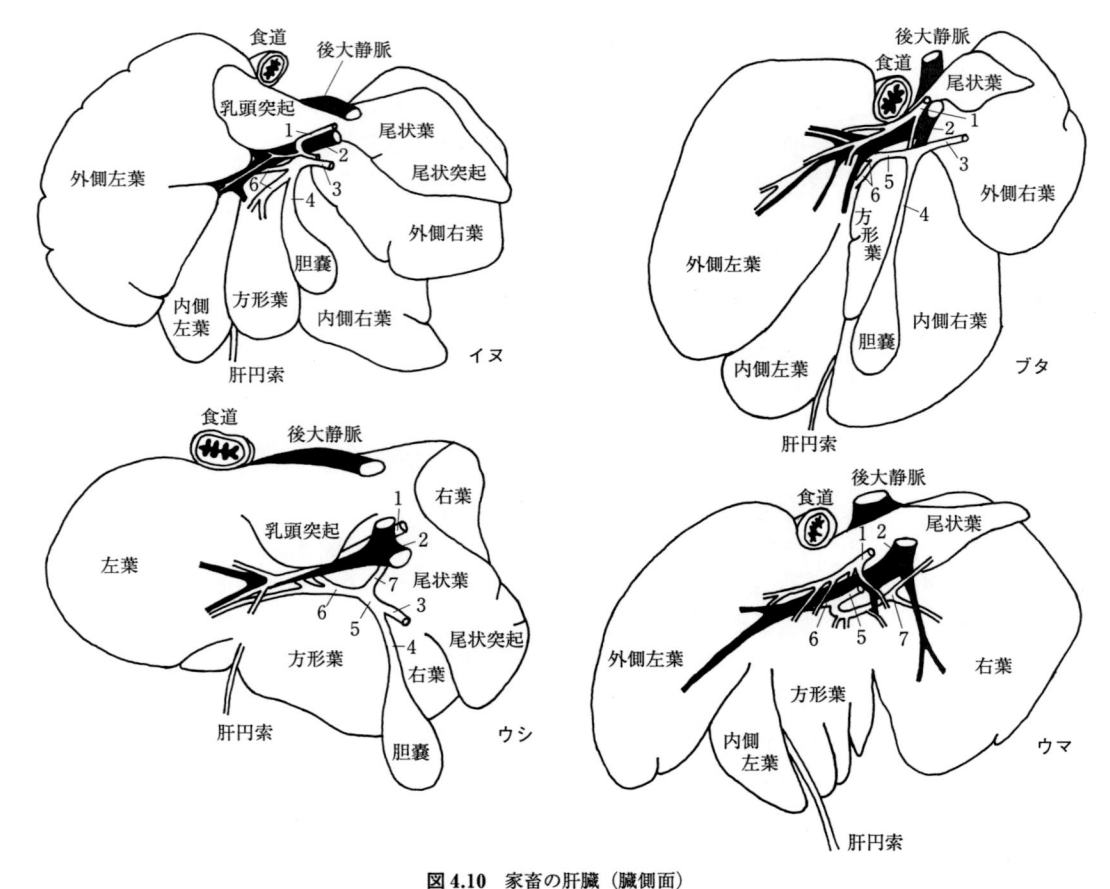

図4.10　家畜の肝臓（臓側面）
1：肝動脈，2：門脈，3：総胆管，4：胆嚢管，5：総肝管，6：左肝管，7：右肝管．

4.1 消化器系

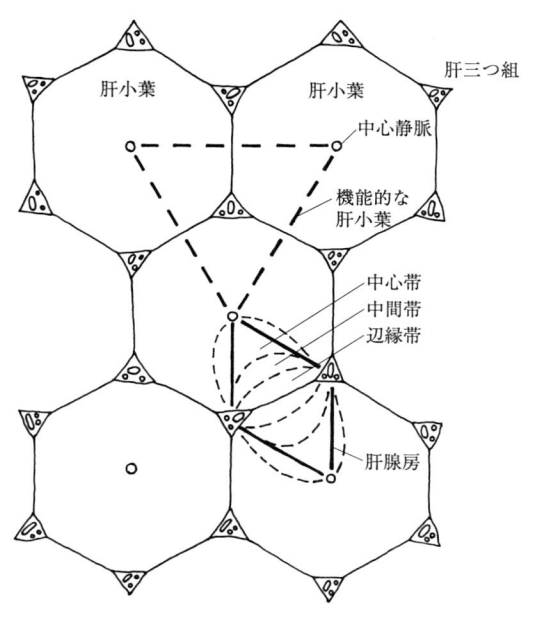

図4.11 肝小葉を示す模式図

vein）がある（図4.11）．六角形の頂点には肝門から出入りする3つの管（肝門管）が常に組になって走っているので，肝動脈から分枝した小葉間動脈，門脈から分枝した小葉間静脈，胆管に集まる小葉間胆管を肝三つ組（hepatic triad）という．肝小葉は小葉間結合組織（グリソン鞘）によって区分されているが，これによって肝小葉の全体が明瞭に境界づけられているのはブタの肝臓だけである．他の動物では肝三つ組の周囲だけに結合組織が存在し，隣接する小葉の境界は不明瞭である．肝小葉内で，肝細胞は板状の肝細胞板を形成し，中心静脈を中軸にして放射状に配列している（図4.12）．肝細胞板の間には洞様毛細血管（sinusoidal capillary，類洞）と呼ばれる毛細血管が走る．血液は小葉間動脈あるいは小葉間静脈から周囲の類洞に流れ込み，類洞の血液は中心静脈に集まり，小葉間に存在する小葉下静脈を経て肝静脈に流れる．肝小葉の実質をさらに，中心静脈の周囲を中心帯，周辺部を辺縁帯，両者の中間を中間帯に区分する．部位により肝細胞の酵素活性に違いが見られ，グリコーゲンの蓄積量は辺縁帯の肝細胞に最も多く，中心帯で少ない．小葉間にある三つ組を中心に考えると，1つの三つ組から周囲3カ所の中心静脈に向かう三角形の構造を想定できる．これが機能的肝小葉である．類洞は有窓内皮細胞によって形成され，血漿成分は内皮

い．ブタやイヌは左葉と右葉がそれぞれ外側と内側に分かれ，6葉になる．反芻類とイヌでは尾状葉が発達しており，ここから尾状突起（caudate process）が右方に，乳頭突起（papillary process）が肝門に向かって突出する．左葉と方形葉の間に臍静脈の遺残物である肝円索が観察できる．

肝臓はほぼ六角柱形の肝小葉（hepatic lobule）からなっており，その中心には中心静脈（central

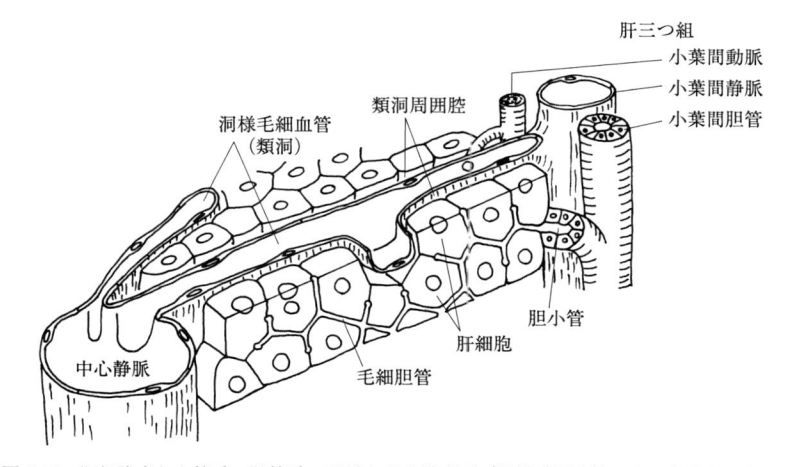

図4.12 肝細胞索と血管系，胆管系の関係を示す模式図（洞様毛細血管の窓は省略してある．）

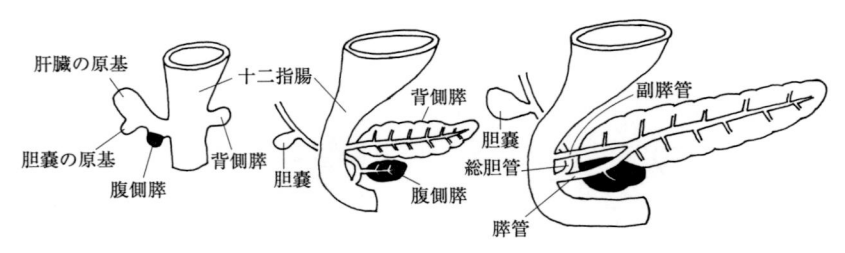

図 4.13 膵臓の発生を示す模式図

細胞の窓を通って内皮細胞と肝細胞の間にある類洞周囲腔（perisinusoidal space，ディッセ腔）に出入りできる．類洞の壁にはマクロファージ由来の星状大食細胞（stellate macrophage，クッパー細胞）が内皮細胞の間に存在するし，類洞周囲腔にはビタミンAを含む脂質滴を貯蔵した類洞周囲脂質細胞（伊東細胞）が存在する．肝細胞は多角立方体で，非常に活発な分裂能をもち，再生力に富んでいる．肝細胞の細胞質には多数のミトコンドリアや豊富な粗面小胞体があり，グリコーゲンを貯蔵している．肝細胞の類洞周囲腔に面し，微絨毛を有する部分は類洞周囲腔の血漿との間で，活発に物質のやりとりを行っている．一方，隣り合う肝細胞の接触面の中央には細胞間隙として毛細胆管（bile capillary）が形成され，ここにも微絨毛があり，肝細胞で生産された胆汁が分泌される．この間隙の両側には密着帯が形成され，胆汁が細胞間隙に漏れ出すのを防いでいる．毛細胆管は肝細胞間を肝小葉の周囲部へ続き，小葉間胆管に注ぐ．

◻ 消化器を食べる ◻

舌をタン，肝臓をレバーとして食べることは一般的に行われており，消化管全般をホルモンと呼んでいる．これは消化管に胃腸内分泌細胞がたくさんあって，多種類のホルモンを分泌しているためではない．焼き肉として，第一胃はミノ，第二胃はハチノス，第三胃はセンマイ，第四胃はアカセンマイ（ギャラ），小腸はコプチャン（コテッチャン），大腸はテッチャン，直腸はテッポウなどと呼ばれている．スナギモは鳥の砂嚢（筋胃）である．回腸遠位部はBSE特定危険部位に指定されているので，現在は食用にできない．

4.1.9 胆　　　嚢

胆嚢（gall bladder）は肝臓の右葉と方形葉の間に位置し，胆嚢管を介して，肝臓とは総肝管で，十二指腸とは総胆管でつながっている（図4.10）．肝臓で分泌された胆汁を貯蔵，濃縮し，必要に応じて分泌する器官である．小腸上部の胃腸内分泌細胞から分泌されるコレシストキニンは胆嚢壁の平滑筋を収縮して胆汁の分泌を促進する．哺乳類ではウマ，シカ，ラット，クジラなどに胆嚢がなく，総肝管が直接十二指腸に開く．鳥類では肝右葉からの肝管は胆嚢管として胆嚢に胆汁を送った後，胆腸管として十二指腸に開口する（図4.3）．一方，肝左葉からの肝管は総肝腸管として直接，十二指腸に開く．鳥類ではハトやインコに胆嚢がない．

4.1.10 膵　　　臓

膵臓（pancreas）は淡黄赤色の実質臓器で，胃の後方で十二指腸の基部に沿って位置し，扁平に広がる．十二指腸に接する部分を膵右葉，脾臓に向かうほうを膵左葉といい，両者の間を膵体と呼ぶ．膵臓は前腸間膜静脈によって貫かれるが，食肉類や反芻類では膵切痕がつくられ，ブタとウマでは膵輪が形成される．膵臓は背側膵と腹側膵と呼ばれる2つの膵臓原基から形成される（図4.13）．背側膵は膵体と膵左葉を構成し，副膵管により十二指腸の小十二指腸乳頭に開口する．一

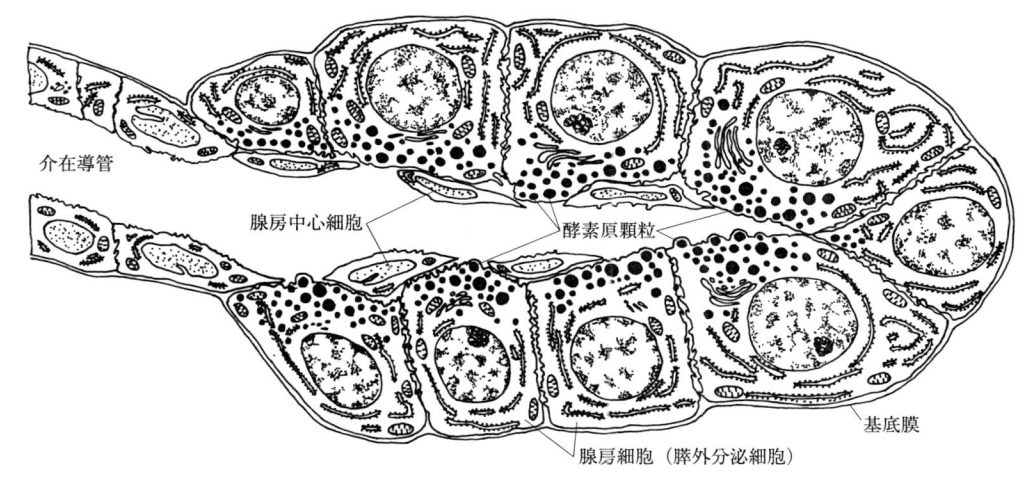

図4.14 膵腺房の構造を示す模式図

方，腹側膵は膵右葉になり，膵管により総胆管とともに大十二指腸乳頭に開く．発生が進むと2つの膵臓は癒合して1つの膵臓になり，膵管も膵臓内で吻合するので片方の膵管が消失することがある．ウマとイヌは膵管と副膵管の両方をもつが，ヤギ，ヒツジ，ウサギは膵管のみが，ウシとブタは副膵管のみが存在し，他方は消失する．

膵臓は表面の結合組織が実質内に入り込み，膵小葉に分かれる．各膵小葉には外分泌腺の終末部である膵腺房 (pancreatic acinus)，少数の膵島，介在導管と小葉内導管が存在する．小葉間には，小葉間導管と，ネコで層板小体が見られる．膵臓の外分泌部は複合管状胞状腺である．唾液腺に似ているが，線条導管を欠く．腺房を構成する腺房細胞 (acinar cell) は基底側の細胞質によく発達した粗面小胞体をもつので塩基好性を示し，自由縁側の細胞質に酸好性を示す酵素原顆粒 (zymogen granule，チモーゲン顆粒) が詰まっている（図4.14）．腺房細胞は細胞間分泌細管をもつ．腺房の中心部には介在導管に由来する腺房中心細胞が存在し，単層立方上皮で扁平な核をもつ介在導管を経て，単層円柱上皮からなる小葉内，小葉間導管へと続く．大きな導管の粘膜上皮には杯細胞が存在することがある．小腸上部の胃腸内分泌細胞から分泌されるコレシストキニンは腺房細胞から消化酵素を多く含んだ膵液の分泌を刺激し，一方，小腸上部から分泌されるセクレチンは介在導管から重炭酸塩を含むアルカリ性の強い膵液の分泌を刺激する．

鳥類の膵臓は十二指腸ワナに挟まれて存在し，背側膵葉，腹側膵葉，第三膵葉，脾膵葉に分かれる（図4.3）．膵管はそれぞれの葉から背側膵管，腹側膵管，第三膵管の3本が十二指腸に開口する．背側膵葉と腹側膵葉は哺乳類の膵右葉に，第三膵葉と脾膵葉は膵左葉に相当する．

■ 練習問題 ■
1. 腸管は吸収面積を拡大するために様々な構造上の特徴を示す．どのようなものがあるのか説明せよ．
2. 腸管の全体に共通な基本的な層構造について説明せよ．
3. 肝臓における血液と胆汁の流れる経路を説明せよ．
4. 次の語句を説明せよ．
   ・漿液半月
   ・固有胃腺
   ・肝小葉
   ・膵腺房

4.2 呼吸器系

4.2.1 呼吸器系の構成

高等な動物では，生体における代謝に必要な酸素を外界から取り込み，代謝の結果体内でできた不必要な二酸化炭素を排出する器官が独立した系統として存在しており，これを呼吸器系（respiratory system）と呼ぶ．このように外界との間でガス交換を行う外呼吸のために特別に分化・発達した器官系には，水生の動物の鰓，両生類以上の脊椎動物の肺，陸生の節足動物の気管などが知られており，いずれも呼吸器と呼ばれる．

哺乳類では，鼻腔，咽頭，喉頭，気管，気管支，肺の一連の器官を総称して呼吸器系と呼ぶ．皮膚も部分的な呼吸を行っているが，呼吸器系には含まない．なお，鳥類にはこれらに加えて体腔内に補助的な空気の袋があり，骨の中にも空気の入る袋状の空間があって，これらのすべてが肺とつながって肺呼吸を助け，かつ体の軽量化にも貢献し，飛行という非常に大量の酸素を要求する運動を可能としている．

(1) 鼻と鼻腔

鼻（nose）は，匂いを感じる嗅覚器官であり，呼吸や声を出すことにもかかわる．外部と内部に分けられるが，一般には鼻という言葉は外部の高く突き出た部分に限って使用される．鼻の内部は鼻腔（nasal cavity）と呼ばれ，気道の最初の部分の呼吸部と主に嗅覚にかかわる嗅部に分けられる．哺乳類の場合，鼻の内部とは，垂直の壁でへだてられた2つの腔のことで，各々の腔は両側の壁から出っぱった鼻甲介によって3つの鼻道に分けられている．蝶形骨，篩骨，前頭骨，上顎骨の中には空間があり，小さい穴で鼻道とつながっている．

鼻の穴の入り口近くの鼻前庭と呼ばれる部分は軟骨の上を粘膜が覆った構造で，ヒトの場合は内側が鼻毛で覆われている．この鼻毛は入り口を横ぎるように突き出ていて，ほこりや小さな昆虫などの異物が内部に侵入できないようになっている．これに呼吸部と嗅部が続く．呼吸部の粘膜上皮は，粘液を分泌する杯細胞がたくさん混在している多列線毛上皮であり，粘膜固有層には粘漿混合腺である鼻腺（nasal gland）が豊富に分布しているので，いつも湿っている．鼻の骨格は，上半分の鼻骨と下半分の軟骨とからできていて，鼻骨は鼻橋の頂と両脇を形づくっている．下半分の左右それぞれには外側鼻軟骨と大鼻翼軟骨があり，大鼻翼軟骨には種子軟骨と呼ばれる3～4個の軟骨板がついている．鼻中隔の軟骨は鼻の穴を左右に分ける壁となり，後部では篩骨と鋤骨とにつながっており，鼻腔は完全に左右にしきられている．鼻腔の内部はかなりの高さと奥行きがあり，鼻の穴から上部咽頭の左右の縦長の裂け目まで続いている．この裂け目は軟口蓋の上で耳の鼓室に通じている耳管の穴の近くにある．

匂いを感じる鼻の領域では，粘膜は非常に厚くなっていて褐色をしている．嗅神経はやわらかい粘膜内で枝分かれし，その先端は小さなふくれた終点となって鼻腔内表面に突き出ている細長い上皮細胞に終わる．ヒトでは退化しているが，多くの哺乳類ではフェロモンを感じる鋤鼻器が発達している．

鼻腔に続いて洞穴状の副鼻腔（paranasal sinuses）が続く．副鼻腔の内面も丈の低い多列線毛上皮で覆われている．

◻ フェロモン ◻

主に動物が体外に放出し，他の個体の行動に影響を与える揮発性物質のことをフェロモン（pheromone）と呼ぶが，最近では植物が放出して昆虫などの動物の行動に影響を与える物質もフェロモンと呼ぶ．その働き方は，体内のホルモンが特定の化学的信号をある細胞群から他の細胞群へ送って特定の行動を起こさせる様子に似ており，動物個体間の情報伝達法として最も古くから存在するものである．

哺乳類では，皮脂腺から分化した腺から分泌されるフェロモンが，縄張りの範囲を示したり，雌雄間の性行動を調節し合ったり，餌の位置を教えたり，危険を知らせたりする信号として用いられている．さらにさまざまな化学物質から構成される個体に特有のにおいをもつことによって個体を識別することができる．哺乳類の多くは，鼻腔に鋤鼻器という特別な器官を発達させており，ここでフェロモンを受容する．

最近では霊長類でもフェロモンは重要な役割を担っていることがわかってきた．しかし，ヒトはフェロモンを出すのか，またそれに反応するのか，といった問題については意見が分かれていた．

集団生活をしている女性の月経周期は同調する傾向があるといわれていたが，シカゴ大学のキャサリン・スターンとマーサ・マクリントックは女性の腋の下のにおいが他の女性の月経周期に影響を与えるということを科学的に示した．彼女らは，排卵周期が一定している女性29人のうちの9人を無作為に選び，月経周期の各時期ごとに腋の下に布を密着させて分泌される物質を採取し，その布をアルコールにひたして採取した物質を溶出させてガーゼにしみこませた．これを残る20人の鼻の下に1日1回押しあてることを4回の月経周期の間続けた．その結果，9人の女性が月経周期前期にあった場合は残る20人のうちの約70％に1〜14日の月経周期の短縮がみられた．逆に，9人が月経周期後期にあった場合は約70％に1〜12日の月経周期の延長がみられた．これは少なくとも月経周期を短縮させるものと延長させるものの2種類のフェロモンが作用した結果だと考えられる．

しかし，ヒトの場合は鋤鼻器を欠いているので，フェロモンをどのように受容するか明らかにされていない．ヒトにも鋤鼻器と似た器官が見出されているが痕跡的であり，機能していないと考えられている．ヒトではフェロモンは鼻腔にある他の細胞で受容するか，あるいは鼻腔の組織から吸収するのではないかと推測されているが定かではない．

(2) 咽　頭

哺乳類と鳥類では，鼻腔と口腔が奥の部分で交わる．この部分から喉頭までの間のことを咽頭 (pharynx) と呼ぶ．咽頭は，呼吸するための空気と食物の通路である．咽頭を通過して，空気は気道へ入り，気管を経て肺に至る．鼻から吸い込まれた空気と口から取り込まれた食物が咽頭部分でX状に交差して，それぞれが気管と食道に導かれる．飲食物は食道へ入り，胃へと下っていく．このため，咽頭を消化器の一部に分類することが多い．鼻腔の奥である咽頭の上部には，中耳腔に通じる耳管が開口している．ヒトの場合，口を大きく開けると，咽頭の両側部分にリンパ組織の1つである1対の扁桃が見える．咽頭の下部は喉頭につながっており，魚の骨などの異物がひっかかりやすい．一般に鼻腔から咽頭までを上気道と呼び，風邪に感染したときに炎症が起きやすい部位である．また，この部分は，中耳と鼻腔にもつながっているため，風邪をひいたときに中耳炎や鼻炎などが引き起こされることがある．

(3) 喉　頭

咽頭から続き気管までの細長い部分を喉頭 (larynx) と呼ぶ（咽頭，喉頭，食道の上部，気管の上部を含めて喉と呼ぶ．ヒトではおおむね喉仏・アダムズアップルなどと呼ばれる部分に相当する）．哺乳類では発声器として最も大切な部分で，声を出す声帯も喉頭に存在している．

喉頭の壁は，表面から，粘膜，横紋筋，結合組織，軟骨によって構成されている．粘膜上皮は部位によって異なるが，基本的には多列線毛上皮とその間に散在する杯細胞が混じる重層扁平上皮である．重層扁平上皮の部分には，少数であるが迷走神経系が支配する味蕾が存在する．さらに，漿液腺細胞と粘液腺細胞が混合している分岐管状胞状腺である喉頭腺が開口する．喉頭は，舌の底にある舌骨から出る靱帯によって支えられている．喉頭の骨格は，喉頭蓋軟骨，甲状軟骨，輪状軟骨の3つの大きな軟骨と，披裂軟骨をはじめいくつかの対になっている小さな軟骨から構成されている．喉頭蓋軟骨は，甲状軟骨の後面の上方に位置している幅の広い軟骨である．食物を飲み込む

と，喉頭が反射的に持ち上がって喉頭の上口が喉頭蓋と呼ばれる喉頭の前壁上に向かって突き出ている扁平な突起に押し付けられて気道をふさぎ，食物が気道に入らないようにしている．喉頭蓋軟骨のすぐ下には，2つの縦長の板をつなげたような角ばった形の甲状軟骨がある．これらは首の前でつながって，そのつなぎ目が飛び出している（この突起を喉仏と呼んでいる）．甲状軟骨の後部の下方は，喉頭の通り道をいつも開いておく働きをする輪状軟骨につながっている．輪状軟骨の後ろの上部の両側には，声帯の動きに重要な小さい披裂軟骨がある．

ヒトの場合，喉頭に2対の声帯がある．これは弾力性のある結合組織からなり，粘膜のヒダで覆われている．声帯のうちの1対は喉頭蓋軟骨から甲状軟骨の角まで広がっており，仮声帯と呼ばれる．飲食物を飲み込んだとき，声門（喉頭から咽頭への入り口の部分）を狭くする働きをもつ．仮声帯の下には披裂軟骨から甲状軟骨の角まで広がっている本当の声帯が存在する．肺から出てくる空気がこの声帯を振動させ，喉頭が共鳴して増幅されて音が出る．筋肉が披裂軟骨を体の中央へ回転させると，声帯をゆるめて長くすることになるので，低い音が出る．逆に，体の両脇のほうへ回転させることで声帯を短くして緊張させると，高い音を出すことになる．このようにしてヒトでは自由に音のピッチをコントロールできる．なお，甲状軟骨の板のつくる角度がヒトの声の高低をきめている．両生類のカエルでは，咽頭と肺は喉頭を介して直接つながっている．喉頭には，補助的な袋があり，ふくらませると声を共鳴させることができる．これに似た共鳴室の役割は，哺乳類のホエザルの舌骨の空洞，ゴリラの喉頭から脇の下まである袋などが担っている．なお，鳥類では鳴管と呼ばれる気管にある特殊な装置で声を出す．

> □ 扁 桃 □
>
> 喉の奥にあって病原菌が体内に侵入してこないように守っているリンパ系組織を扁桃（tonsil）と呼ぶ．以前は扁桃腺と呼ばれていたが，組織構造上腺ではないので扁桃と呼ぶのが正しい．扁桃が炎症を起こした状態を扁桃炎という．咽頭にある咽頭扁桃（アデノイド），耳管が喉に開口する近傍にある耳管扁桃，舌の奥にある舌扁桃，口蓋部にある口蓋扁桃などがあるが，一般的には口蓋扁桃をさすことが多い．口蓋扁桃は，口から咽頭への入り口の両側にあるアーモンド形のリンパ組織である．扁桃の組織は，一層の薄い上皮の下に結合組織線維が網の目のようにはりめぐらされ，その中にリンパ球などの免疫系の細胞，血管，神経が入っている．扁桃の表面には無数の深いくぼみがあり，このくぼみに連鎖球菌やブドウ球菌などの病原菌が入ると，扁桃で待機している食細胞がこれをとらえて，その情報をリンパ球に伝える．この情報を受け取ったリンパ球は抗体をつくって病原菌を攻撃する．扁桃は，一層の薄い上皮だけで外界と接しているため，扁桃そのものが非常に感染されやすい．見方によっては，慢性的に炎症を起こすことによって抗体をつくり続けて喉を守っているといえるほどであり，急性扁桃炎はこのような慢性的な扁桃炎が急激に悪化したものと考えることができる．

(4) 気 管

気管（trachea）は，哺乳類の頸部にある呼吸路の1つで，喉頭と肺をつないでいる軟骨でできた丈夫な管である（正確には喉頭と気管支との間の太い管で，ヒトの場合は長さ約 10 cm，太さ約 1.5 cm である）．食道の前面に位置し，末端は食道に隣接している．馬蹄形をしたいくつもの軟骨からできており，これらの軟骨は互いに連なって，筋肉および線維組織によって連結している（図 4.15）．気管の内面は線毛粘膜に覆われている．上皮細胞はよく発達した線毛をもつ多列線毛上皮で，この間に粘液を産生分泌する杯細胞が散在する．他に極めてわずかであるが，刷子細胞と基底細胞が存在するが，これらの機能については不明な点が多い．上皮の線毛は盛んに運動して空

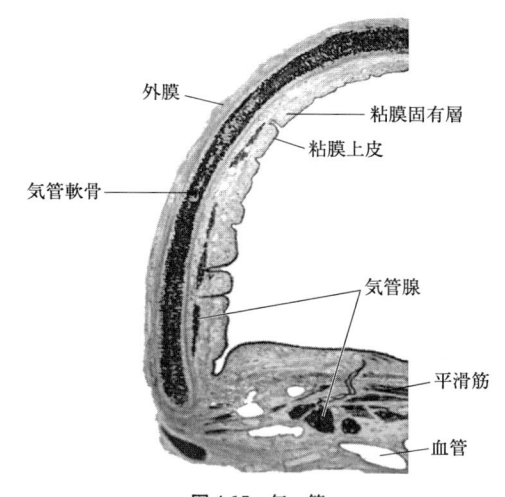

図4.15 気管 (labels: 外膜, 粘膜固有層, 粘膜上皮, 気管軟骨, 気管腺, 平滑筋, 血管)

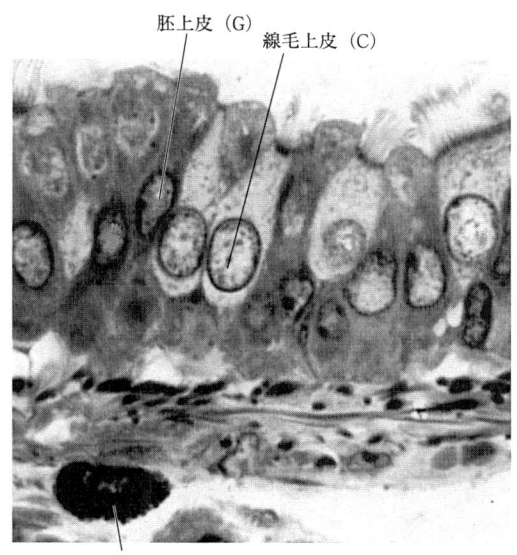

図4.16 気管支上皮 (labels: 杯上皮（G）, 線毛上皮（C）, 肥満細胞（M）)

気中のほこりなどの異物を喉のほうに送り出す（これがまとめられた状態のものを痰と呼ぶ）．気管は，呼吸器感染症にかかりやすい部位であり，異物や病気によって気管がふさがったときには，呼吸を確保するため気管を開く気管切開術が必要となることがある．ちなみに，昆虫などの陸生の節足動物の呼吸管も気管と呼ばれるが，まったく別物である．

(5) 気管支

気管は肺門部で左右2本の気管支 (bronchial tube, bronchus) に分かれて肺門から肺の中に侵入する．反芻類とブタでは2本の気管支に分岐する前に，右側の肺に入る気管の気管支が分岐する．肺の中で枝分かれを繰り返しながら進み，肺の構造的，機能的単位である肺小葉にたどりつく．すなわち，葉気管支（第一気管支），区域気管支（第二気管支），区域気管支枝，細気管支 (bronchiole) というように細分岐していく．末端部にあたる細気管支は，肺小葉 (pulmonary lobule：肺の項で述べる) の入り口にはじまり，小葉内でさらに分岐を繰り返して細くなり，4～6本の終末細気管支となる．この終末細気管支はさらに2本の呼吸細気管支に分岐し，これがもう一度分岐する．終末細気管支は数本の肺胞管 (alveolar duct) に移行し，これに2～5個の肺胞嚢 (alveolar sac) が開いている．肺胞嚢のまわりにあたかもブドウの房のように数個から数十個の肺胞がついている．なお，呼吸細気管支から末梢部分までを肺細葉 (pulmonary acinus) と呼ぶことが多い．

葉気管支，区域気管支，区域気管支枝の組織の構造は気管とほぼ同じで，上皮は多列線毛上皮であり（図4.16），多くの弾性線維を含む粘膜固有層には粘液腺部と粘漿混合腺が混じる気管支腺 (bronchial gland) が存在して，内面を湿った状態に保っている．粘膜固有層の周りには少しの網状の平滑筋が管を取り囲み，その外側に粘膜下組織があり，ここには軟骨が含まれる．しかし，細気管支以下では軟骨がなく，内面は単層円柱線毛上皮（末端では丈の低い単層立方線毛上皮）に覆われている．杯細胞も末端に向かって少なくなり，末梢部では欠損する（図4.17）．末梢部の上皮は，線毛細胞，クララ細胞（線毛をもたない）と刷子細胞からなる．

呼吸器の上皮には腸上皮に局在する内分泌細胞とよく似た基底顆粒細胞（セロトニン，ガストリン放出ペプチドなどを体内側に分泌する）が散在するが，その機能については未だ不明な点が多い．さらに神経系がよく発達しており，神経上皮

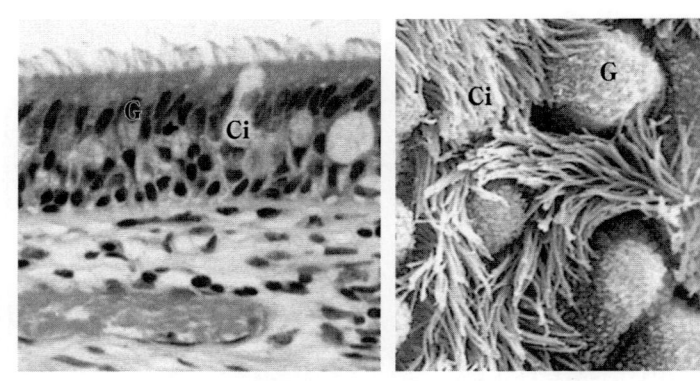

図 4.17 一次気管支の上皮（primary bronchus epithelium）
線毛上皮細胞（Ci）は数 μm の多数の線毛をもち，杯細胞（G）は毛がなく分泌物がみられる．

小体（neuroepithelial body）と呼ばれる．

肺動脈と肺静脈も肺門部から気管といっしょになって枝分かれしながら走行して末梢に至る．肺小葉の細動脈と細静脈は，肺胞の壁に網状にぎっしりとはりめぐらされた毛細血管でつながっている．肺神経叢から出た神経とリンパ管も同じように走行している．

(6) 肺

肺（lung）は，肋骨などに囲まれた胸腔の中にあって，胸腔の大部分を占める大きな 1 対の呼吸器官で，二重になった胸膜と呼ばれる保護膜に包まれている．肺の表面は肺胸膜（pleura pulmonalis）に覆われている．この膜は肺門（気管支が肺に入る部分）で反転して胸壁側の壁側胸膜（pleura parietaris）となって胸郭を裏打ちしている．肺胸膜と壁側胸膜との間の胸膜腔は，潤滑液で満たされている．

肺の中は，気管支や無数の肺胞などで満たされている．多くの哺乳類の肺は分葉しており，全体として胸郭の形と同じピラミッド形で，先端は小葉にまで細分岐している（図 4.18）．肺は厳密には左右対称ではない．一般に右肺が大きく左肺は

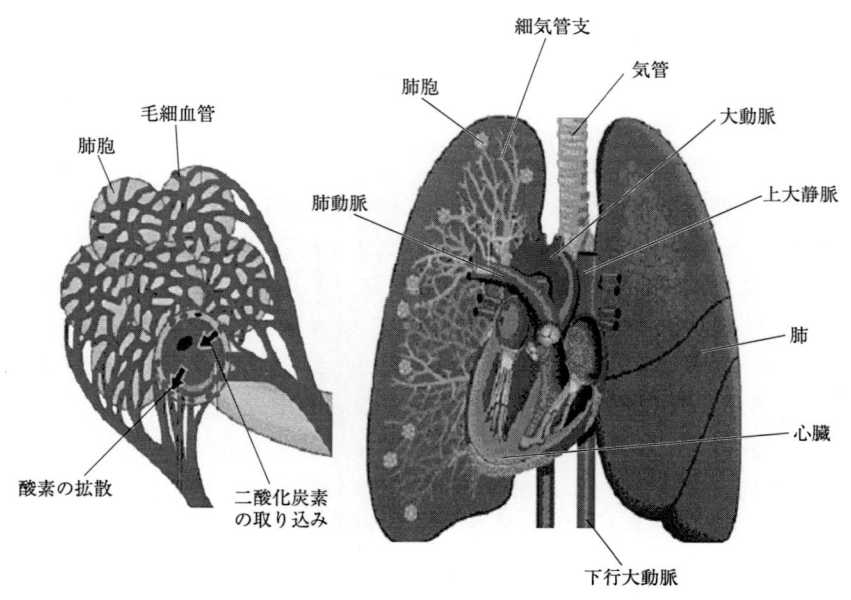

図 4.18 肺の構造（右はヒトの肺を示す）

図 4.19 肺　胞

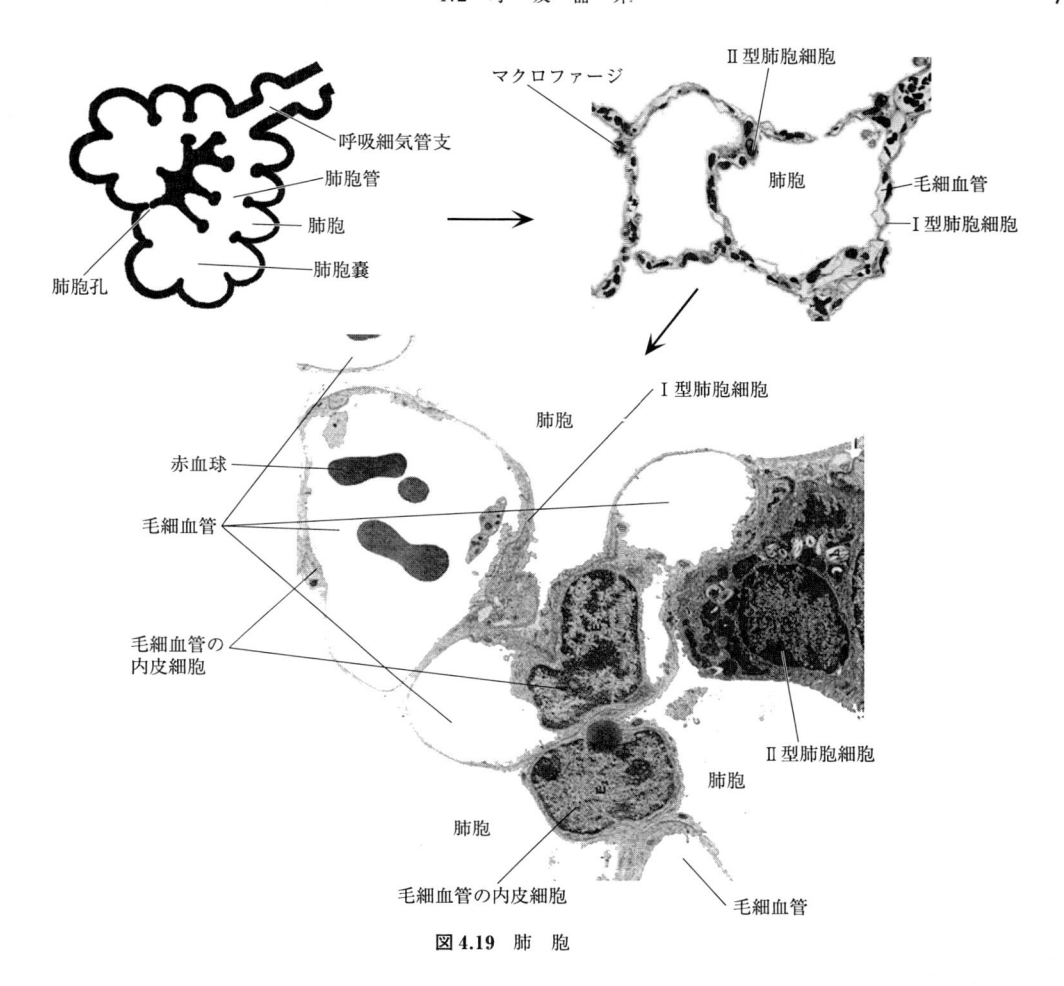

小さい．例えば，ヒトの場合は右の肺は3つの葉，左の肺は2つの葉からできており，成人では両方とも 25～30 cm の長さで，ほぼ円錐形をしている．左右の肺は，胸腔中央部にある厚い隔壁である，縦隔によってわけへだてられている．この縦隔には，心臓，気管，食道，血管が収まっている．肺底部の中央辺縁部の近くは，心臓を包み込むように深いくぼみがつくられている．肺には筋肉がなく，肺自身がふくらんだり縮んだりすることはできないので，上述のように肋骨をつなぐ肋間筋や横隔膜（骨格筋組織である）の伸縮によって，肺を取り囲む胸腔を拡張，もしくは収縮させ，肺に空気が出入りする．肺小葉の間は，弾性線維に富んだゆるい結合の線維性結合組織の隔壁で境されている（ブタの場合は，密な結合組織の隔壁で境されている）．末端の肺胞と肺胞の間は，肺胞中隔（alveolar septa）でへだてられている．

肺胞（図 4.19）の表面の大部分は極めて薄い呼吸上皮細胞（肺胞上皮細胞）で覆われ，その下に基底膜（上皮の基底膜と血管内皮の基底膜が融合した特殊なもの）があり，毛細血管の薄い内皮細胞がこれに接する．この血液と空気を境してガス交換をする3層の隔膜（呼吸上皮細胞・基底膜・血管内皮細胞）を血液空気関門（blood-air barrier）と呼ぶ．呼吸上皮細胞には扁平で極めて薄い扁平細胞上皮細胞（Ⅰ型肺胞上皮細胞：ガス交換に関与する主体）と丈の高い大肺胞上皮細胞（Ⅱ型肺胞上皮細胞：腔側に少数の微絨毛が出ており，界面活性をもつ物質を分泌する分泌細

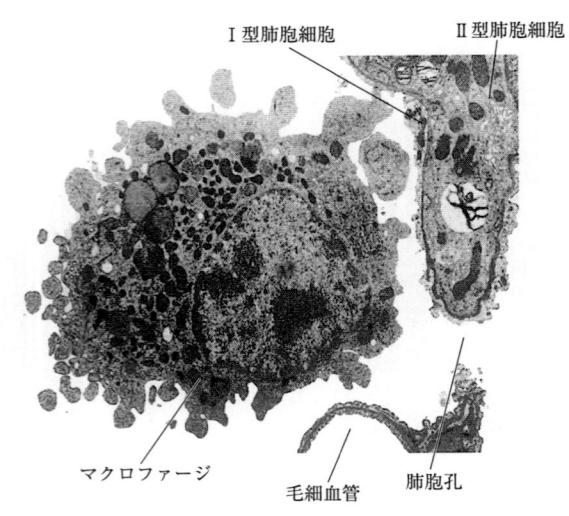

図4.20 肺胞のマクロファージ

胞）がある（図4.20）．毛細血管の間には細胞外マトリックス（多量の弾性線維と細網線維を含み，肺胞間質とも呼ばれる）とそれを産生する線維芽細胞，外界からの細菌などを処理する組織球や肺胞大食細胞が存在する．肺胞大食細胞はしばしば肺胞内にも遊走している．

肺は呼吸作用のみならず，水分をガスとして排出したり，グリコーゲンや複合糖質を蓄積する作用もある．さらに，吸気を介して取り込まれた微生物や様々な粒子を濾過して取り除く作用も重要である．よく知られている肺の感染症には，細菌やウイルスによって引き起こされる肺炎や結核がある．現在は喫煙の増加とともに肺癌が多くみられるようになってきた（1993年に日本人男性の癌死亡では胃癌を抜いてトップとなった．女性では，胃癌，大腸癌に次いで3位である）．喫煙は慢性の気管支炎や肺気腫の一因ともなる．肺気腫では，約5〜7億個ある肺胞が徐々に破壊され，呼吸が困難となる．気管支が激しく収縮する喘息（気管支喘息）は，ダニなどの天然物質や様々な人工化学物質などに敏感に反応することによって引き起こされるアレルギー症の1つである．肺線維症は，コラーゲンなどの細胞外マトリックスが異常に増加して瘢痕化する病気で，綿埃（褐色肺），炭塵（黒色肺），アスベスト（石綿肺）などの様々な物質にさらされることによって引き起こされる職業病であることが多い．最近ではアスベストが肺癌を引き起こすことがわかり，大きな社会問題となっている．

(7) 肺　胞

肺胞（alveolus）は，肺をつくっている無数の小さな袋で一層の非常に薄い膜でできている．ヒトの場合，肺胞は直径0.1〜0.3 mmほどの小胞で，籠状に発達した多くの毛細血管に包み込まれている．肺胞の表面積の総計は，ヒトの成人では100 m^2に達する．

肺胞の内部と毛細血管の間でガス交換が行われる．上述のように，気管が肺に侵入して枝状に分かれた気管支は，何度も枝分かれを繰り返して先端が肺胞につながっている．吸いこんだ空気で肺胞が膨張すると，酸素が毛細血管内の血液中に拡散する．肺でガス交換を行って酸素を豊富に含んだ血液は，肺静脈を介して心臓の左心房に帰り，左心室を経て心臓のポンプ作用で体中の末梢組織にいきわたる．逆に末梢組織で生み出された二酸化炭素を多量に含む血液は右心房に集まり，右心室から圧出されて肺動脈（pulmonary artery）を介して肺に至り，肺中に拡散して呼気の際に二酸化炭素を排出する．

4.2.2　呼吸器の組織とガス交換機構

(1) 呼　吸

生物が，空気や水など体の周りの環境から酸素を取り込み，二酸化炭素を出す物理的なガス交換プロセスを呼吸（respiration）という．細胞内で炭水化物や脂肪のような燃料になる分子を分解してエネルギーを取り出すプロセスにも「呼吸」という用語が使われる．このプロセスで二酸化炭素や水ができる．両者を区別するために，前者を外呼吸，後者を細胞呼吸と呼ぶ．なお，下述のように血液と末梢組織の間のガス交換は内呼吸と呼ばれる．

高等な動物は，空気や水などの周りの環境と循

環している体液が接する面積を大きくするための肺や鰓などの特別な器官を発達させて，循環器系が体のすみずみまで体液（このように循環する体液のことを血液と呼ぶ）を送り込んでガス交換を行っている．血液には，呼吸色素（鉄や銅などの金属イオンを含む酸素と結合しやすいタンパク）が含まれる．哺乳類や鳥類ではヘムという鉄化合物がグロビンと結合してできているヘモグロビンを赤血球のなかに含む．これが肺の毛細血管にたどりつくと，酸素が大量に含まれている空気に触れて，酸素と結合する．この酸素と結合したヘモグロビンは酸性なので，血漿に含まれる炭酸ナトリウムからナトリウムイオンを引き寄せて二酸化炭素を排出する．逆に血液が末梢の組織まできたときには，酸素バランスは逆になっているために，ヘモグロビンは酸素を離してアルカリ性に戻ってナトリウムイオンを放つ．このナトリウムイオンは組織の二酸化炭素と結びついて重炭酸ナトリウムができる．循環血液量が不十分であったり，血液の酸素運搬能力が損なわれると，外呼吸系の機能はまったく正常でも，血液循環に障害がおきて組織は窒息してしまう．一酸化炭素中毒はその一例である．

(2) 呼吸運動

哺乳類では，肺の一部は気管を包みこみ，胸郭の壁は肋骨に支えられ胸腔を形成し，肺の尾側部では横隔膜が半球形をつくって支えている．肋骨は呼吸運動に伴って前方に傾いたり後方に傾いたりするが，肋間筋が働いて肋骨が上方に傾いたときには，胸郭が広がり，逆に下方に傾くと狭まる．横隔膜の筋肉が縮むことで胸郭の容積が大きくなる．胸郭の中が陰圧であるため，肺は体の壁のほうへ押され，胸郭が広がると肺もふくらんで上気道から引き込まれた空気でいっぱいになり，逆に狭まると肺の中の空気が排出される．すなわち，胸郭を広げる筋肉が弛緩し，縮める筋肉が収縮することで胸郭はもとの縮んだ位置に戻って，肺から空気が出る．ヒトの場合，無意識に自律呼吸している場合には，1回の呼吸で約 $0.2 \sim 0.5\, l$ の空気が吸い込まれたり吐き出されたりする（1回呼吸量）．意識して思い切り吸い込むと，さらに約 $1.5 \sim 2.0\, l$ の空気を吸い込むことができる（吸気予備量）．これを吐き出してから，さらに意識して思い切り吐き出すと約 $1.5 \sim 2.0\, l$ の空気を吐き出すことができる（呼気予備量）．この3つを合計したものを，肺活量と呼ぶ．なお，肺には思い切り吐き出しても約 $1.5 \sim 2.0\, l$ の空気がいつも残っていて，これを残気量（死腔）と呼ぶ．安静時は肺活量の約 5% しか使われていない（換気量）．

(3) 呼吸の調節と適応

呼吸の速さや深さは，心臓を中心とする循環器系と密接に関連しながら，脳の最下部で脊髄の上方にある延髄（medulla oblongata）によって主に調節されている．延髄は，形態学的には脊髄と似ているが，脊髄より太くなっており，灰白質から脳神経の大部分が出ている．延髄にある神経核は血液の酸性度（血漿中の二酸化炭素の濃度）を敏感に検出している．二酸化炭素濃度が高く血液の酸性度が上がると，呼吸中枢は呼吸筋を刺激して呼吸を活発にし，逆に二酸化炭素濃度が低くなると，呼吸が抑えられる．延髄は，呼吸以外にも血管の収縮や拡張の中枢，消化の調節の中枢，目の反射や気管保護の反射の中枢として機能しており，生命の維持に最も大切な部分である．下述する肺の伸展受容器，イリタント受容器，頸動脈小体と大動脈弓との O_2 受容器からの求心性活動は，第 X 脳（迷走）神経を経由して，延髄の呼吸中枢に届く．

ⅰ）機械的受容器： 呼吸筋，気道，肺などにある．呼吸に関与する骨格に，呼吸筋の筋紡錘などがある．また，気道，肺における肺伸展受容器，イリタント受容器，C 線維末端などがある．肺の伸展受容器は肺の伸展により刺激され，発生する活動電位の数が増大し，イリタント受容器では気道内の異物，炎症などによって，発生する活動電位の数が増大する．

ⅱ）化学的受容器： 末梢には頸動脈小体，大

動脈弓に O_2 受容器，中枢には延髄に CO_2 受容器などがある．頸動脈小体と大動脈弓の O_2 受容器は O_2 濃度の低下により，発生する活動電位の数が増大する．延髄の CO_2 受容器は CO_2 濃度の上昇，pH の低下により，発生する活動電位の数が増大する．

動物は酸素が少ない環境で生活していると，呼吸系と循環系が適応して変化する．ヒトの場合であるが，高度 3000 m 以上の高地に住み続ける人達の肺は低地に住む人達と比較して容積が大きく，毛細血管もより細密に枝分かれしてガス交換できる表面積を広げて，空気中の酸素を効率よく利用できるようになっている．加えて，心拍数もより多く，赤血球数も約 30％ 多い．アザラシ，クジラなどの水生の哺乳類では，血液をためておくために複雑に分化・発達した静脈系を備えている．陸生の哺乳類と比較して，体重 1 kg あたりでの血液量が 1.5 倍以上もあり，長い時間にわたって無呼吸の状態でも血液中に溶存した酸素を組織に与え続けることができる．種によって異なるが，アザラシ類では約 30 分，クジラ類では約 15～60 分の間水中に潜ったままで活動できる．アザラシ類では，潜水中の心拍数が 150 から 10 回／分にまで低下しており，潜水開始時に約 20％ であった動脈血中の溶存酸素濃度が 2％ 近傍に低下するまで潜り続けられる．

■ 練習問題 ■
1. 哺乳類の呼吸器系の構造とその機能について図示しながら述べよ．
2. 哺乳類の呼吸器系と比較して鳥類で特徴的な点を述べよ．
3. 下記の語彙の意味を述べよ．
   ・肺胞
   ・鋤鼻器
   ・喉頭
   ・咽頭

4.3 泌尿器系

血液を介して身体の老廃物を尿として排出するシステムを泌尿器系（urinary system）という．

4.3.1 泌尿器系の構成

尿の生成から排出されるまでの経路を尿路といい，次のような順路をたどる（図 4.21）．
i）腎臓： 尿を生成する器官
ii）腎盤・尿管： 生成された尿を膀胱まで運ぶ器官
iii）膀胱： 尿の一時的貯蔵と排尿のための器官
iv）尿道： 尿を膀胱から体外へ排出するための管（雄雌で長さは異なる）

(1) 腎臓
a. 腎臓の位置と形態

腎臓（kidney）は左右一対あり，多くの家畜でほぼ第一〜四腰椎横突起（肋骨突起）のレベル内にあり，背側腹壁に接するように位置する．腎臓の表面は強い線維性の結合組織の膜（線維被膜：fibrous capsule）で包まれている．さらに，

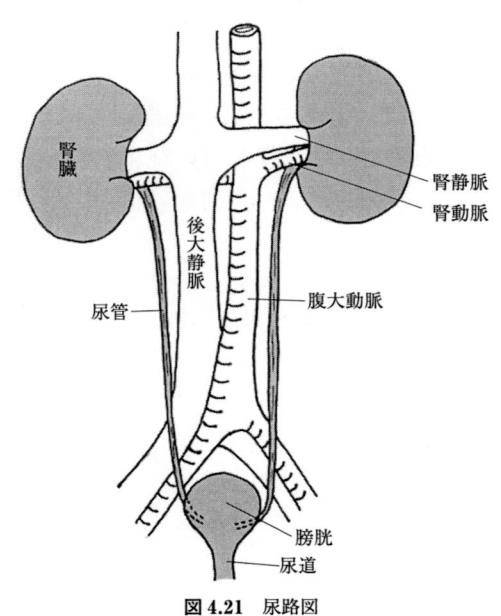

図 4.21 尿路図

多くの動物ではその周囲は豊富な脂肪（脂肪被膜：adipose capsule）に包まれている．ウシやヒツジの脂肪被膜の中にはヒトのように結合組織性の膜（腎筋膜）や褐色脂肪が含まれている．腹膜はその腹側のみを覆っているため，一般に腎臓は腹膜後器官（腹膜の背側に位置する）といわれる．腎臓の背側面は疎な結合組織により横隔膜，腸腰筋膜に緩く結合しており，周囲の器官とも腹膜や結合組織などにより緩やかに結合しているため，腎臓は腸管の運動や他の臓器の圧迫，体位の変化に伴って比較的容易に移動する．

腎臓の形態は動物により異なり，霊長類，イヌ，ネコでは左右ともにソラマメ型であるのに対し，ウマでは右腎がおむすび型，左腎がソラマメ型をしている．腎臓の内側面は凹んでおり，血管，尿管，神経，リンパ管が出入りする腎門（renal hilus）を形成する．

腎臓は発生学的には多数の小さなユニットが集まってできたいくつかの腎葉（renal lobe）が集合し，癒合したものである．その癒合の程度により，ブタ，ヒト，イヌ，ヤギ，ウマ，ウサギなど多くの家畜にみられるように外観上，平滑で1つにまとまっているもの（単腎）と，ウシやゾウ，一部の霊長類のように分葉しているもの（分葉腎）とがある（図4.22）．各腎葉からの尿はそれぞれの腎錐体，腎乳頭へ集められ，対応する腎杯へ排出される．ウシの分葉腎は腎盤を欠き，尿管が腎洞内で分岐し，その先端に腎乳頭に対応するように20個前後の腎杯を形成する．一方，イヌやヤギでは腎錐体，腎乳頭同士の癒合が進み，腎柱が不明瞭となるため，個々の腎錐体や腎乳頭を区別しにくい．最も癒合が進んだウマやウサギでは完全に1つにまとまっている．これらの動物では腎乳頭は1つで，腎杯は形成されず，ただ腎稜（renal crest）が弓状に腎盤側に突出し，乳頭管が直接，腎盤に開口している．

(2) 腎盤と尿管

腎盤（renal pelvis）や腎杯は尿管が腎洞内で広がったもので，その形態は動物により異なり，各腎葉に対応している．ブタでは腎杯は腎盤へと続くが，ウマでは終陥凹が腎盤へ続く．ウシでは腎盤は形成されないため，腎杯は腎洞内で2本に分岐した尿管に直接続く．

尿管（ureter）は尿を膀胱へ流す導管で，基本的な組織像は膀胱と同じである．ウマの尿管の近位部には尿管腺（粘液腺）が存在するが，他の家畜には認められない．筋層は一般に内縦層筋と外輪層筋から，外膜は脂肪を含む疎性結合組織からなる．

(3) 膀胱

腎臓は生成したそばから尿を尿管に垂れ流すが，膀胱（urinary bladder）はその尿を一定量になるまで一時的に貯めておくところであり，かつ貯めた尿を放出する器官である．膀胱は厚い平滑筋でできた袋で，その容量は動物により異なり，ビーグル犬で100〜200 ml，ウマでは3〜4 lに達する．膀胱は骨盤腔内にあって最も腹側に位置し，雄では直腸に，雌では子宮および膣の腹側に接する．膀胱は頭方に鈍端を向けた枇杷のような形をしており，頭方より膀胱頂（尖）(apex)，膀胱体（body），膀胱頸（neck）を区別する．膀胱は尿が溜まり膨れると，腹腔内にせり出し，その程度はイヌでは膀胱体が腹腔内にせり出すほど著しい．膀胱頂には胎児期の尿膜管（urachus）のなごり（正中臍索：Lig. umbilicale medianum）が瘢痕状にみられる．膀胱体（イヌ）ないし膀胱頸（ブタ）には尿管が開口する尿管口（ureteric orifice）が存在する．膀胱頸は雄では

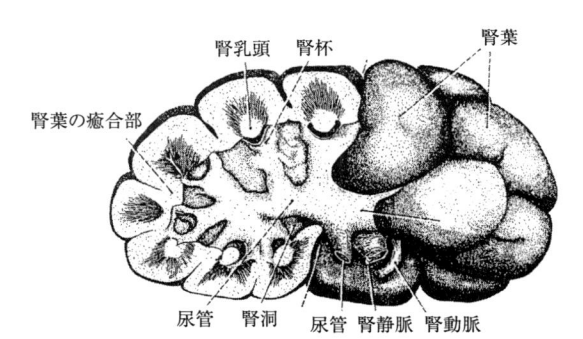

図4.22 ウシの分葉腎（加藤ほか，1995）

(4) 尿　道

尿道（urethra）は雄と雌では機能的に異なる．すなわち，尿を膀胱から体外に放出する導管である点は同じであるが，雄ではその他に射精の際に精子の通路となっている．そのため尿道は雄では雌に比べ著しく長く，前立腺部（prostatic part，前立腺に取り囲まれた部分），隔膜部（membranous part，尿生殖隔膜を通過する短い部分），海綿体部（spongiose part，尿道海綿体に囲まれた部分）に区分される．このうち，海綿体部は交接器として機能する部位で，雄の尿道を長くしている．雌ではこの部位を機能的，発生学的に欠いている．

尿道の粘膜には尿管と同様，縦に走る溝がある．しかし，粘膜上皮は雄では外尿道口に向かって移行上皮，重層円柱上皮，重層扁平上皮へと変化するが，これらの移行部では非定形的な組織像を示す．雌では重層扁平上皮が主体である．粘膜固有層には膠原線維のほか，多くの弾性線維を含む．粘膜下組織には海綿層と呼ばれる海綿状の静脈叢が前立腺部から隔膜部にかけて形成されており，これは海綿体部で大きく発達し，尿道海綿体となる．筋層は通常収縮して尿道を閉鎖状態にしている．このほか，尿道の隔膜部には横紋筋である尿道括約筋が加わり，意識的に尿道を閉鎖している．

4.3.2　泌尿器系の組織と尿の生成・排出

(1) 尿の生成と組織

a.　腎臓の内部構造

腎臓は皮質と髄質からなる特有な構造を示す臓器で，その様子は断面で肉眼的にもみることができる（図4.23）．

腎皮質（renal cortex）は無数の腎小体と近位および遠位曲尿細管からなる部分で，腎臓の主要な機能を担う．皮質には毛細血管が無数にあるため，暗赤色を呈し，放線部といわれる放射状に走る多数のスジ（髄放線）がみられる．これは組織学的には直尿細管や集合管を表している．

腎髄質（renal medulla）は肉眼でも皮質とははっきりと区別される．ここは無数の直尿細管，集合管からなり，皮質で産生された尿を腎盤に運ぶほか，水やイオンの調整，尿の濃縮に重要な働きをなす．髄質は外帯，内帯，乳頭部に分かれ，外帯（external zone）には血管が豊富なため，内帯（internal zone）よりも暗くみえる．

腎錐体（renal pyramid）は腎葉の髄質が錐体状に広がる部分で，集合管が多数集まっている．ヒトでは腎錐体と腎錐体の間に皮質がクサビ状に広がる腎柱（renal column）があるため，各腎錐体が比較的明確に区別されるが，腎錐体の癒合が進んだ家畜では不明瞭．

腎乳頭（renal papilla）は腎錐体が乳頭状に突出した部分で，集合管が腎杯に向かって開口している．

腎杯（renal calyx）は腎乳頭に対向するように存在し，腎乳頭から排出された尿を受ける．腎杯はウマのように完全に融合した腎ではみられない．

腎盤（腎盂）（renal pelvis）は腎臓の構造の一部だが，発生学的には尿管の続きで，腎洞内で広がり，その先端に動物により腎杯を備える．

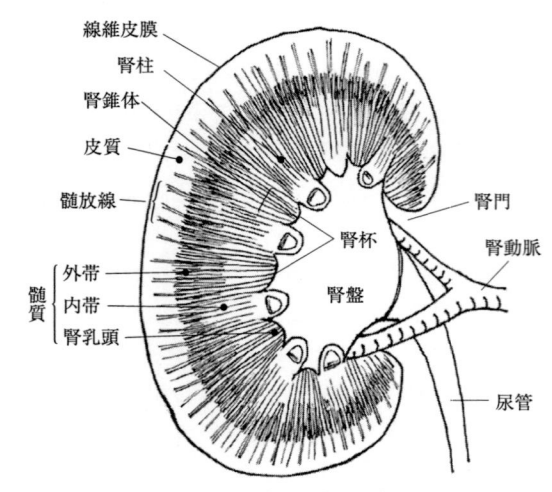

図4.23　腎臓内面の肉眼的模式図

b. 腎臓の微細構造と機能

腎臓の主たる機能は尿を生成することにある．その機能を支える基本構造は腎小体と尿細管からなる腎単位（ネフロン：nephron）と特殊な血管系（一種の門脈）である．これらが濾過と再吸収を行い尿を生成する．ネフロンに続く集合管は単に尿を排出するための導管ではなく，尿の濃縮に関与している．

血管系

腎臓の動脈は腎動脈（renal artery）と呼ばれるかなり太い動脈からはじまる．腎動脈は腎門で葉間動脈（interlobar a.）となって実質内に入り，分岐した後，髄質と皮質の境を弓状動脈（arcuate artery）となって走る（図4.24）．さらに小葉間動脈（interlobular a.）が皮質に向かって分岐する．小葉間動脈は輸入細動脈（afferent arteriole）となり糸球体包（ボーマン嚢）内で糸球体動脈（毛細血管）を形成した後，輸出細動脈（efferent arteriole）となって糸球体包を出る．その後，再び毛細血管となり尿細管を取り囲む．一部は直細動脈（straight arteriole）（毛細血管）となって，髄質に向かい直尿細管と並走する．ここで直細静脈（straight venule）に移行し，小葉間静脈（interlobular vein）となる．小葉間静脈は弓状静脈（arcuate v.），葉間静脈（interlobar v.）となり，最後は腎静脈（renal v.）となって腎門から腎臓を出る．

濾過機能と微細構造

ⅰ）濾過のための微細構造： 尿は腎小体（renal corpuscle）の濾過作用により血液から原尿がつくられた後，原尿が尿細管で再吸収され尿が生成される．血液の濾過を行う腎小体は糸球体とそれを包み込む糸球体包（glomerular capsule）よりなっている（図4.25）．糸球体は輸入細動脈が糸球体包内で細かく分岐した小さな糸玉（血管ループの集合体）のような形をしている．このループは糸球体の中に入り込んだメザンギウム細胞（血管間膜細胞：mesangial cell）がつくる血管間膜によってつなぎ留められており，血圧変動に耐えられるようになっている．輸出細動脈は輸入細動脈と同じ部位から糸球体包を出る．ここを糸球体包の血管極（vascular pole）という．有窓性の毛細血管である糸球体動脈には，本来，糸球体包の内壁をつくる扁平な上皮細胞（被蓋上皮細胞）が付着し，さらにタコの足のように出た上皮細胞の突起が細かく分岐して終足をなし，糸球体動脈を取り囲んでいる．終足と終足の間には濾過間隙と

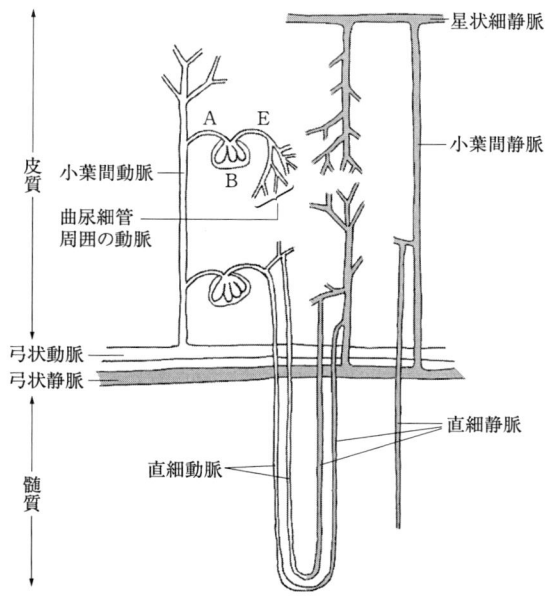

図4.24 腎臓の血管系模式図（日本獣医解剖学会，2003より改変）
A：輸入細動脈，B：糸球体毛細血管網，E：輸出細動脈．

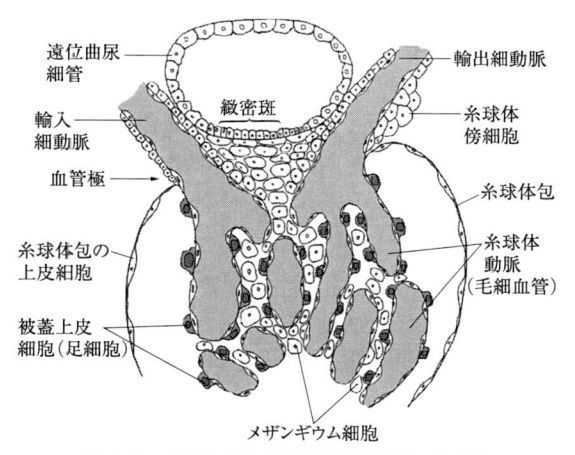

図4.25 糸球体包および糸球体傍装置の模式図
（藤田ほか，1987より改変）

呼ばれる小さな隙間が存在してふるいのような役目をしていると考えられている（図4.26）．また，血管内皮細胞と終足の間には糸球体基底膜が存在し，濾過機能を調節していると考えられている．糸球体動脈の中を流れる血球や分子量の大きなタンパク質を除くほとんどの物質（糖，アミノ酸，塩類，尿素，尿酸，クレアチニン等）は多量の水とともに糸球体の壁を通って限外濾過され（糸球体濾過），糸球体包腔に滲出する．これは原尿と呼ばれ，血管極と反対側にある尿管極（tubular pole）から尿細管へ流れ出る．したがって糸球体濾過液（原尿）の成分は血漿からタンパク質を除いた成分とよく似ている．

糸球体動脈は糸球体包を輸出細動脈となって出た後，再び毛細血管となり，尿細管を取り囲む．そこで原尿中の水，イオン，栄養物を尿細管から毛細血管内に再吸収する．

血管極には糸球体傍細胞，緻密斑と呼ばれる特異な細胞集団があり，これらをまとめて糸球体傍装置と呼ぶ（図4.25）．

ⅱ）糸球体濾過のメカニズム：　糸球体動脈の濾過圧（Pf）は尿量に強く影響し，これは糸球体壁の内外で生じるの3つの圧（血圧による静水圧，血液のコロイド浸透圧，糸球体包の静水圧）により作り出される圧力差によって決まり，以下のように示される（図4.26）．

　　毛細血管の濾過圧（Pf）＝Pa－（ct＋Pc）
　　　　　　　　　　　　　　　　　（15〜60 mmHg）
　　Pa：糸球体動脈内の血液の静水圧
　　　　　　　　　　　　　　　　　（60〜90 mmHg）
　　ct：糸球体動脈内のコロイド浸透圧
　　　　　　　　　　　　　　　　　（25〜30 mmHg）
　　Pc：糸球体包腔の静水圧（5〜15 mmHg）
　　　　　　（数値はすべてヒトの場合）

糸球体壁は糸球体濾過膜となって血液尿関門を形成し，通常，小分子は通すが，血液中の細胞，タンパク質は遊出させない．糸球体壁を形成するものにはそれぞれ次のような特徴がある（図4.26）．

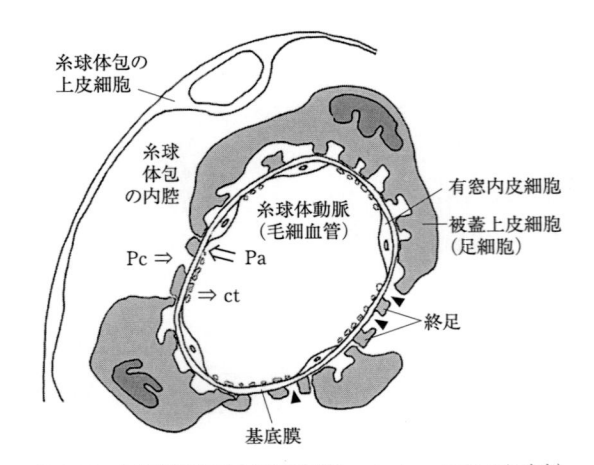

図4.26　糸球体濾過を示す模式図（Cunningham, 2001より改変）Pa：糸球体動脈内の血液の静水圧，Pc：糸球体包腔の静水圧，ct：糸球体動脈内のコロイド浸透圧，矢尻：濾過間隙，矢印：血管内皮の有窓細胞の窓，矢印の大きさの違いは圧の違いを表す（Pa＞（Pc＋ct））．

有窓内皮細胞：　有窓性で水と非細胞成分の通路となる．巨大分子も通る．

糸球体基底膜：　Ⅳ型，Ⅴ型コラーゲン，プロテオグリカン，ラミニン，フィブロネクチン，エンタクチンなどを含む糖タンパクからなる．これは限外濾過膜として働き，大きな分子のタンパク質などは通さない．

被蓋上皮細胞：　足細胞（podocyte）とも呼ばれ，一次突起，二次突起（終足）を出し，毛細血管を個々に包む．終足同士がつくる濾過間隙が濾過通路となっている．終足は収縮能をもつといわれている．

再吸収と微細構造

ⅰ）再吸収のための微細構造：　糸球体包の尿管極からはじまる尿細管（renal tubule）は再吸収が起こる場である．尿細管の形態は部位により，機能と関連して変化する．尿細管は近位尿細管（proximal tubule，近位曲尿細管：proximal convoluted tubule と近位直尿細管：proximal straight tubule）および遠位尿細管（distal tubule，遠位曲尿細管：distal convoluted tubule と遠位直尿細管：distal straight tubule）からなり，髄質で近位尿細管はU字状の管を経て遠位尿細管に移行する（図4.27）．近位および遠位直尿細

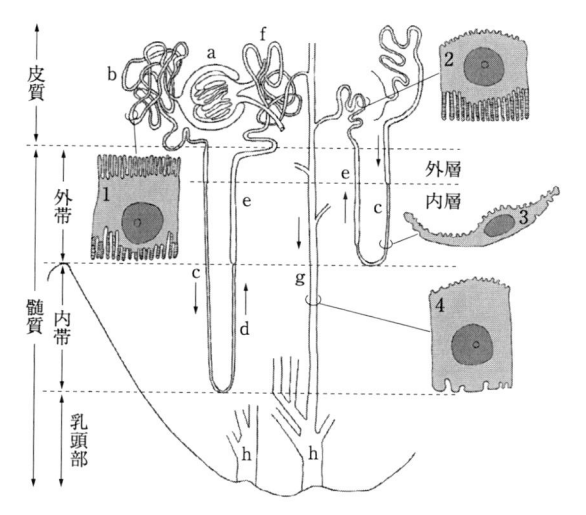

図 4.27　腎単位を表す模式図
a：糸球体包，b：近位曲尿細管，c：近位直尿細管（ヘンレの係蹄下行部，薄壁尿細管），d・e：遠位直尿細管（ヘンレの係蹄上行部，薄壁尿細管と太い尿細管），f：遠位曲尿細管，g：集合管，h：乳頭管．
1：近位曲尿細管の上皮細胞，2：遠位曲尿細管の上皮細胞，3：薄壁尿細管の上皮細胞，4：集合管の主細胞．
尿細管の上皮細胞の形態は部位により異なることに注意．矢印は尿の流れを示す．

管には管壁が薄く，細い尿細管（薄壁尿細管）があり，それぞれヘンレの係蹄（Henle's loop）の下行部（pars descendens）および上行部（pars ascendens）という．近位曲尿細管は腎小体のすぐ近くで複雑に屈曲した後，近位直尿細管となり髄質に向かう．直尿細管は髄質外帯の外層と内層の境で薄壁尿細管となり，髄質内を下行する．薄壁尿細管には短いループと長いループを形成するものがあり，短いループは髄質外帯と内帯の境でU字型に反転し，太い遠位直尿細管となり，上行して腎小体の近くで再び屈曲して遠位曲尿細管となる．最後は集合管に接続する．一方，長いループでは薄壁尿細管は髄質内帯の中まで下行し，内帯の中で反転し，前者と同様に外帯との境で太い遠位直尿細管になる．長ループの遠位曲尿細管も腎小体の近くで屈曲した後，集合管に接続する．集合管は皮質から髄質まで通して存在し，皮質に線条構造を与えている．髄質内部で集合管同士が結合して次第に太くなり，最後は太い乳頭管とな

り腎乳頭で腎杯に開口する（図4.27）．

近位尿細管（proximal tubule）の曲尿細管部分の上皮細胞は背が高く，内腔側に刷子縁（brush border，微絨毛）を備え，取り込み面積を増している．一方，基底膜側の細胞膜には多くの折れ込み（基底陥入）があり，輸送面積を増やしている．陥入の間にはミトコンドリアが多数存在し（基底線条），物質輸送のエネルギー代謝に関与していると考えられている．直尿細管に向かうにつれ，細胞の背丈は低くなり，微絨毛も短くなる．近位尿細管の上皮細胞には脂肪滴が存在する．各種のイオン，アミノ酸，尿素，ブドウ糖，水のうち，尿素以外は大部分がここで吸収される．ブドウ糖は100%吸収される．

薄壁尿細管（attenuated tubule）は細く，長ループおよび短ループとも上皮細胞は扁平であるが，前者のほうがやや背が高く，多くの短い微絨毛を備えるが，髄質を下行するにつれ，背丈も，微絨毛も短くなる．後者では微絨毛は少ない．

遠位尿細管（distal tubule）の上皮細胞は立方形であり，短い微絨毛がみられる．曲尿細管では上皮細胞の背丈はやや高い．遠位尿細管には近位尿細管と同様，基底側に陥入があり，細長いミトコンドリアが縦に配列している．ヘンレの係蹄上行部の上皮は背が高く，ミトコンドリア，基底膜側の陥入により高い能動輸送をもつが，水はほとんど移動しない．遠位曲尿細管はNa^+，K^+，HCO_3^-，Cl^-，Ca^{2+}，Mg^{2+}などの各種イオンの再吸収を行う．遠位尿細管では溶質が再吸収されるために尿細管内液は希釈される．

集合管（collecting duct）の上皮細胞には主細胞と介在細胞の2種類が区別され，いずれも明瞭な輪郭を示す．主細胞は数が多く，立方形からやや円柱状をしている．細胞小器官は少なく，細胞質は明るいが，核はやや暗い．微絨毛は少なく，基底側に陥入がみられる．一方，介在細胞は数が少ない．介在細胞の細胞小器官は豊富で，暗く染まる．細胞上部には空砲がみられ，短い微絨毛様構造が存在する．集合管では水やNa^+の再吸収，

K⁺やアンモニアの分泌，尿の酸性化を行う．

ii）再吸収のメカニズム：　尿細管に流れ出た原尿には動物にとって必要な物質も多く含まれており，それらは血液濃度が一定値になるまで再吸収されるもの（有閾物質）とまったくないしはほとんど再吸収されないもの（無閾物質）がある．高い有閾を示す物質にはブドウ糖（100％），アミノ酸，ビタミン，Na⁺（99％），Cl⁻，HCO₃⁻，水（99％）があり，低い有閾を示すものには尿酸，尿素（60％），リン酸塩，硫酸塩が含まれる．無閾物質にはクレアチニン，イヌリン，マンニトールがあげられる．再吸収率は近位尿細管で最も高く，全再吸収量の60〜80％を，残りは遠位尿細管で再吸収される．もし，再吸収が行われないと体重10 kgのビーグル犬で1日450 gの塩類と50 lの水を摂取する必要があると計算される．再吸収された物質は以下の2つの経路を通って血管内に戻される．

経細胞経路：　尿細管上皮を通って移動する経路で，低分子のペプチドは細胞膜のエンドサイトーシスにより，一方，アミノ酸，糖，塩類，イオン等はNa⁺との共役輸送により上皮細胞に取り込まれた後，血管との間に放出される．上部尿細管の上皮細胞には刷子縁と基底陥入を備え，物質輸送効率を上げている（図4.28）．

傍細胞経路：　尿細管上皮の脇を通って移動する経路で，上皮細胞同士は閉鎖帯で結ばれているが，尿細管の閉鎖帯は透過性が高い．物質輸送は受動的あるいは溶媒牽引（水の流れによって運ばれる）により側面細胞間隙に入ると，自由に間質を交通する（図4.28）．

尿細管の周囲腔に輸送された物質は，毛細血管の静水圧は低く，かつ，尿細管周囲の間質コロイド浸透圧は高いため溶媒と溶質はともに毛細血管内に移動する．

原尿の99％は再吸収されるが，そのほとんどが水である．水は受動的に再吸収されるが，そのためには能動輸送されるNa⁺の移動が重要である．すなわち，ヘンレの係蹄の下行脚では水は通

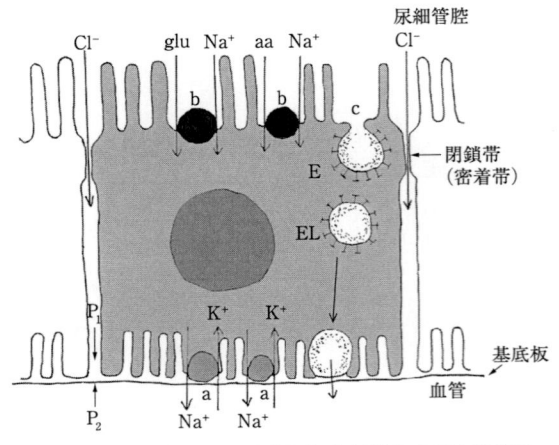

図4.28　近位尿細管上皮の物質移動（再吸収）を示す模式図
（Cunningham, 2001より改変）

経細胞経路：上皮細胞の基底膜側でNa⁺-K⁻ポンプ（ATPase）（a）により，Na⁺が能動的に細胞外にくみ出され，同時に取り込まれたK⁺はKチャネルから細胞内に拡散し，細胞内が陰性に傾く．その結果，細胞の頂端側からNa⁺が電気的勾配で細胞内に移動するが，その際，ブドウ糖，アミノ酸，塩類，有機イオンが膜にある輸送担体（b）によりNa⁺と共役的に取り込まれる．それらの栄養物は基底膜側から促進拡散的に間質に移動し，血管内に取り込まれる．また，低分子量のタンパク質は受容体を介したエンドサイトーシスにより頂端側から取り込まれ（c），リソゾームに取り込まれてアミノ酸に分解された後，血管内に入る．
傍細胞経路：Cl⁻は閉鎖帯を拡散により通過し，細胞間隙から間質に出た後，血管内に移動する．
aa：アミノ酸，glu：グルコース，E：エンドサイトーシスによる取り込み小胞，EL：取り込み小胞・リソゾーム小体複合体，P₁：間質のコロイド浸透圧，P₂：毛細血管の静水圧（P₁＞P₂）．

過しやすく，一方，上行脚ではNa⁺を能動的に間質に排出するが（副腎皮質からの電解質コルチコイドが関与），水に対してはほとんど透過性がないため，間質でのNa⁺濃度が高くなる．Na⁺は間質を上行脚から下行のほうへ濃度勾配により移動し，その結果，下行脚の間質では高濃度となる．このため，水は下行脚から間質（特に髄質内帯）へ移動し，そこを走る毛細血管（主に直細動脈）にNa⁺とともに汲み取られる．また，Na⁺は下行脚からも取り込まれ，再び上行脚に流れ，そこで再び間質に再吸収される（対向流機構）．さらに，遠位曲尿細管，集合管では水に対し透過性があるため，Na⁺の能動的輸送に伴って水も間質に再吸収され，血管内に汲み取られる．このよう

にして水はNa^+とともにどんどん血管内に吸収される．尿素の集合管からの再吸収は髄質の高張性に重要である．

(2) 排尿と組織
a. 膀胱の構造と神経支配

膀胱体の壁内を尿管が走行するため，その走行に沿って2本の尿管ヒダ（ureteric fold，尿管柱：ureteric column）が形成される．そのヒダに囲まれた部位は膀胱が空の状態でも粘膜ヒダが形成されず，平滑で膀胱三角（trigonum vesicae）と呼ばれる．膀胱三角の頂点から尿道へ向かって粘膜ヒダである尿道稜が伸びる．雄では特に長く，射精管の開口部まで伸びるが，動物により長さ，形が異なる．

膀胱は尿管と同様な構造をなし，粘膜層，筋層，外膜（一部は漿膜）からなる．粘膜上皮は移行上皮（transitional epithelium）と呼ばれ，動物により異なるが，空の状態では円柱から立方形の細胞が多いもので6～8層を形成する．尿が充満した状態では，扁平な細胞が少ないもので2～3層に変化する．筋層は内層，中層，外層の3層からなり，排尿の際に収縮することから排尿筋といわれる．各筋層には弾性線維と結合組織が入り込んでおり，また，3つの層は錯綜するように膀胱を取り巻くためにそれぞれは区別しにくい．筋層は尿道の開口部で最も薄い．外膜は疎性結合組織からなり，神経や血管の通路を形成している．

膀胱の平滑筋は自律神経により強く支配されており，膀胱の筋層表面は多くの神経細胞を含む豊富な無髄神経網に覆われている．交感神経は膀胱壁の筋（排尿筋）を弛緩させて尿の貯留を助けるように働く．一方，副交感神経は排尿筋を緊張させて排尿を行う．膀胱に尿があまり貯まっていないときは下腹神経叢からの神経（交感神経）により排尿は押さえられているが，ある量たまると，膀胱壁はその圧によりある閾値を超えて伸張する．それより膀胱壁の伸展受容器が刺激され，その刺激は内臓知覚神経を介して仙髄の排尿中枢へ送られる．ここから骨盤神経（副交感神経）が働き，排尿が起こる（排尿反射）．伸展受容器からの刺激は同時に大脳にも送られ，尿意を招来する．大脳皮質の働きにより意識的に交感神経を介して排尿筋を弛緩させたり，体性神経を介して尿道括約筋を収縮させて一時的に排尿を押さえることができる．尿意は興奮状態，寒冷下では膀胱内圧が低くても発生しやすくなる．

■ 練習問題 ■
1. 腎臓はどのように体壁に固定されているか．腎臓を取り巻く構造から説明し，さらに，この固定により腎臓にどのようなことが起こるか考察せよ．
2. 腎葉とは何か．動物によりどのような特徴があるか説明せよ．
3. 腎臓の断面において，肉眼的に認められる腎皮質，腎髄質，腎錐体，腎柱は組織学的にはどのような構造か説明せよ．
4. 腎臓の濾過機能に関与する構造にはどのようなものがあるか．またそれらは濾過機能にどのように関与しているか説明せよ．
5. 腎臓の再吸収に関与する構造にはどのようなものがあるか．またそれらは再吸収にどのように関与しているか説明せよ．
6. 膀胱の排尿作用に神経系はどのように機能しているか説明せよ．

参 考 文 献
加藤嘉太郎・山内昭二（1995）：改著　家畜比較解剖図説（下），養賢堂
日本獣医解剖学会編（2003）：獣医組織学　第2版，p.166, 学窓社
Cunningham, J.G.著，高橋迪雄監訳（2001）：獣医生理学，p.570, 582, 文永堂
藤田尚男・藤田恒夫（1987）：標準組織学　各論　第2版，p.197, 医学書院

4.4　血液と心臓血管系

多細胞からなる生体では，細胞が必要とする酸素と栄養素，不要となった炭酸ガスと代謝産物を運搬する循環機構をもつ．運搬には血液が働き，

4. 生体維持系

血液の通路が血管系となり，循環を駆動するポンプ機能を心臓が行う．血管系は心臓から出て心臓に戻る閉鎖した管系で，生体の隅々まで張り巡らされている．血液の循環は生体に不可欠で，心臓の停止は死を意味する．

表 4.2 血液の構成要素

血液	有形成分	赤血球（erythrocyte） 白血球（leukocyte） 血小板（blood platelet）
	血漿	血清（serum） 凝固因子（coagulant）

4.4.1 血　液

血液（blood）は体重の $1/12 \sim 1/18$（ヒトでは $1/13$）を占め，生命を維持する上で必要以下の役割を果たしている．

ⅰ）酸素，栄養物質の組織への搬入，炭酸ガス，代謝産物の排出．
ⅱ）内環境を調節するホルモンの輸送．
ⅲ）白血球や抗体による生体防御機能．
ⅳ）体温の調節
ⅴ）pHを一定範囲におさえる緩衝機能
ⅵ）浸透圧の調節

血液を採取後直ちに遠心分離すると，図4.29のように上方に液性成分が，下方に有形成分が分離する．液性成分は血漿（plasma）で，血清（serum）と凝固因子（coagulant）からなる．血液を放置すると凝固して血餅になるが，この時の液性成分は血清で凝固因子は血餅をつくるのに使われる．有形成分は細胞性要素で赤血球，白血球，血小板からなり，遠心分離をしたとき赤色の赤血球の上層に灰色の薄い層（buffy coat）が生じ，ここに白血球が集まる（図4.29）．血液は表4.2のように構成される．

血液中に占める有形成分の割合をヘマトクリット値（packed cell volume：PCV）という（表4.3）．

血液は簡単に採取でき，血清や血球の構成成分の変化をみることで生体の状態を知ることができるため，臨床検査として病気の診断や健康状態のチェックなどに利用される．

(1) 液性成分（血漿）

血漿の10%は低～高分子の物質．このうち7%が血漿タンパク（plasma protein）で，アルブミン（albumin），α_1 グロブリン（α_1-globulin），α_2 グロブリン（α_2-globulin），β グロブリン（β-globulin），γ グロブリン（γ-globulin），フィブリノーゲン（fibrinogen）を含む．0.9%は無機塩で，2.1%が有機物である．血清では凝固因子のフィブリノーゲンが除かれる．

(2) 有形成分（細胞性要素）

有形成分は，図4.30に示すような血液の薄層である塗抹標本（血液スメア）をつくり，ギムザ染色またはライト染色することで血球や血小板を観察できる．白血球は赤血球より軽いため，塗抹

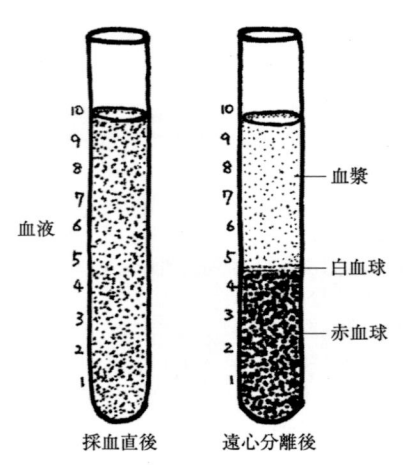

図 4.29 血液の構成
遠心分離後，液性成分と有形成分が分離．

表 4.3　各種動物のヘマトクリット値

動物種	ウシ	イヌ	ウサギ	ラット	マウス	ニワトリ	ヒト
ヘマトクリット値（%）	24～46	37～55	38～44	45～50	40～45	31～40	35～52

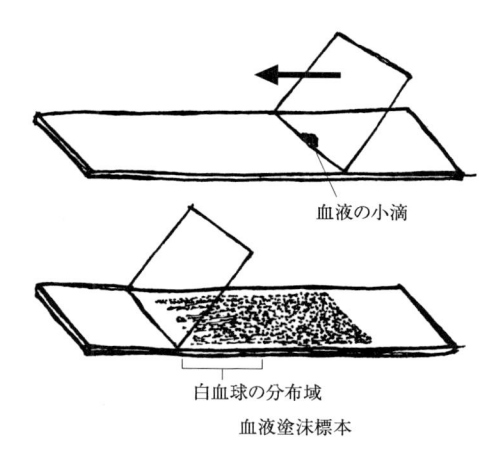

図 4.30 血液塗抹標本
矢印の方向にガラスを滑らせると血液の薄層ができる．ギムザ染色やライト染色することで血球を識別する．

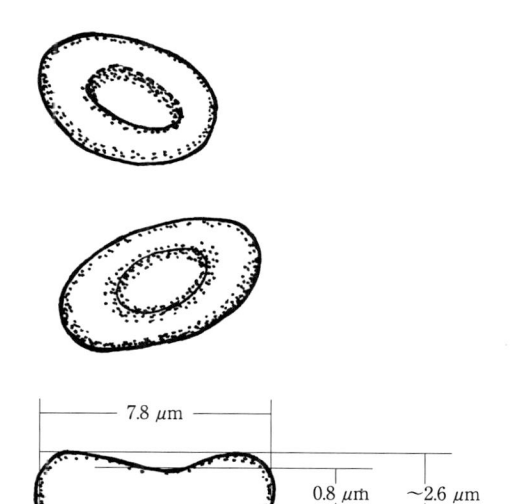

図 4.31 哺乳類の典型的な両凹円盤状赤血球
赤血球のサイズはヒトの例を示す．

a. 赤血球

赤血球（erythrocyte, red blood cell）は血球中最も多く，約 96% を占める．細胞小器官をほとんどもたず，ヘモグロビン（hemoglobin）を 33% 含む．血液の赤色は赤血球のヘモグロビンによる．ヘモグロビンはガス交換を担い，肺で酸素を受け取って末梢に運び，炭酸ガスと交換して肺に戻り炭酸ガスを出して酸素を取り込む．赤血球は骨髄でつくられ血液循環に入り，イヌで 90〜120 日（ヒトで 120 日）生存し，老化した赤血球は通常は脾臓で処理される．ヘモグロビンは 4 個のポリペプチド鎖からなるタンパク分子で，それぞれのポリペプチドはヘム（heme）と呼ばれる血色素で鉄を含んでいる．この鉄分子は肺で酸素と結合し，組織で酸素を容易に遊離することができる．ヘモグロビンはヘムとグロビンに分解し，ヘム分子の鉄は遊離して再利用される．鉄を失ったヘム分子は最終的にビリルビンとなり肝臓から胆汁として消化管に排出され，便として体外に出る．

哺乳類の赤血球には核がなく，一般に平たい円盤状で両面が凹んでいる（図 4.31）．赤血球の形状は動物種によって異なり，両凹円盤状の他，円盤状，楕円盤状などがみられる．しかし哺乳類以外の鳥類，爬虫類，両生類，魚類では赤血球は核をもち，平坦な楕円形をしている．こうした赤血球の核は核濃縮（nuclear pyknosis）し，機能していない．

図 4.31 は哺乳類の一般的な両凹円盤状赤血球の外観とサイズ（ヒト）を示す．赤血球のサイズは動物種によって異なる．その一部を表 4.4 に示す．

哺乳類の骨髄における赤血球の成熟過程を図 4.32 に示す．成熟過程で細胞は小型化し，核は濃縮し放出される（脱核）．細胞小器官は減少し，ヘモグロビンが増加する．

表 4.4 各種の動物での赤血球の直径（μm）

マメジカ	ヤギ	ヒツジ	ウマ	ウシ	ネコ	ラット	マウス	イヌ	ウサギ	ヒト	ゾウ	ニワトリ
2.0	4.0	4.8	5.5	5.9	6.0	6.0	6.0	7.0	7.5	7.8	9.2	11.7 × 7.0

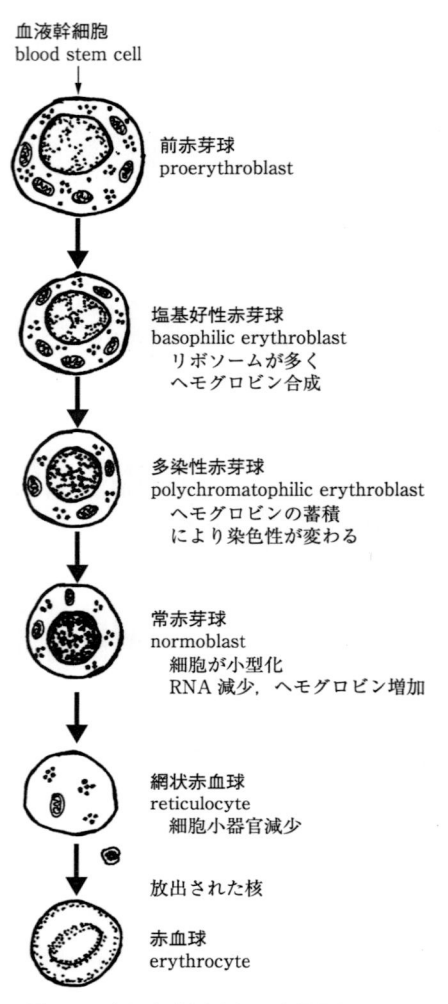

図 4.32 赤血球（哺乳類）の成熟過程

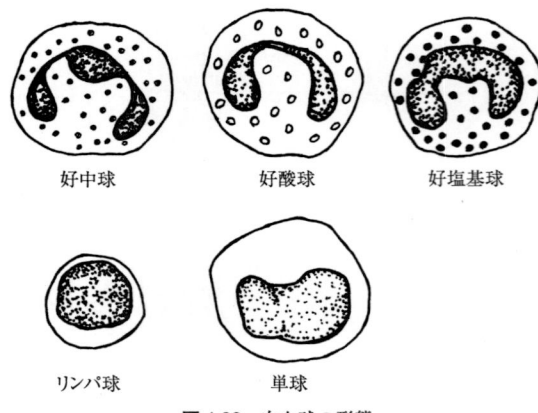

図 4.33 白血球の形態
特殊顆粒の有無と染色性で白血球が分類される

表 4.5 白血球の分類

白血球	顆粒白血球（granulocyte）	好中球（neutrophil）
		好酸球（eosinophil）
		好塩基球（basophil）
	無顆粒白血球（agranulocyte）	リンパ球（lymphocyte）
		単球（monocyte）

□ ヒトの異常な赤血球 □
　ヒトの赤血球のサイズは 6.5〜8μm とされ、範囲外のサイズや形状の異常は病的と判断される。
　＞9μm：大赤血球（macrocyte），
　＜6μm：小赤血球（microcyte），
　外形異常：赤血球不同症（anisocyte），
　　　　　鎌形赤血球症（sickle cell disease）

b. 白血球

　赤血球に比べて白血球（leukocyte, white blood cell）は非常に少ない（図 4.29）。白血球は核をもち，血管内から血管外へ漏出して組織中に進入し，有害な物質や病原菌から生体を守る役割を果たす．白血球は単一の細胞ではなく，赤血球と血小板を除く血液細胞の総称である（図 4.33）。白血球の細胞内顆粒は特殊顆粒とアズール顆粒の 2 種あり，特殊顆粒の有無と染色性で表 4.5 のように分類される．

　赤血球数，白血球数および血小板数の計測値は動物種や品種で変異があり，雌雄でも差がある．表 4.6 に各種動物の赤血球数，白血球数および血小板数と白血球の割合の概要を示す．

c. 好中球

　好中球（neutrophil, 多形核白血球 polymorphonuclear leukocyte）はヒトやイヌやネコでは白血球中最も数が多い。直径 12〜15μm で 2〜5 葉の分葉核をもち特殊顆粒は小型，球状〜桿状で，染色性が低い。寿命は循環血中で 6〜7 時間，組織中で 1〜4 日とされる。病原菌の侵入部位や炎症部位に最初に表れて対応し，死滅した好中球は膿となる。貪食機能があるためマクロファージに対してミクロファージとも呼ばれる。哺乳類の好中球に相当するニワトリの血球（径 8

表 4.6 各種動物における赤血球,白血球および血小板数と白血球分類

	ウシ	イヌ	ラット	マウス	ヒト	ニワトリ
赤血球（$10^6/\mu l$）	5.0～10.0	5.5～8.5	7.4～8.8	7.9～9.3	4.0～5.5	2.7～3.8
白血球（$10^3/\mu l$）	4.0～12.0	6.0～17.0	6.4～12.5	4.4～6.8	5.0～10.0	16.6～29.4
好中球（%）	15～47	60～80	13～25	10～21	54～67	13～27
好酸球（%）	2～20	2～10	0～6	0～2	2～4	2～3
好塩基球（%）	0～2	rare	0～0.03	0～0.03	0～1	1.7～2.4
リンパ球（%）	45～75	12～30	69～84	74～88	23～38	59～76
単球（%）	2～7	3～10	0～3	0～5	5～6	6～10
血小板（$10^3/\mu l$）	100～800	200～500	700～1100	800～1200	200～500	3.5～4.0*

＊：血栓細胞数

～9μm）は特殊顆粒が紡錘形で染色性が酸好性であるため好異球（heterophil）と呼ばれる．

d. 好酸球

好酸球（eosinophil）は直径12～15μmで核は2葉．エオジン好性の特殊顆粒は楕円体で中心に桿状の結晶を含む．上皮下の結合組織に進入し，アレルギー反応や寄生虫の感染で増加する．ニワトリの好酸球（径7.3μm）は，特殊顆粒が球状で染色性は弱く，数も好異球より少ない．

e. 好塩基球

好塩基球（basophil）は直径12～15μm．核は不規則な形状．塩基好性の特殊顆粒が充満するため核の形状は不明瞭．顆粒にはヒスタミンなどが含まれる．顆粒の放出によりアナフィラキシーショックを引き起こす．肥満細胞に似るため血液肥満細胞とも呼ばれる．

f. リンパ球

リンパ球（lymphocyte）は，動物種によっては白血球の中で最も数が多い．リンパ球は形態的に，核周辺に細胞質が薄い輪となる小型リンパ球（径6～8μm）と，細胞質が豊富な中型リンパ球（径＞10μm）がある．機能的にはT細胞（T cell）とB細胞（B cell）とnull細胞に分けられる．

T細胞は胸腺で成熟し，寿命は長く細胞性免疫に働く．リンパ球の90％以上がT細胞で小型リンパ球とされる．T細胞はさらにヘルパーT細胞（helper T cell），サープレッサーT細胞（suppressor T cell），細胞障害性T細胞（cytotoxic T cell）に分類されるが，詳しくは第5章免疫系で述べる．B細胞は全リンパ球の4～10％で，中型～大型細胞で細胞質が多い．抗原情報をうけて粗面小胞体が増加し，形質細胞（plasma cell）となり抗体を産生する．B細胞は哺乳類では骨髄，鳥類ではファブリキウス嚢で成熟する．

g. 単球

単球（monocyte）は特殊顆粒をもたない直径12～20μmの大型の血液細胞．結合組織に進入し，抗原刺激を受けてマクロファージ（macrophage，大食細胞）になる．マクロファージについては第1章結合組織の項で述べる．

h. 血小板

血小板（blood platelet, thrombocyte）は血中を循環する小さな有形成分で，正確には細胞ではなく細胞の断片．骨髄で形成される巨核球の細胞質がちぎれた断片化によって形成され，寿命は3～5日．血管の傷口に集まり血栓の形成に関与する．鳥類では哺乳類の血小板と同じ役割をする血中の有形成分は核をもつ細胞である（直径8.9～10×3.9～5.0μm）．

□ **貧血（anemia）** □

赤血球の減少などによるヘモグロビンの減少が起因となる病態．原因は，①出血などによる血液量の減少，②不適当な赤血球の生産，③不適当なヘモグロビンの生産，④鉄分不足，⑤赤血球の過剰な破壊による．

4.4.2 心臓血管系

肺呼吸をする動物では，血液の循環系は大きく体循環（systematic circulation，大循環）と肺循環（pulmonary circulation，小循環）に分かれる．肺循環では肺で酸素が供給され，体循環により酸素を受け取った血液を全身に送る．こうした血液循環路と駆動ポンプである心臓をまとめて心臓血管系（cardiovascular system）という．

体循環では血液の通路である血管系は心臓より全身に行き再び心臓に戻る．血管は往路にあたる動脈，末梢から心臓に戻る復路にあたる静脈および末梢での微細な毛細血管に分けられる．動脈は太さによって区分され，大動脈（aorta）から中動脈（medium artery），小動脈（small artery）を経て細動脈（arteriole）となり毛細血管（capillary）に続く．静脈は毛細血管から血液を集める静脈洞（venous sinus），細静脈（venule）を経て小静脈（small vein）となり，合流しながら中静脈（medium vein），大静脈（large vein）となる．動脈は血管壁の組織構成により弾性型動脈と筋型動脈に区別される．

(1) 血　管

血管（blood vessel）の基本的な構造は共通で，内腔側から外側に向かい，内膜（tunica intima），中膜（tunica media），外膜（tunica adventitia）の3層からなる（図4.34）．

最も一般的な筋型動脈（muscular artery）では，内膜は内皮細胞（endothelial cells），内皮下層（subendothelial layer），内弾性板（internal elastic lamina）からなり，中膜は平滑筋細胞（smooth muscle cells），弾性線維（elastic fiber），膠原線維（collagen fiber）からなり，最外層に外弾性板（external elastic lamina）をもつ．外膜は膠原線維，弾性線維，線維芽細胞を含む疎性結合組織から構成される．

大動脈の弾性型動脈（elastic artery）では，心臓からの強い圧力による膨張に耐えるため，中膜は厚く弾性線維が圧倒的に多く，内弾性板，外弾性板を区別しない．動脈は分岐して管径が細くなるに従い，中膜が薄くなるとともに弾性線維が減少し，平滑筋細胞の比率が増す．筋型動脈の平滑筋細胞は神経刺激に応じて収縮したり拡張したりして，血流を調節する．

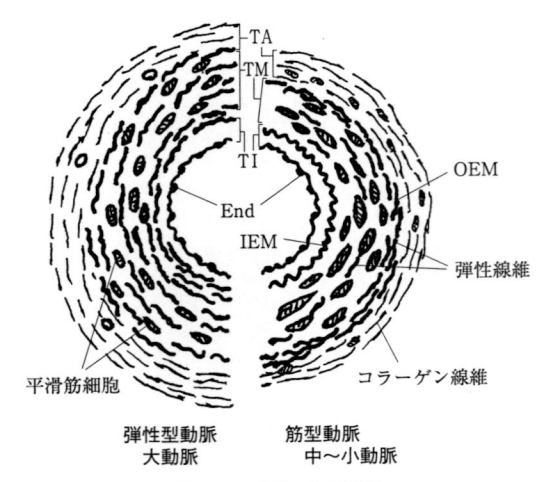

図4.34　動脈の組織構造
End：内皮細胞，IEM：内弾性板，OEM：外弾性板，TI：内膜，TM：中膜，TA：外膜．

毛細血管は，赤血球が一個通れる大きさの内腔をもち，内皮細胞と周皮細胞（pericyte）と基底膜（basal lamina）からなる（図4.35）．一般の毛細血管は管壁の完全に閉鎖した閉鎖性毛細血管（continuous capillary）であるが，物質の出入りの盛んな部位では内皮細胞が完全に閉鎖せず，かなりの高分子が血管内に出入りできる組織間隙の孔をもつ．内皮細胞が薄く多数の小孔を管壁にもつ有窓毛細血管（fenestrated capillary）はタンパクやペプチドなどを産生する内分泌器官や栄養素を吸収する腸管でみられる．内腔が拡張し管壁が不連続な不連続性洞様毛細血管（discontinuous

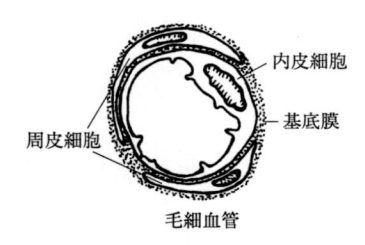

図4.35　毛細血管の構造

sinusoidal capillary）は肝臓や脾臓でみられる．

静脈の血管壁は基本的には動脈と同じ3層からなるが，内腔の広さに比べて管壁は薄く，弾性線維に乏しい．静脈特有の構造として弁（静脈弁）をもつ．動脈側と比較して静脈側では循環を進める力は弱い．そのため血管内皮細胞がそり返った形で弁を形成し，血液の逆流を防止している．静脈弁は四肢の静脈や心臓近傍の鎖骨下静脈で顕著である．

□ 動静脈吻合 □
　動脈側の末端は毛細血管となり静脈側につながるが，まれに毛細血管を介さず，動脈が小動脈のレベルで小静脈に直接続くことがあり，これを動静脈吻合（arterio-venous pathway）と呼ぶ．部位としては指間などで，毛細血管に至らないことから静脈系へのバイパスといえる．

□ 開放血管系 □
　動脈の末端は通常静脈系に続く．しかし，特定の部位では動脈末端は静脈側と血管内皮を有する結合はなく，動脈末端が組織間隙に開放し，血液は組織間隙を経て静脈系の戻る循環様式をとることがある．こうした循環路を開放血管系（open circulation system）といい，静脈へつながる循環を閉鎖血管系（closed circulation system）と区別される．

（2）心　臓

　心臓（heart）は血液循環の中枢的な役割を果たす駆動ポンプで全身へ血液を送り，全身から戻る血液を受け入れる．誕生より死まで心臓は休むことなく拍動する．拍動は自律神経系により反射的に調節される．心臓の位置は，胸腔内の縦隔内にあり，心膜（pericardium）のつくる心膜腔に納まっている．心膜腔には少量の漿液を含み，心臓外層の心外膜と心膜との摩擦を軽減している．胸郭が背腹方向に長い哺乳類では，通常，心臓の位置は第四～八肋骨の間で腹側1/4から1/2の辺りに位置し，正中よりやや左よりにある．動脈，静脈の出入する心底を背側に，心尖は後腹側に傾く．

a. 心臓の構造

　心臓は血管の特殊化したもので，心臓の壁構造は心内膜，心筋層，心外膜の3層から構成される．心内膜（endocardium）は心臓の内面を覆う内皮細胞と内皮下層からなる．心筋層（myocardium）は著しく強大な筋層からなり，何層にも分かれて複雑ならせん状の走行をとる．心外膜（epicardium）は一層の扁平上皮と結合組織の心外膜下組織（subepicardial tissue）からなり，血管，神経，脂肪組織が存在する．心室では強大な筋が心室壁を構成する．左心室は右心室よりも内腔が狭く壁が厚い（図4.36）．

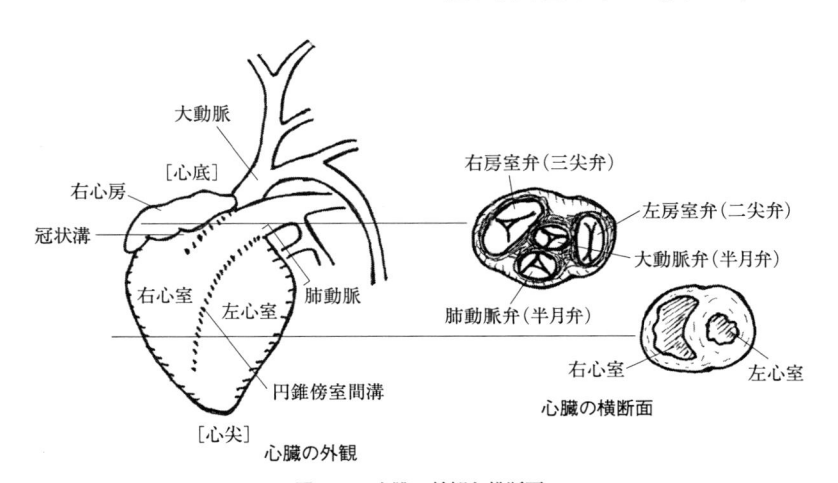

図 4.36　心臓の外観と横断面
冠状溝と心室中央部での断面を示す．

哺乳類や鳥類では，心臓は左右の心房（atrium）と心室（ventricle）の4室からなる．心房と心室を輪状に分ける溝が冠状溝（coronary groove）で，左右の心室を分ける室間溝は，心臓前面の円錐傍室間溝（paraconal interventricular groove）と後方の洞下室間溝（subsinusoidal interventricular groove）がある（図4.36）．外観の形状から心房は心耳（auricle）とも呼ばれる．

心臓の内部では，左右の心房は心房中隔（interatrial septum）により，左右の心室は心室中隔（interventricular septum）によって完全に区切られる．心房と心室の間には房室弁（atrioventricular valve）が，左心室と大動脈の間および右心室と肺動脈の間には半月弁があり，血液の逆流が阻止される．房室弁と半月弁は冠状溝の心室側で房室口，肺動脈口，大動脈口にあり，その壁内には強固な線維輪（fibrous ring）がこうした弁の基礎となっている（図4.36）．線維輪は強靱な線維性結合組織であり，大動脈線維輪の右壁に接して，不規則な三角形の心軟骨（cartilago cordis）がブタやウマで，また2個の心骨（ossa cordis）がウシで形成される．

右心房と右心室の間の房室弁は三尖弁（tricuspid valve）からなる．右心室と肺動脈の境界には3枚の半月弁（semilunar valve）からなる肺動脈弁（pulmonary valve）がある．左心房から左心室への間には二尖弁（bicuspid valve）で僧帽弁とも呼ばれる．左心室と大動脈の境界は3枚の半月弁からなる大動脈弁（aortic valve）があり血液の逆流を阻止している．尖弁は線維性の結合組織からなり，逆流の強い圧で反転しないように弁の先端は腱性の腱索（chordae tendineae）が心室壁より突出する乳頭筋（papillary muscle）に結んでいる．

右心房の中隔には卵円窩（oval fossa）と呼ばれるくぼみがある．これは胎子期に左右の心房が交通していた孔である卵円孔（oval foramen）の閉鎖したなごりである．また大動脈と肺動脈の間には腱性の動脈管索（arterial ligament）があり，

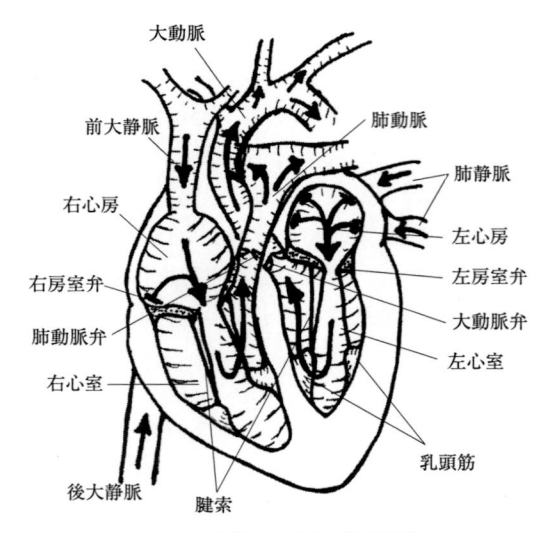

図4.37　心臓の内景と血液循環路
血液の循環を矢印で示す．

胎子期に大動脈と肺動脈の間で交通していた動脈管（ductus arteriosus）の閉鎖したなごりである．

b. 心臓の血液循環

全身から戻る血液（静脈血）は前大静脈と後大静脈により右心房に入り，右心室を経由して肺動脈（pulmonary trunk）により肺に送られる．肺から戻る血液（動脈血）は肺静脈（pulmonary vein）により左心房に入り，左心室から全身に送られる（図4.37）．血液の流れは一定方向で逆流は弁により阻止される．心室が弛緩（diastole）している間，心房からの血液は弁を通り心室内に注ぐ．心室が収縮（systole）している間，弁は上方に持ち上げられて，心房への逆流は阻止される．

c. 心臓の発生

心臓は筋性で拍動性の壁をもつ縦走する一本の血管としてはじまる．この部分がU字型に折れ曲がり，尾側の心房は頭背側に移る．有羊膜類では一対の血管が癒合して一本の管としてはじまる．

魚類では，4つの続く区域，すなわち静脈洞，心房，心室，動脈円錐からなる一心房一心室の心臓をもつ．肺魚と両生類では，心房の部分的あるいは完全な分割により左右の心房が生じた二心房

一心室となる．この構造変化は肺の存在と関連し，肺から戻った酸素に満ちた血液を，体の他の部位から戻った血液から分ける．爬虫類では心室が不完全に分かれているが，鳥類と哺乳類では完全に分かれた2つの心房と2つの心室を備えた心臓となる．

d. 刺激伝導系

心臓の拍動は自律的なものであるが，拍動の増減となる収縮－弛緩の調節は自律神経系の支配を受ける．1回の心臓の収縮，弛緩により血液を肺動脈と大動脈に血液を送り，右心房と左心房で血液を受け入れるため，心臓各部の収縮と弛緩は全体的な統制がとれるよう調整される．心臓内部での刺激の伝達は神経線維でなく，刺激伝導系により行われる．刺激伝導系（conduction system）は心筋の特殊化した特殊心筋線維群で構成され，心内膜下に分布する以下の2つの系からなる．

洞房系： 右心房内面，前大静脈口で洞房結節（sinuatrial node：SA node）をつくり，ここで律動的なインパルスがはじまり，心房内面に分布

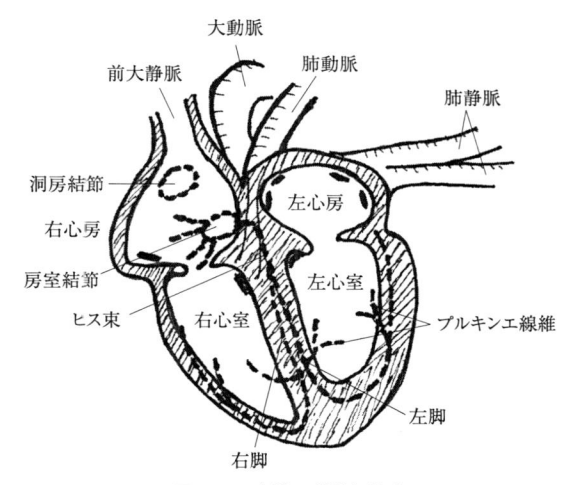

図 4.38 心臓の刺激伝導系
洞房系と房室系を点線で示す．

する特殊心筋に伝える．洞房結節は刺激発生装置であることから，ペースメーカーと呼ばれる．

房室系： 洞房結節で発生した電気的刺激を受けて，右心房冠状静脈洞の開口近くの房室結節（atrioventricular node：AV node，田原の結節）が興奮し，そのインパルスは図 4.38 に示すよう

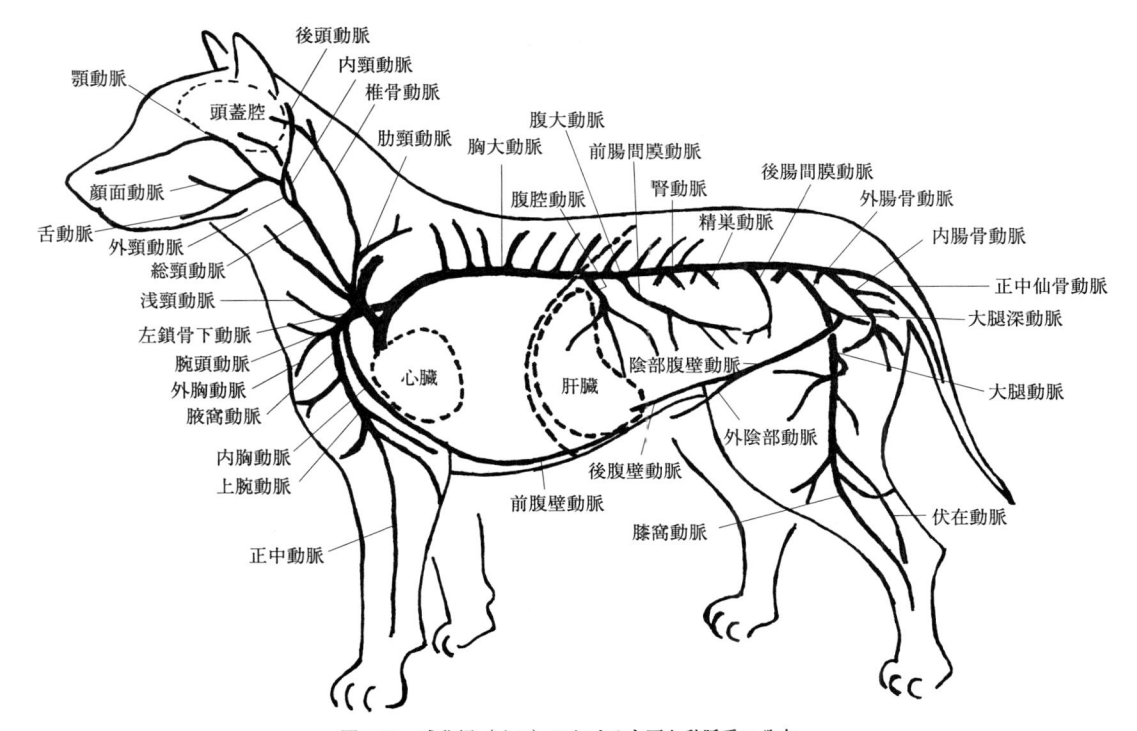

図 4.39 哺乳類（イヌ）における主要な動脈系の分布

にヒス束（Hisの房室束：bundle of His）に伝えられ，左脚，右脚に分かれて心室の内膜下を下走し，末梢のプルキンエ線維（Purkinje's fiber）により左右の心室各部に直接伝わり，心筋を収縮させる．

(3) 血管系

a. 動脈系

体循環は心臓の左心室からはじまる．心臓から頭側に出た上行大動脈（ascending aorta）は最初の分枝，冠状動脈（coronary artery）を心臓に送り，尾方に向かうため湾曲する．この部位が

表 4.7 主要な動脈の分岐

```
上行大動脈（ascending aorta）
├─ 冠状動脈（coronary artery）
大動脈弓（aortic arch）
├─ 腕頭動脈幹（brachiocephalic trunk）頭部に向かう総頸動脈，頸胸部と前肢に向かう鎖骨下動脈を分岐する．
│   ├─ 総頸動脈（common carotid a.）上行して頭部に向かう．大きく内頸動脈，外頸動脈に分かれる．
│   │   ├─ 内頸動脈（internal carotid a.）頭蓋腔内に入り，脳や脊髄前部に血液を供給．
│   │   └─ 外頸動脈（external carotid a.）顔面や頭部表層など，頭部で頭蓋骨外の口腔臓器や下顎に分布．
│   │       ├─ 後頭動脈（occipital a.）
│   │       ├─ 舌動脈（lingual a.）
│   │       └─ 顔面動脈（facial a.）
│   │   顎動脈（mandibular a.）
│   右鎖骨下動脈（right subclavian a.）強大な動脈で前肢に向かう腋窩動脈や頸部，胸部に分布する動脈を分岐．
│   ├─ 椎骨動脈（vertebral a.）
│   ├─ 肋頸動脈（costocervical tr.）
│   │   └─ 深頸動脈（deep cervical a.）
│   ├─ 内胸動脈（internal thoracic a.）前腹壁動脈に続く．
│   ├─ 浅頸動脈（superficial cervical a.）
│   ├─ 外胸動脈（external thoracic a.）
│   腋窩動脈（axillary a.）前肢に血液供給，上腕，前腕，手部に血液を供給．
│   ├─ 上腕動脈（brachial a.）
│   └─ 正中動脈（median a.）
├─ 左鎖骨下動脈（left subclavian a.）大動脈弓より直接分岐．以後の走向は右鎖骨下動脈と同じ．
下行大動脈（descending aorta）
│
胸大動脈（thoracic aorta）横隔膜までの胸腔部分．多数の肋間動脈を分岐し，胸壁に血液供給．
├─ 肋間動脈（intercostal a.）
腹大動脈（abdominal aorta）横隔膜通過後，外・内腸骨動脈の分岐までの区間．内臓に向かう動脈を分岐する．
├─ 腹腔動脈（celiac a.）胃，肝臓，脾臓へ分枝を出す．
├─ 前腸間膜動脈（cranial mesenteric a.）十二指腸，空腸など頭側の腸管に分布．
├─ 腎動脈（right & left renal a.）
├─ 精巣動脈（r. & l. testicular a.，卵巣動脈：r. & l. ovarian a.）雄で精巣，雌で卵巣に分布する．
├─ 後腸間膜動脈（caudal mesenteric a.）下行結腸など尾側の腸管に分布．
├─ 深腸骨回旋動脈（r. & l. deep circumflex iliac a.）
├─ 外腸骨動脈（r. & l. external iliac a.）後躯（臀部，後肢を含む）への血液供給．
│       ├─ 大腿深動脈（deep femoral a.）
│       │   └─ 陰部腹壁動脈（pudendoepigastric a.）
│       │       ├─ 外陰部動脈（external pudendal a.）雄で包皮に分布．
│       │       └─ 後腹壁動脈（caudal epigastric a.）
│       大腿動脈（femoral a.）後肢の血液供給を担う．
│       ├─ 伏在動脈（saphenous a.）
│       膝窩動脈（popliteal a.）後肢端まで供給する分枝を出す．
├─ 内腸骨動脈（r. & l. internal iliac a.）臀部，外部生殖器に分布．
│   ├─ 臍動脈（umbilical a.）膀胱に分布．
│   ├─ 後臀動脈（caudal gluteal a.）
│   └─ 内陰部動脈（internal pudendal a.）雌で会陰，膣など分布．
正中仙骨動脈（median sacral a.）
```

大動脈弓（aortic arch）で，これに続く本幹は体腔の背側表層を尾側へと向かう下行大動脈（descending aorta）となる．

大動脈弓から数本の主要な動脈が分岐し，体躯の前位にある頭部，頸部，胸部および前肢へ血液を供給する．体の左右で動脈系は対称的に走行するが，動脈弓からの分岐パターンは動物種により異なる．

下行大動脈は，胸部では胸大動脈，腹部では腹大動脈となり，骨盤部で内腸骨動脈，外腸骨動脈を分岐したあと急激に細くなり正中仙骨動脈として尾部に分布する．血管系（blood vascular system）の分岐は動物種によって異なるが，一般的な動脈系の主要な血管の分岐と分布域の概要を表4.7にまとめ，図4.39に示す．

□ 怪網 □

動脈が分岐して網状となるが再び合流して少数の動脈になるとき，この分岐網状部分を怪網（rete mirabile）と呼ぶ．代表的な怪網は反芻動物の頭蓋内にみられる硬膜上怪網で，食肉類では眼窩怪網をもつ．機能として血液温や血圧の低下に関わるといわれている．

□ 血管括約筋 □

動脈性の末梢部には血管壁が括約筋により収縮し，血流を阻止する部位があり，血管括約筋として血液の組織内への流入を調節する．脾臓など血管が充満するような器官ではすべての血管で同じように流通するのでなく，血管壁に括約筋が存在して部分的に開放あるいは閉鎖して血流を調節している．

b. 静脈系

静脈系（venous system）は，体躯の前位は前大静脈にまとまり，後位は後大静脈に合流して右心房に流入する．基本的には静脈は動脈に伴行し，動脈と同じ名称を共有する．消化器系の静脈は一度合流した後肝臓に流入して分岐する肝門脈系をつくる．心臓に戻る主要な静脈について表4.8に概要を示す．

表4.8 主要な静脈の分岐

```
         ┌浅側頭静脈（superficial temporal v.）
 顎静脈（maxillary v.）
         ├舌顔面静脈（linguofacial v.）
         ├橈側皮静脈（cephalic v.）
         └内頸静脈（internal jugular v.）
 外頸静脈（external jugular v.）
         └腋窩静脈（axillary v.）
 鎖骨下静脈（subclavian v.）
 椎骨静脈（vertebral v.）
 腕頭静脈（brachiocephalic v.）
         ├肋頸静脈（costocervical v.）
         └奇静脈（azygos v.）
 前大静脈（cranial vena cava）頭部，前肢から戻る静脈血を右
                              心房に送る．
```
[右心房]
```
 後大静脈（caudal vena cava）体躯後位の静脈血を右心房に送る．
         ├肝静脈（hepatic v.）
         │    └肝門脈（hepatic portal v.）内臓，消化管から戻る静脈
         │            ├胃十二指腸静脈（gastroduodenal v.）
         │            └前腸間膜静脈（cranial mesenteric v.）
         ├腎静脈（r. & l. renal v.）
         ├精巣静脈（r. & l. testicular v，卵巣静脈：r. & l. ovarian v.）
         ├深腸骨回旋静脈（r. & l. deep circumflex iliac v.）
         ├外腸骨静脈（r. & l. external iliac v.）後肢，体壁から戻る静脈
         │    └大腿静脈（femoral v.）
         └内腸骨静脈（internal iliac v.）同名の動脈が分布する域か
                                          らの血液を集める．
```

□ 採血および静脈注射 □

静脈は表層を走り圧が高くないことから臨床検査のための採血に用いられる．採血部位は動物によって異なるが，大型の家畜では外頸静脈，中型では橈側皮静脈や伏在静脈で行われる．実験用小動物では，静脈投与は尾静脈から行われるが，採血は眼窩下静脈叢や尾静脈のほか心臓からの直接採血も行われる．

□ 門脈 □

門脈（portal vein）とは，毛細血管が一度合流して小〜中静脈になった後，別の器官，組織に入り分岐する静脈系の区間をいう．代表的なものが消化管，膵臓，脾臓の血液を集めた後，肝臓に入る肝門脈で，視床下部の血液を集めた後，腺性下垂体で分岐する下垂体門脈がある．ニワトリなど鳥類では尾部の血液が合流した後，腎臓に入る腎門脈がある．単に門脈という場合は，一般に肝門脈をさす．

◨ 後毛細血管細静脈 ◨

　後毛細血管細静脈（post capillary venule）は毛細血管に続く静脈性の血管で内皮細胞が丈のある立方状を呈し，細胞間隙をリンパ球が通過する．主に，リンパ節のようなリンパ性組織にあり，血中からリンパ性組織へリンパ球が再循環する経路とされる．

■練習問題■
1. 血液はどのような構成要素からなるか．
2. 白血球に属する細胞それぞれの形態学的特徴と役割を説明せよ．
3. 血管壁の基本構造を図で示し，動脈と静脈の相異を述べよ．
4. 心臓の血液循環について説明せよ．
5. 心臓の刺激伝導系とは何か．
6. 大動脈弓から分岐する動脈の名称と分布域について述べよ．
7. 腹大動脈からの分岐と支配域について述べよ．
8. 門脈について説明せよ．

参 考 文 献

Banks, W.J. (1981)：Applied Veterinary Histology, Williams & Wilkins

Evans, H.E. and deLahunta, A. (1980)：Miller's Guide to the Dissection of the Dog 2nd ed., W.B.Saunders

Hodgs, R.D. (1974)：The Histology of the Fowl, Academic Press

Junqueria, L.C., Carneiro, J. and Kelley, R.O. (1998)：Basic Histology 9th ed., Appleton & Lange

加藤嘉太郎・山内昭二 (1995)：改著　家畜比較解剖図説（下），養賢堂

5
生体統御系

5.1 神経組織と脳・脊髄

5.1.1 神経系

　神経系（nervous system）は動物特有のもので，動物の知覚・認知・行動を総合的に統御する系である．つまり，神経系の働きは動物が環境を感受し，その場の状況にうまく反応し適応させることである．このような働きを担うため外部環境からの刺激を中枢に運ぶのが求心性末梢神経（感覚神経），刺激を認識し反応の仕方について判断するのが中枢神経，その認識・判断に応じて筋などの効果器が反応するための情報を送るのが遠心性末梢神経（運動神経）である．また，末梢神経には，内臓や内分泌機能の働きを無意識に自動的に調節する自律神経がある．これらをまとめて神経系という．神経系は表5.1のように区分される．

5.1.2 神経の一般組織

　神経組織（nervous tissue）の細胞要素は主として神経細胞（nerve cell）とそれより小さくかつ何倍も数が多い神経膠細胞（neural glia cell）からなる（図5.1 (a)）．また，神経細胞から出る神経線維（軸索：axon）が組織中に無数に走行している．神経細胞は機能に応じた細胞集団が特定の場所に存在する．このような神経細胞集団を中枢神経系では神経核（nucleus），末梢神経系では神経節（neural ganglion）という．神経膠細胞は神経細胞より数が多く，神経細胞間を埋めるように存在したり，末梢神経系では神経線維の髄鞘を形成したりする．

(1) 神経細胞

　機能に応じて多少形態が異なる．例えば感覚神経細胞は細胞体から軸索が出た後二極に分かれる（図5.1 (b)）．一方，運動神経細胞は軸索側枝をもつことはあっても主となる軸索は分かれない（図5.1 (c)）．神経細胞の核を含む部分を細胞体（soma），細胞体から生じる突起の長いものを軸

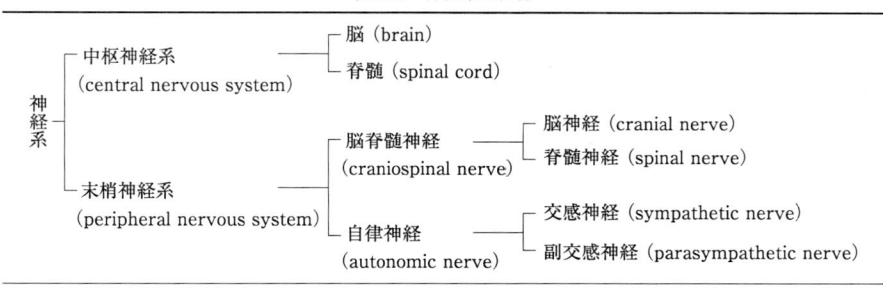

表5.1 神経系の区分

```
                ┌─ 中枢神経系      ┌─ 脳 (brain)
                │  (central        │
                │   nervous        └─ 脊髄 (spinal cord)
                │   system)
  神経系 ───────┤
                │                   ┌─ 脳脊髄神経      ┌─ 脳神経 (cranial nerve)
                │                   │  (craniospinal   │
                └─ 末梢神経系       │   nerve)         └─ 脊髄神経 (spinal nerve)
                   (peripheral   ───┤
                    nervous         │  自律神経        ┌─ 交感神経 (sympathetic nerve)
                    system)         └─ (autonomic   ───┤
                                        nerve)        └─ 副交感神経 (parasympathetic nerve)
```

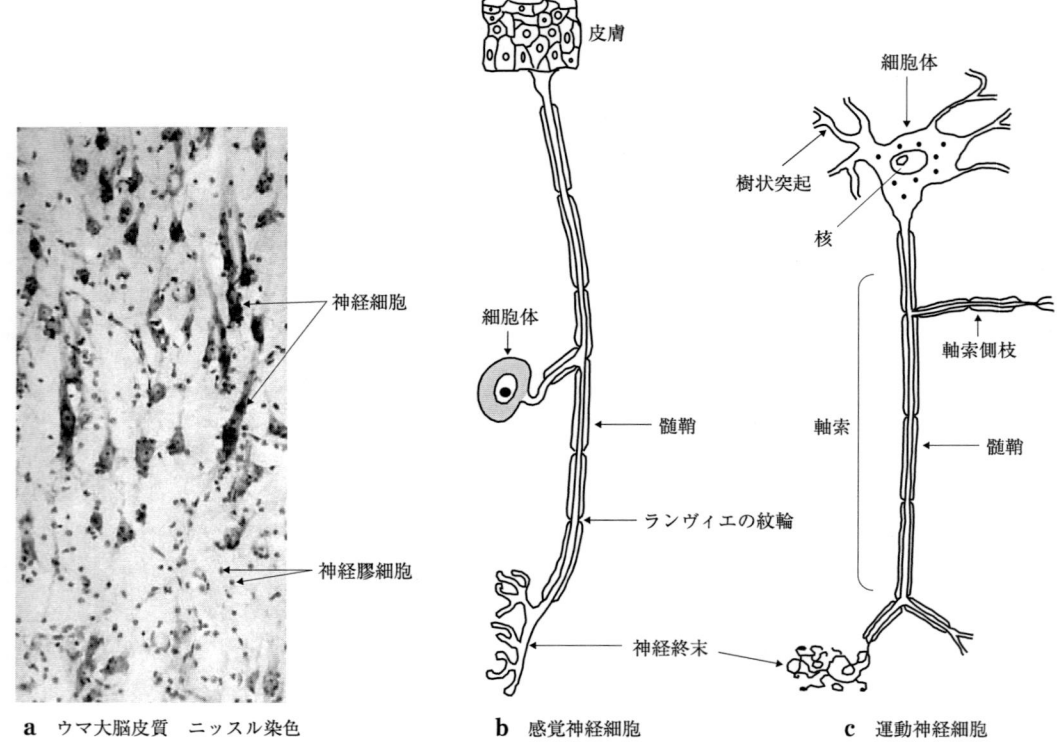

a ウマ大脳皮質　ニッスル染色　**b** 感覚神経細胞　**c** 運動神経細胞
図5.1　神経組織・神経細胞模式図

索，ほかのものを樹状突起（dendrite）という．

　軸索は細胞の興奮を他の細胞に伝えるための，樹状突起は他の神経細胞からの情報を受容するための突起である．軸索は稀突起膠細胞（後述の神経膠細胞の一種）とともに神経線維をつくり，途中および先端で側枝を出す．途中から出るものを軸索側枝といい，先端のものを終末分岐という．

　細胞体と樹状突起および軸索を合わせてニューロン（神経元：neuron）という（図5.1）．神経元は他のニューロンへ情報の伝達を行う．この伝達を行う場所をシナプスという．ニューロン内の興奮伝導は電気的に起こるがニューロンからニューロンへの伝達はシナプス間隙を介して化学伝達物質によって伝えられる（p.103「シナプス」参照）．

(2) 神経膠細胞

　中枢神経系の支持および被包組織は神経膠（neuroglia）である．神経膠は結合組織（connective tissue）として働く．神経膠を構成する細胞を神経膠細胞という．この細胞は外胚葉由来である．神経膠細胞は神経組織の代謝・栄養，修復，保護に関係するばかりでなく，有髄神経線維の髄鞘を構成し神経元の興奮伝導が秩序よく行われるようにする．神経膠細胞は働きや形状，大きさによって星状膠細胞，小膠細胞，稀突起膠細胞がある．また，脳室の表面を形成する上衣細胞もこの仲間に属する．星状膠細胞は毛細血管の周囲で血液脳関門（blood brain barrier）を形成する．

(3) 神経線維

　神経線維（nerve fiber）には無髄線維と有髄線維とがある．有髄線維の場合，神経細胞から突起として生じる軸索は被膜で包まれている．軸索と被膜を合わせて神経線維という．無髄線維の場合は細胞の細胞膜それ自体が皮膜となる．有髄線維のそれは髄鞘と呼ばれる．この髄鞘は中枢神経では稀突起膠細胞によって形成されているが（図

図 5.2 髄鞘模式図
  a 中枢神経髄鞘
  b 末梢神経髄鞘

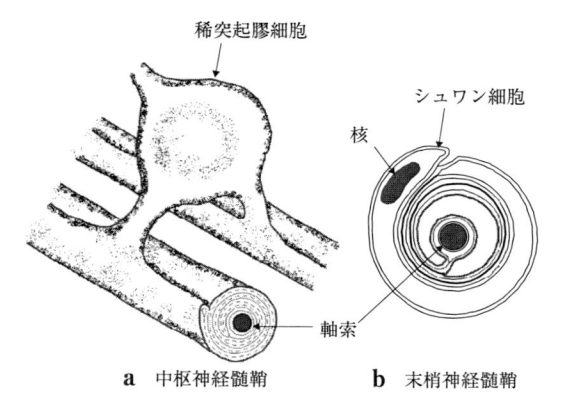

図 5.3 シナプス模式図

5.2 (a)），末梢ではシュワン細胞（Schwann cell）がそれに代わる（図 5.2 (b)）。髄鞘は一定間隔で終わり，それが繰り返される。髄鞘と次の髄鞘の間は一部軸索が露出しており，この部位をランヴィエの絞輪という。また，髄鞘は終末分岐の手前でなくなる。

(4) シナプス

軸索は無数の小さな球状のふくらみ，つまり終末ボタンをつくって終わる。終末ボタンは次に接続するニューロンの隣接した膜とともにシナプス（synapse）を形成する（図 5.3）。このシナプスが神経細胞間の興奮伝達を行う場所となる。シナプスはシナプス前膜をもつシナプス前部，すなわち終末ボタン，シナプス間隙，およびシナプス後膜のある次の接続ニューロンの受容膜のある部分に区別される。

終末ボタンにはミトコンドリアと伝達物質を含むシナプス小胞が含まれ，これらの小胞はシナプス前膜付近に密集している（図 5.3）。シナプスをその存在部位，構造，機能によっていくつかに分類できる。相手方細胞の樹状突起に接するものを軸索樹状突起間シナプス，核周部に接する軸索細胞体間シナプス，あるいは軸索に接する軸索間シナプスなどがある。大きいニューロンには数千個の終末ボタンが付着している。

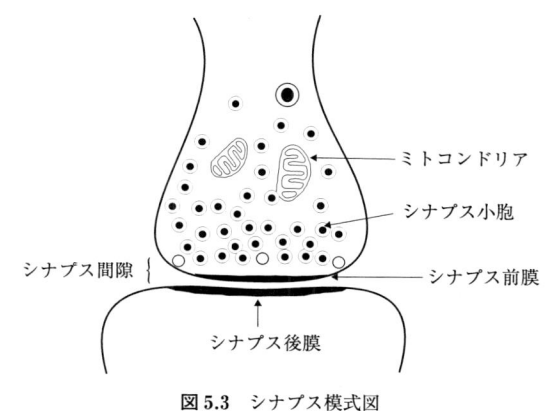

5.1.3 脳・脊髄

中枢神経系は脳と脊髄からなる。また，神経組織ではないが中枢神経を物理的に保護し，代謝循環に関与する髄膜と脳室は脳と一体となって存在するので，はじめに髄膜と脳室について解説する。

(1) 髄 膜

脳と脊髄は髄膜（meninges）によって包まれている。また，この膜によって頭蓋腔内で脳は安定した位置に補綴されている。脳の髄膜を脳膜といい脊髄のそれを脊髄膜という。髄膜は外側から硬膜（dura mater），クモ膜（arachnoid），軟膜（pia mater）から構成される（図 5.4 (a) (b)）。硬膜は結合組織線維の厚い強靭な膜で膜血管は乏しい。この膜の一部は突出して大脳縦裂および大脳と小脳の間に入り，それぞれ大脳鎌（falx cerebri）と小脳テント（tentorium cerebelli）を形成している（図 5.4 (c)）。ネコの小脳テントは骨化している。このような硬膜のつくりが脳を頭蓋腔に固定する。クモ膜は薄く，軟膜との間に細いクモ膜ヒモと呼ばれるクモの糸状の線維を張る（図 5.4 (b)）。このクモ膜と軟膜の間をクモ膜下腔（subarachnoid spaces）といい，脳脊髄液（cerebrospinal fluid）によって満たされている。軟膜は薄く脳表面の凹凸に沿って脳表面に密着している。

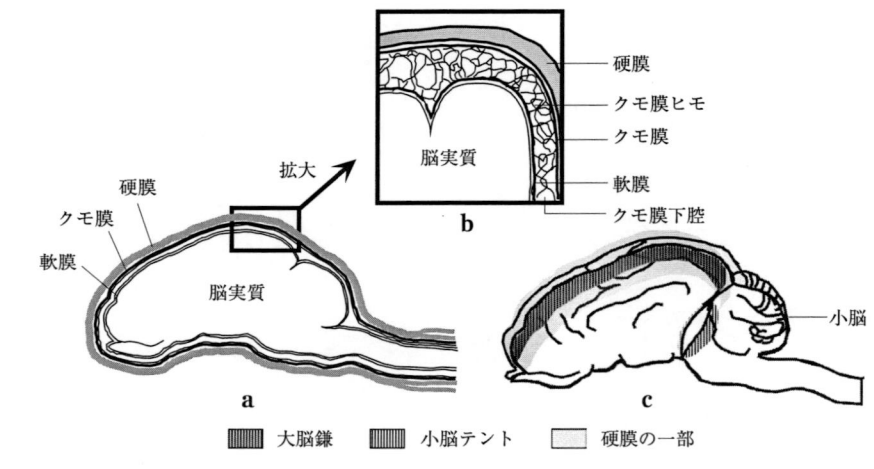

図 5.4 脳膜系模式図

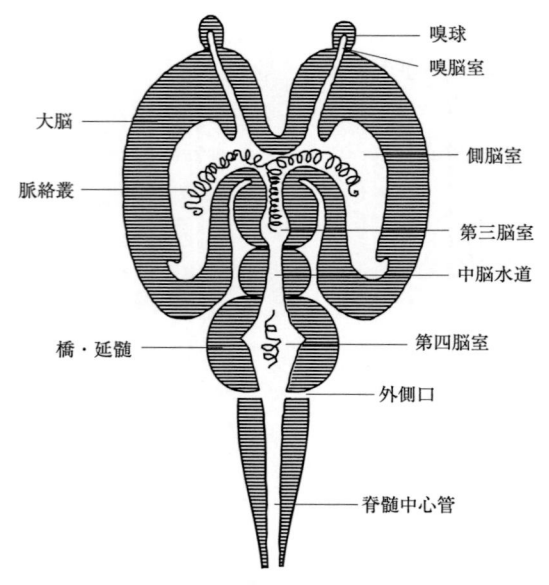

図 5.5 脳室系模式図（水平断面）

表 5.2 脳の区分

前脳 ─┬─ 終脳（大脳半球）
　　　└─ 間脳（視床, 視床下部）
中脳 ── （中脳蓋, 被蓋, 大脳脚）
菱脳 ─┬─ 後脳（橋, 小脳）
　　　└─ 髄脳（延髄）

(2) 脳 室

脳室（ventriculus）は発生初期に形成される前脳胞，中脳胞，後脳胞の内腔がもとになる．最終的に成獣では前脳胞が嗅脳室，第三脳室および側脳室，中脳胞は中脳水道，後脳胞は第四脳室となっている（図 5.5）．脳室は前述のように脳脊髄液で満たされている．脳脊髄液は側脳室，第三脳室天井，第四脳室天井に位置する脈絡叢（図5.5）で生産される．脳脊髄液は小脳後方下部の延髄に位置すると左右の外側溝でつくられる外側口，門直前の正中口からクモ膜下腔に出る．脈絡叢（choroid plexuses）は毛細血管，脳室壁を構成する上衣細胞，軟膜の三者が特殊化してできた組織である．

(3) 脳の区分

脳は終脳，間脳，中脳，橋，延髄，小脳よりなる（図 5.6, 表 5.2）．終脳（大脳半球）と小脳を除いた部分，すなわち間脳・中脳・橋・延髄を合わせて脳幹と呼ぶ（図 5.6, 5.8 (a)）．脳幹は脊髄，小脳および大脳半球の連結部として働くほかに，生命維持に重要な機能をもつ部分であるとともに脳神経の起始，終止核をもっている．

これらの脳の各部位を合わせた脳重量は，ウマ：約 650 g，ウシ：約 450 g，ヒツジ：約 130 g，ブタ：約 125 g，イヌ：約 150 g，ネコ：約 30 g，ネズミ：約 0.4 g，ニワトリ：約 3 g，カモ：約 5 g である．ちなみに，ヒトのそれは約 1300 g の値を示す．

a. 前 脳

前脳（forebrain）は前脳胞の壁の部分が発達

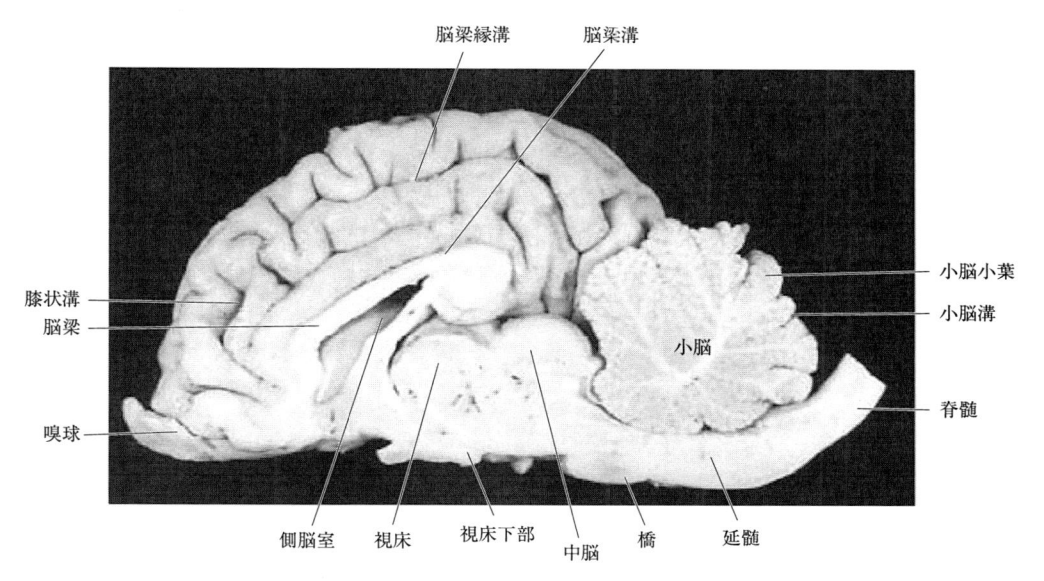

図5.6 ウシ脳正中矢状断面

して生じるもので終脳と間脳により構成される．

終 脳

　終脳（telencephalon）は大脳と嗅脳よりなる．家畜の脳表面には多くのシワがみられる（図5.6, 5.7 (a)）．このシワをつくる溝を大脳溝といい部位によって様々な名称がある．突出した部分を大脳回という．この部分の多くは大脳皮質であり灰白質と呼ばれ神経細胞が密に存在するとともに，それら細胞が働きに応じて6層構造を形成している（図5.7 (c)）．また，大脳皮質は機能によって層の割合が異なり，視覚野，聴覚野，運動野，感覚野など皮質の働きによって各層の割合も異なる．こうした働きに応じた領域が地図のように決まっていて，これを大脳の機能局在という．皮質深部は大脳髄質で白色である．このようにシワのある脳を回脳という（図5.7 (a)）．また，ウサギやラットの大脳にはこのようなシワがみられず，このような脳を平滑脳（図5.7 (b)）と呼ぶ．大脳皮質と髄質は合わせて外套ともいわれる．左右の外套は大脳半球ともいわれ，大脳縦裂によって左右分かれているがこれら左右の半球は脳梁によって連絡する（図5.6）．

　外套は脳の形成の順番により古皮質，旧皮質，新皮質に区分される（図5.7 (d)）．古皮質は嗅脳と梨状葉皮質，旧皮質は歯状回，海馬，海馬傍回，帯状回が含まれる．これら旧皮質の細胞構築は，新皮質と異なって6層構造を示さず，大方は2～3層になっている．新皮質は大脳背面を覆う部分の大半である．これら外套の深部には，線条体と呼ばれる，いくつかの神経細胞集団が存在する．

　大脳核（図5.7 (d)）は尾状核，前障核，被殻，淡蒼球より構成される．尾状核はこれらの中で最も大きな神経核であり側脳室の外腹側に位置している．被殻と淡蒼球は断面がレンズのようにみえるので合わせてレンズ核とも呼ばれる．また，レンズ核と尾状核を合わせて線条体という．大脳核の下部には，扁桃核，側坐核が位置する．これらを基底核という．すなわち，大脳とは外套，大脳核および基底核を合わせたものをいう．

　嗅脳は終脳の一部で，嗅覚にかかわる嗅球，梨状葉，中隔がある．発生学的分類では古皮質に区分される（図5.7(d)）．嗅球は脳の最前端にあり，家畜を含む多くの哺乳動物ではよく発達しているが家禽では発達が弱い．これらの多くは大脳の底部に位置し腹側からみると嗅球から嗅索，梨状葉

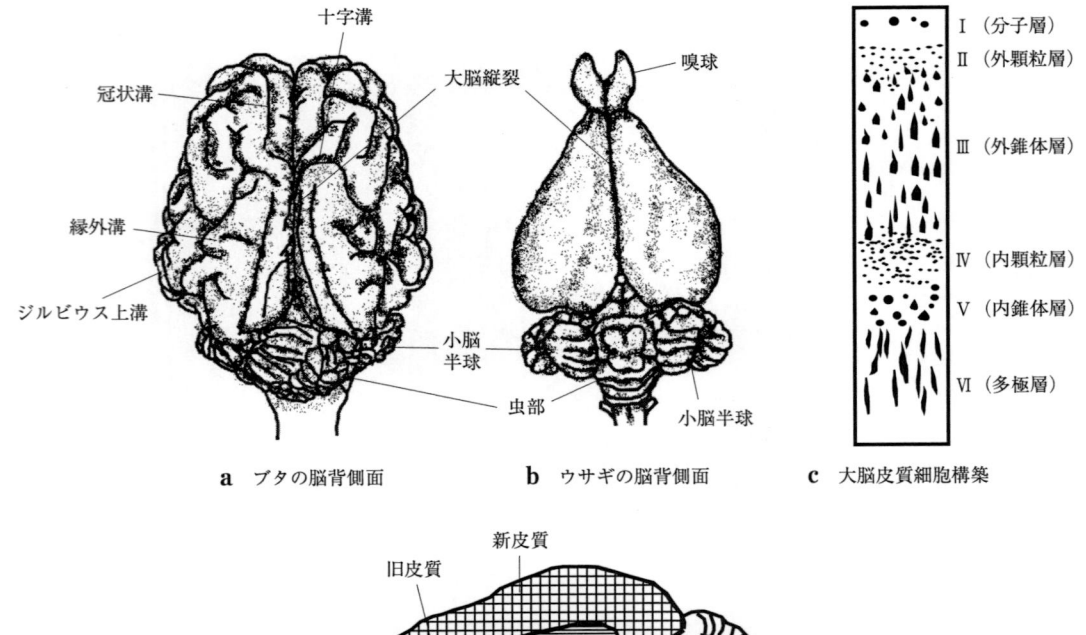

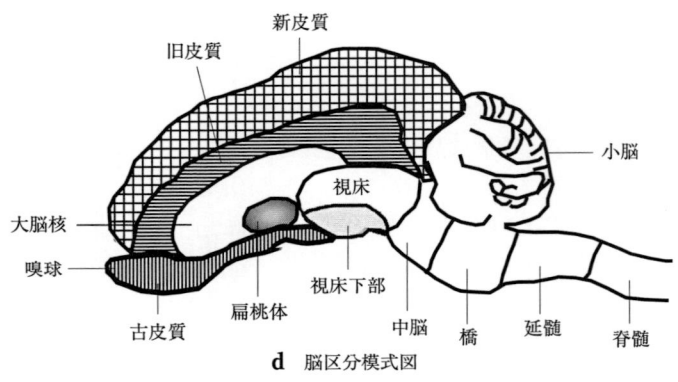

図 5.7 大脳および皮質（b は加藤ほか，1995 改変）

a　ブタの脳背側面
b　ウサギの脳背側面
c　大脳皮質細胞構築
d　脳区分模式図

が確認できる（図5.12）．これらの古皮質と関連する内部構造では，嗅脳辺縁部には海馬とそこから出る神経線維で構成される脳弓，前方には左右の嗅球などを連絡する前交連，扁桃体とそこから視床下部へ向かう分界条がある．

　家禽の場合，大脳皮質はほとんど発達しておらず，側脳室の背部にわずか確認できるのみである．すなわち家禽の大脳を構成するものはほとんど線条体と呼ばれるいくつかの細胞集団である．また，哺乳類に比べ嗅球の発達もよくない．

間　脳

　間脳（diencephalon）は視床下部と視床脳からなる（図5.6，5.7（d））．第三脳室も間脳に位置し，左右の視床の間にみえる．視床脳は視床と視床上部および視床後部よりなる．

　i ）視床：　視床（thalamus）には感覚の中継核があり大脳新皮質と局所対応的な関係がある．視床上部にはメラトニンを分泌する松果体と後交連，手綱核がある．視床後部には，聴覚と視覚の中継核である内側膝状体や外側膝状体がある．それぞれ内側膝状体は大脳新皮質の聴覚野，外側膝状体は視覚野に神経線維を送る．

　ii）視床下部：　視床下部（hypothalamus）を肉眼で脳底からみると，表面には視神経交叉，正中隆起，下垂体および乳頭体がみられる（図5.6，5.12）．視床下部は，間脳の下部に位置する自律神経系の最高中枢である．下垂体は，頭蓋から脳を取り出す際に頭蓋底側に残る場合が多い．

5.1 神経組織と脳・脊髄

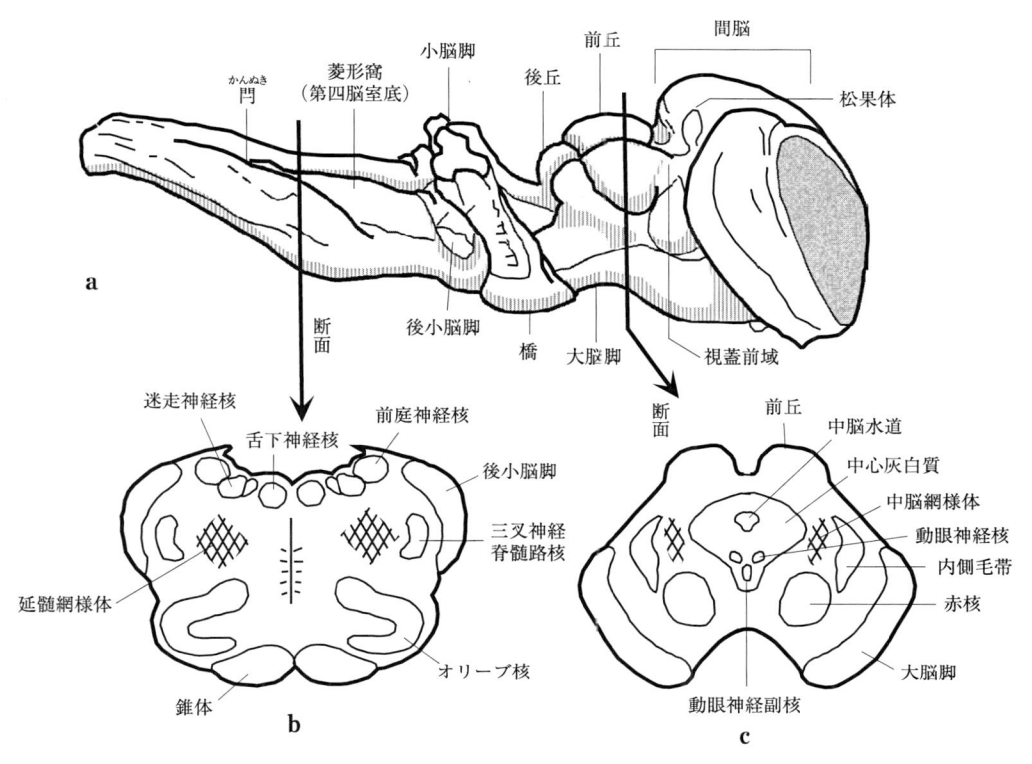

図5.8 脳幹

　視床下部には自律機能にかかわる重要な神経核がある．視交叉上核は視神経交叉の上に位置し，生体リズムや繁殖機能に及ぼす光の中継中枢である．視交叉の左右外側で視索の上には視索上核がある．この神経核はオキシトシンを産生する．また第三脳室の両側にはバゾプレッシンを産生する室傍核がある．これらのホルモンを産生する細胞の軸索は下垂体後葉まで伸びており，実際の分泌はそこで行われる（p.117「下垂体」参照）．また，視床下部には視床内側核および外側核があり，それぞれ摂食中枢，満腹中枢として働いている．

b. 中脳

　中脳（mesencephalon）は中脳胞から形成される部分で，それを腹側からみると左右に太い大脳脚がみえる（図5.12）．大脳脚は橋，延髄，脊髄など下位中枢と連絡をする線維の束が通っている．背側面には前丘と後丘があり（図5.8（a）），これらを中脳蓋という．前丘は視覚中枢の一つであり，後丘は聴覚中枢の一つである．これらは，背側からみた場合，左右前後に4つの高まりを示すので合わせて四丘体ともいわれる．

　内部中心には第三脳室と第四脳室を連絡する中脳水道がある．中脳水道の周辺は細胞成分の多い中心灰白質がある．また，この腹側には眼球運動を起こす動眼神経核があり（図5.8（c）），ここから眼球を動かす外眼筋まで神経が到達する．さらに，眼に入る光の量を調節する対光反射の神経路は中脳の背側で四丘体の前方に位置する視蓋前域（図5.8（a））からはじまる．すなわち，視蓋前域が視神経の終止を受け，動眼神経副核（図5.8（c））に情報を伝える（p.112「副交感神経」参照）．

　また，運動系の神経核として赤核，感覚系として脊髄から視床へ向かう神経線維の集まりとして内側毛帯がみられる（図5.8（c））．

　家禽の中脳には哺乳類でいう前丘が顕著に発達

した視葉（optic lobe）がみられる．ほとんどの視覚情報がこの中に入る．

c. 菱脳

菱脳（rhombencephalon）は橋，延髄，小脳より構成される．発生学的には後脳胞の部分から生じている．

i) 橋： 橋（pons）は中脳と延髄の間に位置する．背面は後述の延髄とともに第四脳室底を形成する．腹側は左右の小脳半球を結ぶ中小脳脚が帯状に隆起していて（図5.8（a）），あたかも橋渡ししているようにみえることからこのように呼ばれる．その内部には橋小脳路と発達した橋核がある．背側で第四脳室底を取り巻く中心灰白質の外側に青斑核があり，視床下部へノルアドレナリンを送る．また，この部位からは脳神経の起始核である顔面神経核，三叉神経核，外転神経核，内耳神経核および前庭神経核がある．

ii) 延髄： 延髄（medulla oblongata）は橋に続く脳の最後の部位である．橋とともに背側は第四脳室底を形成する．この第四脳室底は小脳を取り除くと菱形窩（図5.8（a））として確認できる．通常は小脳に覆われており背部はみえない．脳底からみると橋を過ぎると錐体路および交叉のふくらみがみえる．脊髄から上位中枢に向かう線維，その逆に上位中枢から下降してくる線維などが含まれ線維束も多く含まれる．したがって，組織でみると線維が網の目のように存在するため網様体と呼ばれる部分が多く占める．この部位も脳神経の起始核が多く存在する．舌の運動にかかわる舌下神経核，頭部の知覚を受ける三叉神経脊髄路核，味覚の一次中枢になる孤束核，副交感神経である迷走神経を出す迷走神経核，嚥下運動などにかかわる舌咽神経を出す舌咽神経核などである（図5.8（b））．

iii) 小脳： 小脳（cerebellum）は橋と延髄の背側に位置し，第四脳室を覆うように存在する．脳幹とは前・中・後小脳脚によってつながっている（図5.8（a））．これらの小脳脚は，小脳と脊髄・脳を連絡する神経線維の集まりである．その

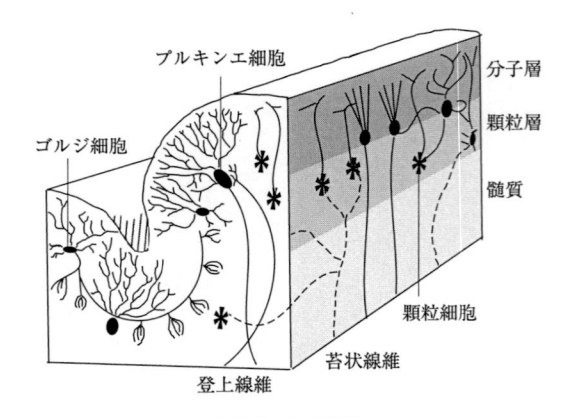

図5.9 小脳皮質

中で最も太いのが橋とつながる中小脳脚である．小脳の表面は小脳回と小脳溝が多数みられる．小脳溝は所によって深く，小脳回の集まりである小脳小葉（図5.6）を境する．正中部は少し盛り上がり，その部位を虫部という（図5.7（b））．虫部の左右には小脳半球がある．これらの構造は，齧歯類では単純であるがウマ，ウシなどは複雑である．また，家禽では小脳半球の発達は弱く虫部が多くを占める．小脳は体の平衡を保つとともに全身の筋肉の緊張を調節する．内部組織は皮質と髄質からなり皮質は分子層と顆粒層に分けられる（図5.9）．分子層の深部には小脳特有のプルキンエ細胞という大きな神経細胞が規則正しく並んでいる．

□ 脳に雄と雌の違いがあるか？ □

視床下部の性的二型核が知られている．ラットの内側視索前野の一部の細胞集団は雄が雌の5倍ほど大きい．この部分を破壊すると性行動を示さなくなり，雄の性行動に関係している部位と考えられている．逆に，前腹側脳室周囲核は雌のほうが雄より大きく，下垂体の性腺刺激ホルモンの周期的分泌に関与する．

□ 家禽と野鳥の脳 □

記憶や学習などに関する高次中枢といえる大脳の大きさを脳幹という植物機能など生命の基本にかかわる部位と比較して，それぞれの鳥がどれだけ大脳が発達しているか比でみるとカラ

スが6.1, スズメが3.4, トビが3.2であるのに対し, ニワトリは1.6, アヒルが2.9と家禽化された鳥は値が小さい. 野生の鳥のほうが大脳の割合が大きいことがわかる. ちなみにラットでは1.8, ヒトが10となる.

表5.3 各種動物脊髄分節の数

	ウマ	ウシ	ブタ	イヌ	ヒト
頸髄	8	8	8	8	8 (一定)
胸髄	18	13	14	13	12
腰髄	6	5	7	7	5
仙髄	5	5	4	3	5
尾髄	3	4	5	6	1

(4) 脊髄

脊髄 (spinal cord) は, 延髄の後端からはじまり後頭骨の大後頭孔から脊柱管に出ていく. 脊髄を納める脊柱管は, 各椎骨の椎孔が連続的に連なり形成されており脊髄はこの中に納まる (図5.10 (a)). 脊髄も脳膜から続く軟膜, クモ膜, 硬膜によって覆われているが, 脊髄硬膜は内層と外層に分かれ (図5.4 (a)) 外層は椎骨の骨膜と融合して骨膜となり, 内層が脊髄硬膜となる.

脊髄は頸部, 胸部, 腰部, 仙骨部, 尾部に区分される. それぞれ頸髄, 胸髄, 腰髄, 仙髄, 尾髄という. これら各高さの脊髄にはさらに分節がみられる. その数は頸髄が一定して8分節であるが, ほかは家畜の種によって変動がある (表5.3). しかし, その分節の数は頸髄を除いて各高さの椎骨の数と一致する. 頸髄の分節は頸椎の数より1個多くなっている. 前肢と後肢に分布する神経が起始するところは太くなっており, それぞれ頸膨大および腰膨大という. 脊髄の腹側には, 深い切れ込みがあり腹正中裂という (図5.10 (b) (c)). また背側にも深い溝がみられ背正中溝という.

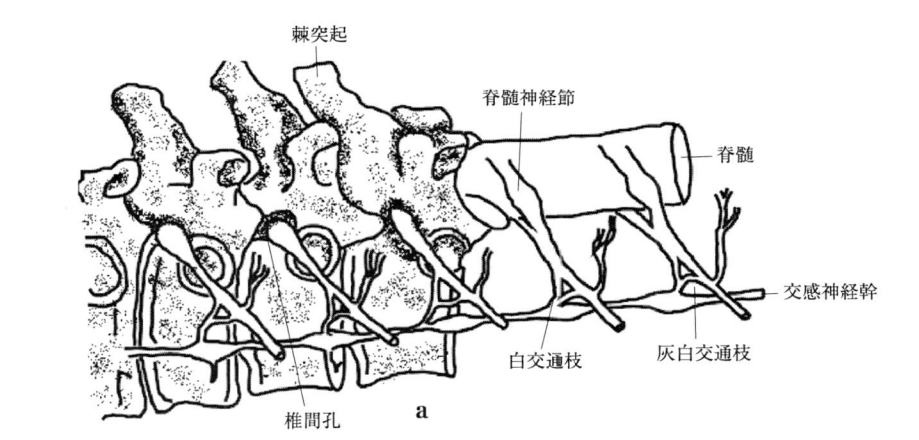

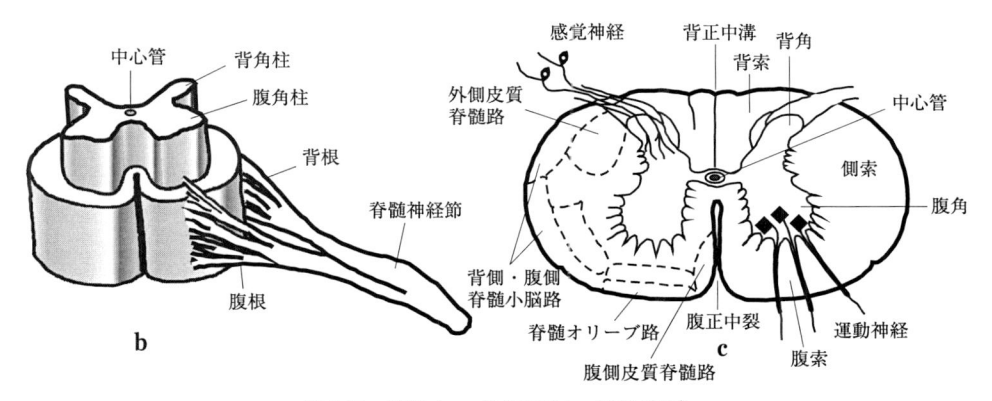

図5.10 脊髄 (a, c は加藤ほか, 1995改変)

脊髄内部は白質と灰白質に分けられる．白質は脳と末梢神経を連絡する神経線維の束の集まりである神経路より構成されている．白質はさらに背索，側索および腹索に分けられる．背索は主に上行性線維，腹索は下行性線維より構成されている．脊髄の中心部はH型をした灰白質が脊髄中心管を囲むように存在する（図5.10（c））．脊髄中心管は第四脳室につながる．背角は知覚性，側角は交感性，腹角は運動性の神経細胞が分布する．特に，腹角の運動性神経細胞は大型である．筋肉の運動を支配するのはこれら大型の運動神経細胞である．これらの細胞の軸索は腹根として脊髄腹角から出て背根とともに脊髄神経となる（図5.10（b））．背角は背根から知覚性の情報を受ける．背根を構成する神経の細胞体は脊髄の外の脊髄神経節というふくらみにある（図5.14（b））．脊髄神経節は背根と腹根の交わる手前の脊髄側にみられる．

白質と灰白質の相対的に占める割合は，頸髄より仙髄のほうが灰白質の割合が高くなっている．また，背角や腹角を連続的に立体視した場合，これらをそれぞれ背角柱，腹角柱という（図5.10（b））．また，灰白質全体を灰白柱ともいう．

家禽の脊髄も哺乳類と基本的な構造は同じだが，頸髄が15髄節となっている．また，腰仙膨大の高さには膠様体（グリコーゲン体：glycogen body）が存在するとともに腹索の外側辺縁には辺縁核がみられる（図5.11）．

5.1.4　末梢神経

末梢神経（peripheral nerve）とは脳神経（cranial nerve），脊髄神経（spinal nerve）および自律神経（autonomic nerve）をいう．

（1）脳神経

脳神経は，脳から出る12対の神経である（図5.12）．

嗅神経（第一脳神経）：　鼻腔上部の嗅上皮に分布する嗅細胞から出て篩骨の篩板にある多数の篩孔を貫き頭蓋腔に入り嗅球に終わる．実際には脳を取り出すときほとんど切れて，脳に付着してみられないので図5.12では点線で示す．一般的に哺乳類ではよく発達しているが鳥類では発達していない．

視神経（第二脳神経）：　網膜の網膜神経節細胞を起始とする神経線維の集束である．視神経は眼窩の奥の神経管を通って頭蓋腔に入り，下垂体の直前で視床下部の底部で視神経交叉を形成したのち左右に分かれ視索となり，間脳の外側膝状体や中脳の前丘や視蓋前域に終わる．また，一部の

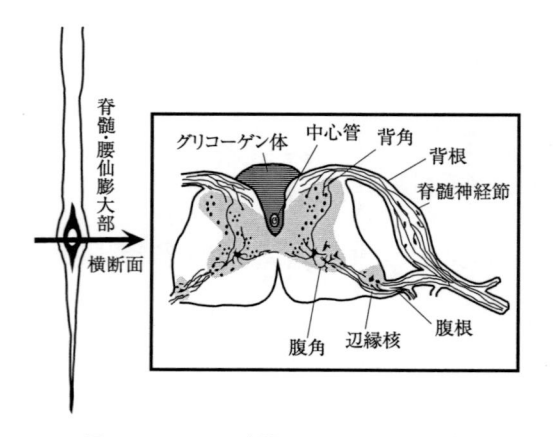

図5.11　ニワトリ脊髄およびグリコーゲン体

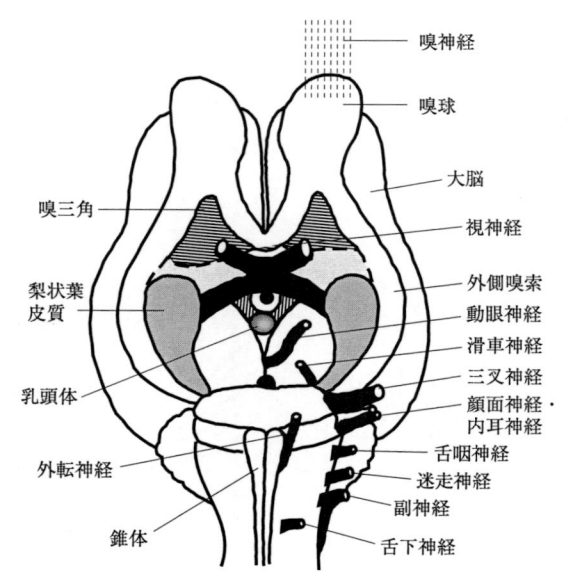

図5.12　脳神経と脳底模式図（加藤ほか，1995改変）

成分は視交叉のところで分かれ視床下部に入り，視交叉上核に至る．この成分が日周リズムなどの情報源になる．

動眼神経（第三脳神経）：　中脳の中心灰白質腹部にある動眼神経核を起始とする．内側直筋，背側直筋，腹側直筋，腹側斜筋を支配して眼球運動を起こす運動性の遠心性神経である．ただ，この中に瞳孔括約筋を支配する副交感神経が含まれている．

滑車神経（第四脳神経）：　中脳の後丘の後部端付近の，中心灰白質腹側部の滑車神経核から出て背側で交叉する．この交叉を滑車神経交叉という．まもなく背側から脳の外に現れ，背側斜筋に終わる．脳神経の中でこの神経だけが脳幹の背側から出る．

三叉神経（第五脳神経）：　脳神経中最も太く運動性，感覚性神経を含む．感覚性神経の終止核は三叉神経中脳路核，主知覚核，三叉神経脊髄路核で，運動性神経の起始核は三叉神経運動核であり，これらは中脳，橋，延髄にまたがっている（図5.8（b））．橋の腹外側から出てまもなくふくらんだ三叉神経節をつくり，そこで眼神経，上顎神経，下顎神経の3つに分かれるためこのような名前がある．顔面の知覚，咬筋，側頭筋など咀嚼に関する筋の運動を支配する神経でもある．

外転神経（第六脳神経）：　橋部に位置する外転神経核が起始核で，橋の下から出て上眼窩裂を通り，頭蓋腔から出て外側直筋に終止する運動性神経である．

顔面神経（第七脳神経）：　橋部にある顔面神経核が起始核である．顔面神経の主要な成分は運動神経線維であるが，このほかに舌の味覚線維と唾液腺や涙腺を調節する感覚や自律神経の成分を含む．運動性神経は顔面の筋を支配する．動物は耳をよく動かすが耳介筋群はこの神経により支配される．また，摂食によく動かす口輪筋，口唇挙筋など口唇の筋を支配するのもこの神経である．一方，味覚に関与する成分を鼓索神経といい，頭蓋腔から出てまもなく顔面神経の運動性神経から分かれ舌に入る．

内耳神経（第八脳神経）：　内耳神経は聴覚と平衡感覚にかかわる成分より構成される．どちらも求心性の神経であり，聴覚の情報は内耳の蝸牛から出て延髄の蝸牛神経核に入る．平衡感覚に関する情報は内耳半規管からはじまり橋の高さの前庭神経核に入る．

舌咽神経（第九脳神経）：　起始核は延髄にあり，耳管，舌および咽頭に分布し，知覚・味覚・運動に関与する．耳下腺の分泌に関与する耳神経節，心臓血管系の血圧受容体がある頸動脈間神経節にも終止する．

迷走神経（第十脳神経）：　延髄に起こり，頸静脈孔から頭蓋底に出て頸・胸・腹部の重要な臓器に分布し，心臓・胃・腸などの運動，知覚，分泌の機能を調節する．副交感性の自律神経である．

副神経（第十一脳神経）：　延髄と頸髄神経に起こる運動性神経である．延髄からのものは頸静脈孔を通り頭蓋底に出て咽頭筋などに分布する．頸髄上部からの神経は僧帽筋と胸鎖乳突筋に分布している．

舌下神経（第十二脳神経）：　延髄の舌下神経核を起始とする運動性神経であり，舌筋に分布する．家畜の場合，摂食行動には舌を器用に使うのでこの神経麻痺は摂食行動に致命的な障害をもたらす．

(2)　脊髄神経

脊髄神経は脊髄の各分節からいくつかのまとまりとなって，背根と腹根として出てくる（図5.10（b））．腹根は運動性の遠心性神経である．背根は感覚性の求心性神経であり細胞体は脊髄神経節にある．脊髄から出て脊髄神経節よりやや遠位のところで両者は合わさり脊柱管から出る（図5.10（a））．脊柱管から出る部位は，隣り合った椎骨と椎骨の前椎切痕と後椎切痕によって形成される椎間孔である（図5.10（a））．そこから出た後，それぞれ運動性と感覚性が混じった背枝と腹枝となり筋や皮膚に到達する．頸椎，胸椎，腰椎，仙

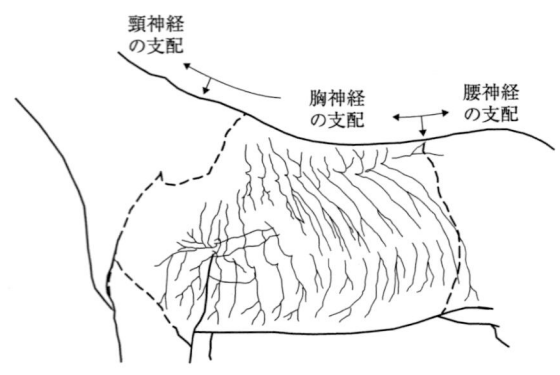

図 5.13 体表への脊髄神経分布（加藤ほか，1995改変）
皮膚へは脊髄から出た順を反映するように分布する．

椎，尾椎から出る脊髄神経を，それぞれ頸神経，胸神経，腰神経，仙骨神経，尾骨神経という．脊髄神経の数は脊髄の各分節の数と一致している（p.109「脊髄」参照）．

脊椎動物の体は，頭部は例外として，一定の数の分節（segments，体節：metameres）に分けられる．脊髄神経はその体節に従って分布しており（図 5.13），皮膚の知覚領域によって第何番目の脊髄神経が分布しているかおおよその区分ができる．このような脊髄神経の皮膚への分布を分節的神経分布（segmental innervation）という．

（3）自律神経

呼吸，消化，吸収，循環，分泌，泌尿生殖などの生命維持または種族維持機能にかかわる器官の調節をする．自律神経もその中枢は脳・脊髄にある．中枢からの神経は，直接標的器官に神経を送らず，一度はニューロン，すなわち標的器官の前のニューロンが存在する神経節を経由して標的器官に達する．中継ニューロンを経由する前を節前線維といい，その後を節後線維という．

自律神経系には交感神経と副交感神経があり，これら2つはそれぞれ拮抗的に作用し，器官の働きの調節を行う．この自律神経系は内臓各器官を無意識的かつ反射的に調節するが，その元は中枢によって支配をされており扁桃体，視床下部，中脳，延髄などがその中心である．視床下部は扁桃体，海馬，歯状回などの大脳辺縁系によって神経支配を受け，中脳や延髄の自律機能を制御している．

a. 交感神経

交感神経（sympathetic nerve）の節前線維は，胸髄・腰髄の側角から出る．脊髄の前根から出て，白交通枝（図 5.10（a））を経て脊柱の両側に達し，脊柱に沿って走行する交感神経幹（図 5.10（a），5.14（a））に連なっている交感神経幹神経節に至り，ニューロンをかえ，あるいは交感神経幹神経節を素通りして末梢の神経節に終わる（図 5.14（a）（b））．末梢の神経節の細胞体から節後線維として標的器官に分布する．例えば，頸部の場合，節前線維は前位の胸髄から出た後，大きな後頸神経節を経て，迷走交感神経幹とともに前方に向かい前頸神経節で節後線維にかわる．そして，唾液腺，涙腺などの器官に分布する．

b. 副交感神経

副交感神経（parasympathetic nerve）は脳幹と仙髄から節前線維が出る（図 5.14（a））．脳幹からは，動眼神経，顔面神経，舌咽神経が頭部の器官に至り，迷走神経は胸部と前腹部の内臓に分布する．仙髄から出たものは生殖器，膀胱など骨盤臓器に分布し，その機能を支配する．

動眼神経を経由するものは，動眼神経副核から節前線維が出て，それが眼窩の眼球裏に位置する毛様体神経節に至り，そこから出た節後線維が瞳孔括約筋に至って縮瞳を起こし，眼球に入る光の量を調節する（対光反射）．

顔面神経を経由するものは，鼓索神経を通り舌に達して味覚にかかわり，また下顎神経節で節後神経線維にかわり下顎，舌下腺などに分布する．顔面神経は，そのほか翼口蓋神経節で節後線維にかわり，涙腺，鼻腔などに分布する．

舌咽神経の一部は耳神経節に達し，そこからの節後線維は耳下腺に分布する．迷走神経は心臓，肺，胃，腸，肝臓，腎臓などに至り，その臓器の名のついた神経節で節後線維にかわり，神経叢をつくりその臓器の機能を調節する．

圧覚，痛覚，温覚，触覚などを感じる感覚でこれらの感覚の受容器は広く皮膚に分布する．

(1) 視覚器

視覚器（optic organ）は眼と副眼器（accessory optic organ）からなり，後者は眼瞼，涙器，眼筋をいう．

a. 眼球

眼球は眼窩に収まり，眼筋と脂肪によって包まれている．眼球の後方からは太い視神経が脳へ向かう．前面には透明な角膜があり，後方の約4/5は白色の強膜によって包まれている．内部構造についてみると角膜の後方は前眼房で，その後方には水晶体，硝子体が続き，最後は神経組織である網膜となる（図5.15 (a)）．

この網膜は何層にも分かれ，眼球後壁より色素上皮層，視細胞層，外顆粒層，外網状層，内顆粒層，内網状層，神経細胞層，神経線維層という（図5.15 (b)）．視細胞で受けた視覚情報は最終的に神経細胞層に伝わって，神経線維層の線維が集合して視神経となり眼球の後方から出て脳に達する．水晶体の直前には虹彩があり，縮瞳・散瞳をして入ってくる光の量を調節する．水晶体縁は毛様体が取り巻いていて，毛様体筋の収縮により水晶体（レンズ）の焦点を調節する．

毛様体，虹彩，脈絡膜を眼球血管膜という．脈絡膜は暗褐色で，強膜と網膜の間にあり，その一部に青色から金色に輝く輝板があり，暗いところで光る．前眼房と後眼房は眼房水というリンパ液で満たされ，絶えず代謝している．

ニワトリでは硝子体に突出した網膜櫛（pecten）というものがみられる（図5.15 (c)）．これは，脈管組織が特殊化したもので，代謝機能に関与すると考えられている．また，鳥類の強膜の毛様体付近には輪状の強膜骨がみられる．

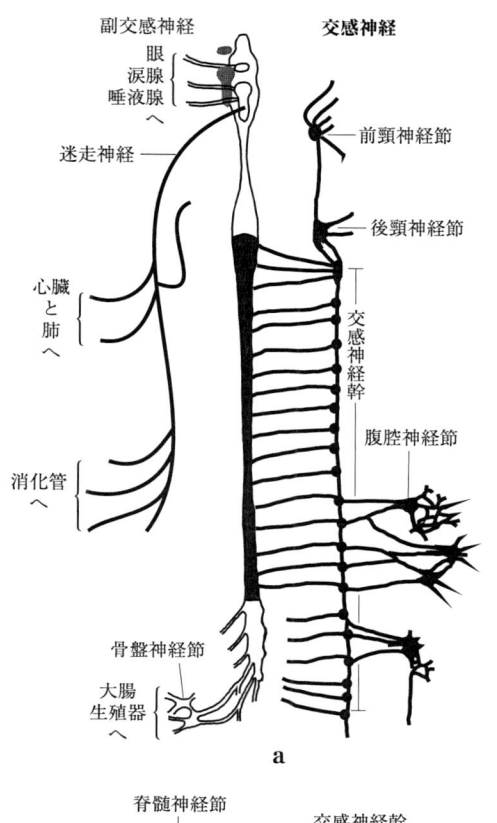

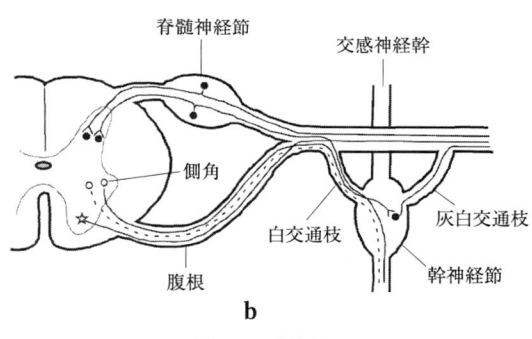

図5.14 自律神経

5.1.5 感覚器

動物が生活を営む上で外部環境の情報を受け取ることが必要である．感覚器（sensory organ）は，様々な感覚を取り入れる最初の組織である．感覚は特殊感覚と一般感覚に分けられる．特殊感覚とは視覚，聴覚，平衡感覚，味覚，嗅覚のことをいい，これらの感覚を受容するために特殊に分化したのが視覚器，平衡聴覚器，味覚器，嗅覚器である．一方，一般感覚は別名体性感覚ともいい

◻ **動物の目が夜光るのは？** ◻

ネコなどに夜暗闇で出会うと目が光ってみえる．あたかも目の奥から光を発しているかのようにみえる．ネコにかぎらず，家畜でも光って

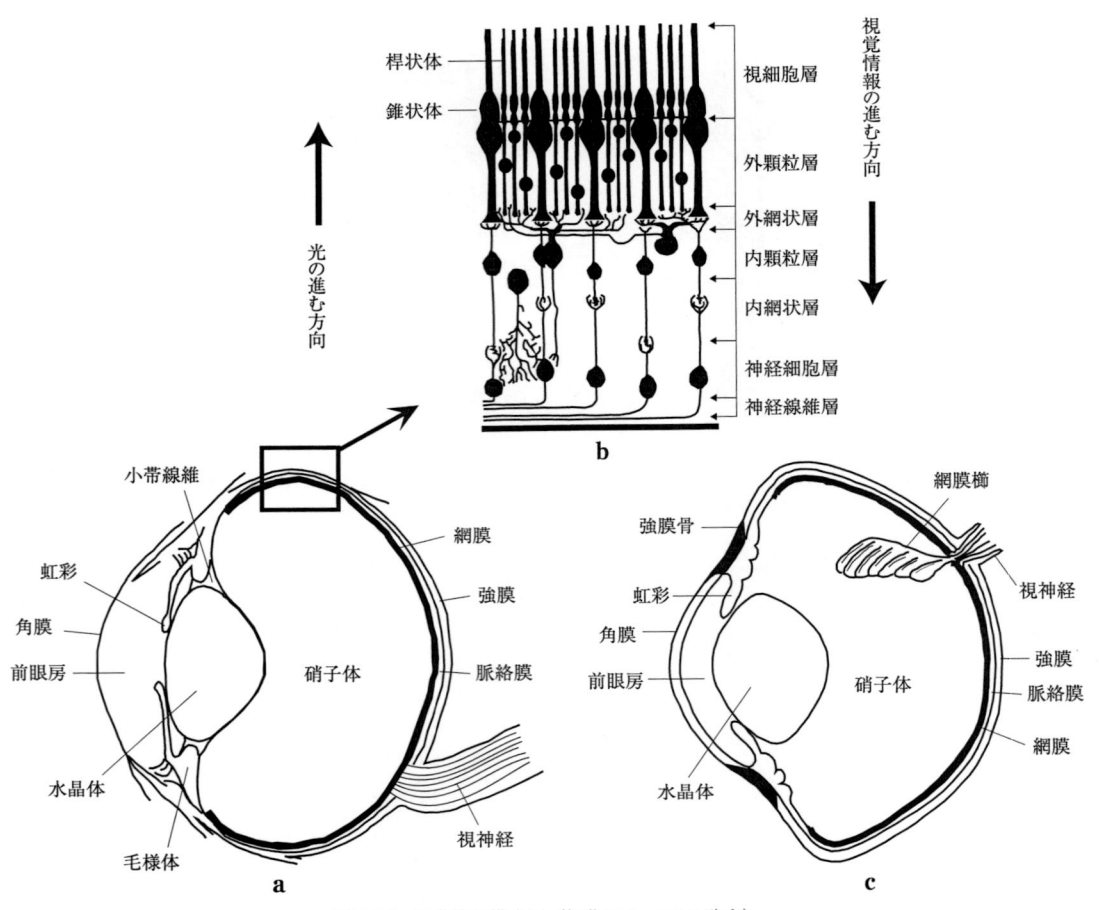

図 5.15 視覚器の模式図（加藤ほか，1995 改変）

みえる．網膜のすぐ外側にある輝板による．網膜を通過した光を反射させ再度視細胞に光を送り，光の量を増す働きをする鏡のようなものである．この光を増す機能によって動物は夜でも行動が可能となる．私達が動物の目から出るようにみえる光はこのときの反射光である．

(2) 平衡・聴覚器

a. 内耳

内耳には平衡感覚と聴覚を感じる器官がある（図5.16 (a)）．側頭骨岩様部中に骨迷路があり，その中に膜迷路が納まる．迷路の中心に卵形嚢があり，ここから3本のアーチ状の半規管が交互に直角になるように出る．その中は管になっており，頭の向け方により管内をリンパ液が流れ，卵形嚢および球形嚢中の平衡斑にある有毛感覚細胞を刺激する．半規管膨大部稜では加速を感知し，卵形嚢と球形嚢では体の傾きを感知する．有毛感覚細胞が受けた刺激は前庭神経節を経て脳へ送られ，平衡感覚として処理される．球形嚢とつながった蝸牛管はカタツムリの殻のようにらせん形になった袋で，蝸牛中の前庭階と鼓室階に挟まれ，蝸牛の中心を全長にわたって貫いている．蝸牛管にはラセン器（コルチ器）があり，音波によってその有毛感覚細胞が刺激され，その情報はラセン神経節を経て脳に伝達される．

b. 中耳

中耳は鼓室と耳管からなる（図5.16 (a)）．鼓室と外耳の間には鼓膜があって，ここで音の波を受ける．ここには耳小骨があり，鼓膜には小さなツチ骨が付着し，ツチ骨はキヌタ骨と関節する．

アブミ骨は豆状突起を介してキヌタ骨と結び，他方では鼓室内の空間を横切り，アブミ骨底が前庭窓を覆うように固定され，音波による振動を内耳に伝える．この間に音波は数十倍に増幅される．そのほか鼓室内には蝸牛窓があって，そこは第二鼓膜で閉ざされ，内方には蝸牛管に通ずる．

耳管は鼓室と咽頭を結び，耳管咽頭口に開く．通常は閉じているが，鼓膜外と内側の鼓室内の間で気圧の差が生じると鼓膜は一方に張り出し，音に反応できなくなる．このような時は，耳管咽頭口を通して，中耳と外耳間の気圧が同じくなるように調節される．ウマでは耳管の一部は拡張して耳管憩室（喉嚢）と呼ばれる．

c. 外 耳

外耳は耳介と外耳道からなる．耳介は皮膚と耳介軟骨からなる集音器で，耳介筋によって音がくる方向に向きを変えることができる．軟骨は弾性線維軟骨からなる．外耳道には外側に軟骨性外耳道があり，その奥に側頭骨の骨性外耳道が続き，鼓膜に終わる．

(3) 嗅覚器

嗅覚器は，後位の鼻粘膜にあり，黄褐色の部分が鼻粘膜嗅部である．この部位を嗅上皮という．その嗅上皮は液性の膜で覆われており，それに溶けた嗅物質は嗅細胞に作用し，この細胞から出た嗅神経は脳の嗅球へ臭いの情報を伝達する．

鋤鼻器はJacobson器官とも呼ばれ，鼻中隔基底部両側にあり管内壁は感覚細胞をもつ粘膜で覆われている．その感覚細胞は脳の副嗅球に線維を送る．鋤鼻器には鋤鼻管があり，その入り口である鼻口蓋管は上顎の前端にある切歯孔から鋤鼻器に通ずる．フェロモンを感受する器官である．

(4) 味覚器

味覚器は，舌乳頭にある味蕾で，その他軟口蓋，咽頭，喉頭の粘膜にも少数みられる．味蕾は味細胞と支持細胞からなる（図5.16（b））．味細胞の刺激は主として鼓索神経と舌咽神経によって脳へ伝えられる．味蕾の大きさは40〜80 μm で，その表面には味孔が開き，そこに味細胞の先端が集まっている．動物の舌には糸状乳頭，レンズ状乳頭，葉状乳頭，茸状乳頭，有郭乳頭とあるが味蕾を有する乳頭は葉状乳頭，茸状乳頭，有郭乳頭である．ウシの舌には約25000個，ウサギでは約17000個，成人では約9000個の味蕾があることが知られている．

鳥類の場合，舌は哺乳類ほど発達しておらず味蕾の数も少ない．その数はニワトリで約300個である．

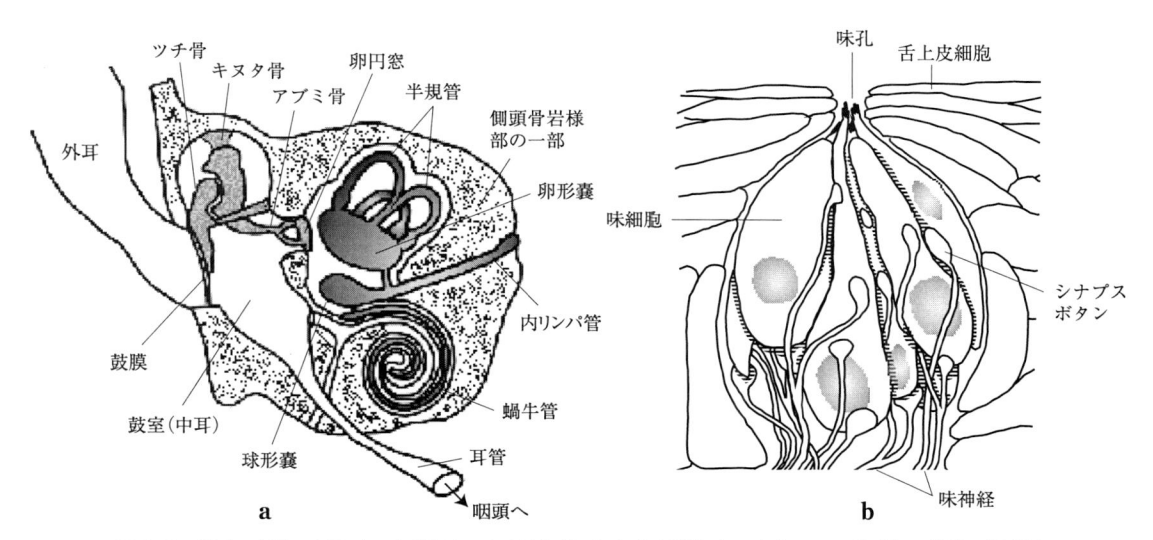

図5.16 外耳・中耳・内耳（a：加藤ほか，1995改変）および味覚器（b：高木，1994改変）の構造の模式図

図5.17 体表の知覚神経終末

(5) 感覚器としての皮膚

皮膚感覚として触覚，圧覚，痛覚および冷・温感覚があげられる．感覚器としての皮膚には下記の知覚終末がみられる．大部分の終末装置は真皮と皮下組織に存在する（図5.17）．

自由終末： 知覚神経終末が特別の装置を作らず樹枝状に細分して真皮および表皮内に分布する．

触覚小体： 触覚小体にはマイスネル小体（Meissner's corpuscles）とメルケル小体（Merkel's corpuscles）とがある．マイスネル小体は長さ100μmの楕円体状の装置で，その中に微小の知覚線維が入っている．メルケル小体は表皮の有棘細胞の特殊化したものである．ウマやイヌの口唇，イヌの足底などに分布する．

層板小体（ファーター・パチニ小体：Vater-Pacini corpuscles）： 皮下組織内にあって長さ50μmの長楕円の層板構造をしており，その層板内に神経線維が分布している．圧覚に関与する．

ルフィニー小体（Ruffini's corpuscles）： 有蹄類家畜の蹄真皮，イヌの足底の真皮などにみられる．

マァツイニー小体（Mazzoni's corpuscles）：口唇粘膜，陰茎亀頭などにみられる．

■ 練習問題 ■
1. 神経単位について説明せよ．
2. 感覚神経細胞と運動神経細胞の形態的な違いを答えよ．
3. 中枢神経と末梢神経において神経線維の髄鞘を形成する細胞の違いを答えよ．
4. 自律神経とはどのような神経か概略を説明せよ．
5. 神経系の構成を述べよ．
6. 脳を守る膜の種類を脳に近い側から順に答えよ．
7. 大脳皮質を形成過程の面から古い順に挙げよ．
8. 大脳の機能局在について説明せよ．
9. 脊髄の灰白質の割合は，尾髄から頸髄に向かうにつれて多くなるが，その理由を述べよ．
10. 頸膨大と腰膨大がなぜ形成されるのか答えよ．また，家畜の場合サルやヒトに比べ各膨大の形成は弱い．その理由を答えよ．
11. 腹角，背角，側角の働きを述べよ．
12. 脳幹を構成する脳の部位を挙げよ．
13. 視床と視床下部の働きについて整理せよ．
14. 小脳は脳幹となんと呼ばれるもので連結しているか述べよ．
15. 脳神経のうち，副交感神経を含むものを答えよ．

参考文献
加藤嘉太郎・山内昭二（1995）：改著　家畜比較解剖図説，養賢堂
高木雅行（1994）：感覚の生理学，裳華房

5.2 内分泌系

5.2.1 内分泌器官の解剖と組織

内分泌器官（endocrine organs）または内分泌腺（endocrine glands）は動物体内の様々な器官や組織の働きを化学的に調節する特殊な生理活性物質であるホルモン（hormone）を合成し，分泌する場所である．このような内分泌腺は外分泌腺（exocrine glands）とともに上皮性の分泌細胞の集塊であるが，外分泌腺では導管を介して分泌物を皮膚や粘膜などの上皮組織の表面に放出するのに対して，内分泌腺からの分泌物であるホルモンは血液，リンパ，または体液によって目的の器官（標的器官：target organs）に運ばれ，特異的に作用する．それらの標的器官において，ホルモンの作用を受ける細胞（標的細胞：target cells）にはそれらのホルモンに対する受容体（receptor）

が存在する．ホルモンの作用は神経系とは異なり，遅効性であるが，その効果は持続的であり，ともに協調して生体機能を調節する．

内分泌腺には下垂体，松果体，甲状腺，副腎，上皮小体（一部の動物では，甲状腺と共通の被膜で包まれているものもある）などのように明瞭な器官としてまとまったものとともに，膵臓の外分泌組織内に点在する膵島をはじめ，雌雄の生殖腺や腎臓，心臓などの組織内に混在する内分泌組織もみられる．さらに，近年，種々の組織から分泌される新しいホルモン物質も発見されてきている．

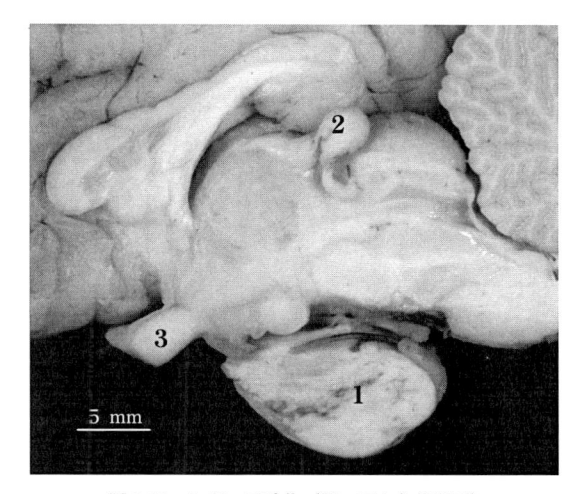

図5.18 ヤギの下垂体（脳の正中矢状断面）
1：下垂体，2：松果体，3：視神経交叉．

5.2.2 内分泌器官の組織構造
(1) 下垂体
a. 下垂体の位置と形態

下垂体（pituitary gland または hypophysis）は通常，脳底の蝶形骨下垂体窩に位置する小体で，口腔上皮由来の腺性下垂体（adenohypophysis）と第三脳室底の神経組織由来の神経性下垂体（neurohypophysis）から構成され，視床下部と連結している（図5.18）．前者は前葉（主部），中間部，隆起部からなり，後者は正中隆起，漏斗柄および後葉（神経葉）からなる．反芻類家畜，ブタ，ウサギにおいて，前葉は後葉の前腹側に位置し，それらの間に薄い中間部が介在するが，ウマ，イヌ，ネコなどでは前葉と中間部が後葉を包むように後背側に伸展する（図5.19）．このように中間部の発達は動物種によって著しく異なっており，ゾウやクジラなどの大型哺乳類や鳥類のものでは中間部を欠く．また，反芻類家畜，ブタ，イヌ，ウサギなどでは，前葉と中間部との境界にラトケ嚢のなごりである下垂体腔がみられる．

b. 腺性下垂体の構造と機能
前葉

前葉は主として6種類の前葉ホルモンを分泌する細胞から構成される．すなわち，成長ホルモン（growth hormone：GH），甲状腺刺激ホルモン（thyroid stimulating hormone：TSH），性腺刺激ホルモン（gonadotropic hormone：GTH）である卵胞刺激ホルモン（follicle stimulating hormone：FSH）と黄体形成ホルモン（luteinizing hormone：LH），副腎皮質刺激ホルモン（adrenocorticotropic hormone：ACTH），乳腺刺激ホルモン（lactotropic hormone：LTH）またはプロラクチン（prolactin）である．それらのホルモンを産生する細胞は，当初，アザン染色などによっ

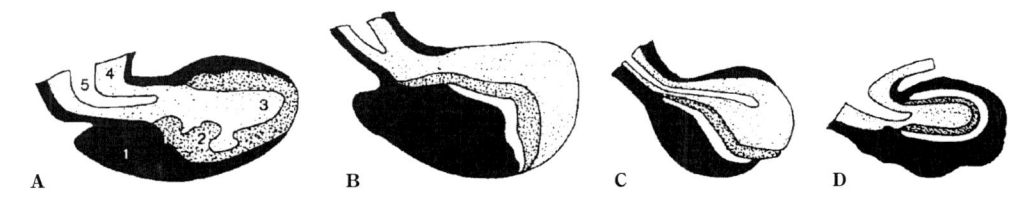

図5.19 哺乳類の下垂体正中断面の模式図（Dyce et al., 1987）
A：ウマ，B：ウシ，C：ブタ，D：イヌ．
1：下垂体前葉，2：中間部，3：下垂体神経葉，4：下垂体柄，5：第三脳室陥凹．

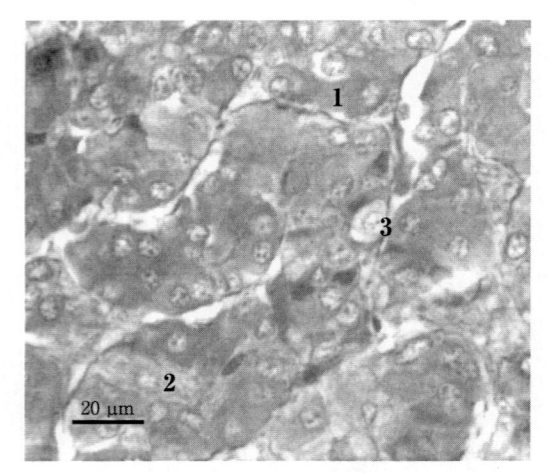

図 5.20 ヤギの下垂体前葉分泌細胞（アザン染色）
1：酸好性細胞，2：塩基好性細胞，3：色素嫌性細胞．

て，酸好性細胞，塩基好性細胞，色素嫌性細胞の3種類に分けられたが（図5.20），染色法の改良によって，2種類の酸好性細胞（GHおよびLTH）および3種類の塩基好性細胞（TSH, FSH, LH），さらに，1種類の両好性細胞（ACTH）に細分化された．その後，電子顕微鏡を用いた観察によって，分泌顆粒の形状や分布状態を指標として細胞分類されるようになった．さらにその後，各種前葉ホルモンに対する抗体を用いた光学顕微鏡および電子顕微鏡レベルの免疫組織化学的手法の発達により，6種類の前葉細胞が同定されるようになった（図5.21）．しかし，これらの各前葉細胞の染色性や微細構造は，動物種や加齢および機能状態の違いによって，著しく変動することが知られている．

中間部

中間部は塩基好性細胞と色素嫌性細胞からなり，後者は未分化の細胞であるが，前者からはメラニン細胞刺激ホルモン（melanocyte stimulating hormone：MSH）が分泌される．MSHは両生類や爬虫類では皮膚のメラニン色素細胞に作用して，メラニン顆粒を細胞内に分散させることによって体色を黒化させるはたらきを有している．しかし，哺乳類ではMSHがメラニン細胞に作用せず，そのはたらきは不明で，中間部の機能も明

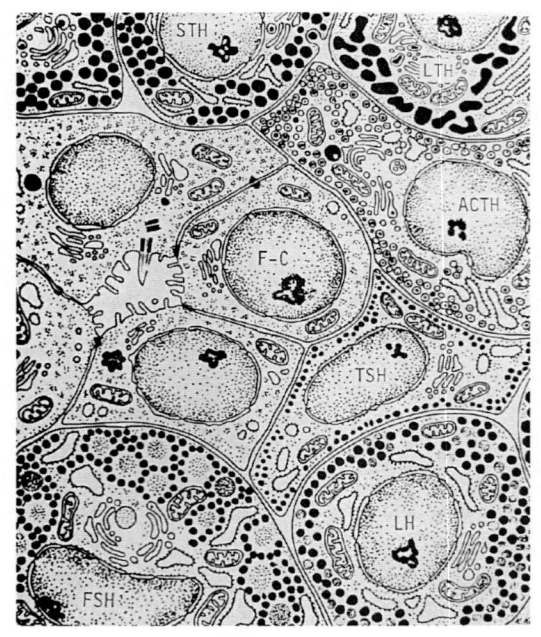

図 5.21 ラット下垂体前葉細胞の微細構造の模式図
(Kurosumi, 1968)
STH：成長ホルモン産生細胞，LTH：乳腺刺激ホルモン産生細胞，ACTH：副腎皮質刺激ホルモン産生細胞，FSH：卵胞刺激ホルモン産生細胞，LH：黄体形成ホルモン産生細胞，TSH：甲状腺刺激ホルモン産生細胞，F-C：濾胞星状細胞．

らかにされていない．

下垂体門脈系

内頸動脈の枝である下垂体動脈は正中隆起表面で第一次毛細血管網を形成後，数本の静脈（下垂体門脈）にまとまってから前葉に入り，再び第二次毛細血管網を形成する（図5.22）．視床下部の神経細胞によって産生される種々の放出および放出抑制ホルモン（因子）は，第一次毛細血管網において血中に取り込まれ，第二次毛細血管網において前葉細胞に作用してホルモン産生をコントロールする．

c. 神経性下垂体の構造と機能

下垂体後葉は，グリア細胞の一種である後葉細胞とともに視床下部の視索上核（supraoptic nucleus）と室傍核（paraventricular nucleus）に属する大形神経細胞から伸びる神経突起（軸索）の終末部を含んでいる（図5.22）．哺乳類で

5.2 内分泌系

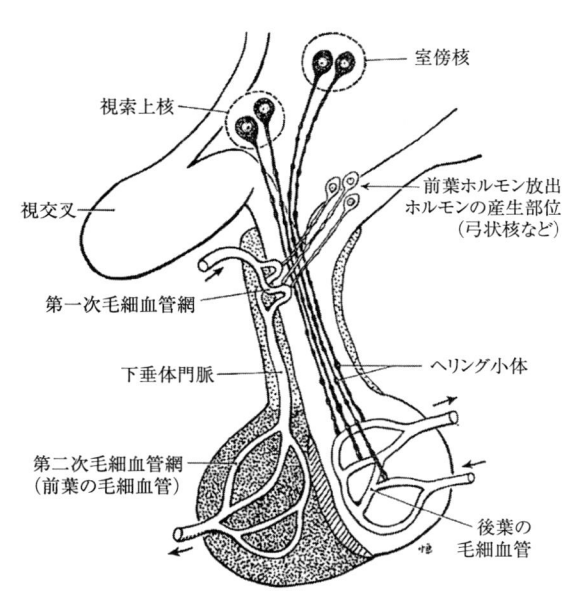

図 5.22 視床下部と下垂体との機能的連絡の模式図（下垂体門脈系と後葉の神経分泌）（藤田ほか，1992）

（図中ラベル：室傍核，視索上核，視交叉，第一次毛細血管網，下垂体門脈，第二次毛細血管網（前葉の毛細血管），前葉ホルモン放出ホルモンの産生部位（弓状核など），ヘリング小体，後葉の毛細血管）

□ 神経内分泌とパラニューロン説 □

神経分泌（neurosecretion）という概念は，硬骨魚のハヤの視索前核における神経細胞の分泌像の観察により示唆された．その後，視索上核や室傍核の神経細胞で染色された物質が神経突起内を通って下垂体後葉に下降することが明らかにされ，神経細胞が分泌機能を営むことが確証された．さらに近年，内分泌組織や感覚組織，消化管などに存在するペプチド・アミン分泌性の内分泌細胞は，神経系由来ではないものも含まれるが，ニューロンと共通した細胞生理学的特徴を有していることからパラニューロン（paraneuron）と呼ばれ，ニューロンと比較研究されるようになった．

は，前者の神経細胞において産生されるオキシトシン（oxytocin）は子宮筋を収縮させて分娩を促進し，乳腺に作用して乳汁の排出を引き起こす．後者の神経細胞で産生されるバゾプレッシン（vasopressin）は抗利尿作用を有し，血圧を上昇させる．これらの神経分泌物は軸索を通って後葉に運ばれ，必要に応じて血中に放出される．しばしば，これらの軸索内に分泌顆粒の集積によるふくらみがみられ，ヘリング小体と呼ばれている．

(2) 松果体

a. 松果体の比較解剖

脊椎動物の松果体（pineal body, pineal organ）または上生体（epiphysis）は間脳の第三脳室背壁の膨出によって形成された器官で，円口類から爬虫類までの下等脊椎動物では，嚢状を呈した松果体の内腔はしばしば脳室腔と連絡し，松果体の吻側（腹側）には副松果体が存在する．副松果体は無尾両生類では光受容細胞が集積した前頭器官（frontal organ），爬虫類の一部では側眼の水晶体や網膜と相同の構造をそなえた頭頂眼に発達し，明瞭な光受容組織を形成している（図 5.23）．一方，鳥類や哺乳類では，副松果体はみられず，松

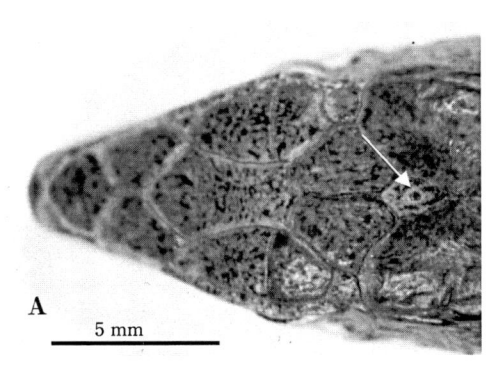

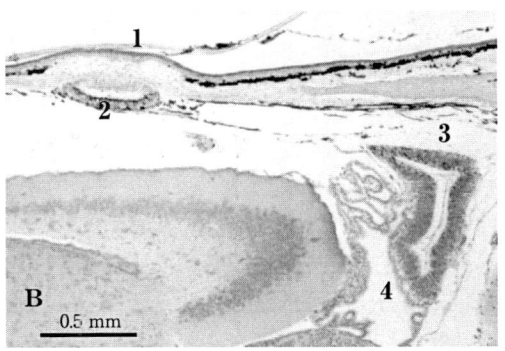

図 5.23 カナヘビの頭頂眼と松果体
A：カナヘビの頭頂鱗板における頭頂孔（矢印），B：カナヘビの頭部の矢状断切片，ヘマトキシリン・エオシン染色．
1：頭頂孔，2：頭頂眼，3：松果体，4：第三脳室．

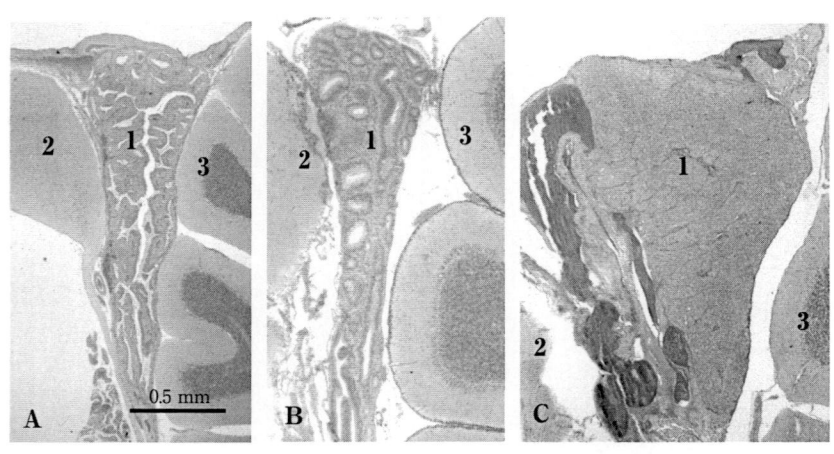

図5.24 鳥類の松果体（矢状断切片のヘマトキシリン・エオシン染色）
A：オナガ，B：ウズラ，C：ニワトリ．
1：松果体，2：大脳，3：小脳．

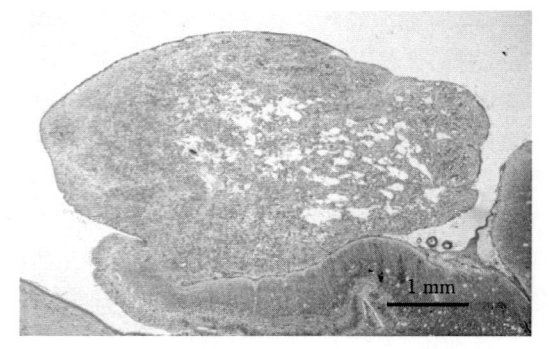

図5.25 ヤギの松果体（矢状断切片のアザン染色）

果体本体のみ存在し，哺乳類では，充実した実質状であるが，鳥類では種によって異なり，嚢状，濾胞状および実質状を呈し，下等脊椎動物から哺乳類への移行型を示すものとみなされている（図5.24, 5.25）．

b. 松果体の構造

下等脊椎動物の松果体を構成する松果体細胞（pinealocytes）には，通常，側眼の視細胞と類似した光受容型細胞とともに，光受容構造が退化して多数の分泌顆粒を有する分泌型細胞の2種類がみられる．系統発生の過程で光受容型のものが減少し，哺乳類では，分泌型の松果体細胞のみから構成されるようになる．光受容型の松果体細胞は，視物質が局在する円板状の膜の集積からなる外節，ミトコンドリアの密な集団からなるエリプソイドを含む内節，基底突起内にシナプスリボンとともに，しばしば有芯小胞を有し，その光感受性は電気生理学的にも証明されている．一方，哺乳類における分泌型松果体細胞には，メラトニンを含む有芯小胞が特徴的で，外節や内節を欠くが，基底突起内のシナプスリボンは残存している（図5.26）．

c. 松果体の機能

松果体は下等脊椎動物においては内分泌機能を有する光受容器官で，環境の光情報を直接受容し，求心性神経を介して中枢に伝達するとともに，メラトニン（melatonin）を分泌することが知られている．系統発生の過程において，松果体の光受容機能は退行し，内分泌機能が増強した結果，哺乳類では交感神経系を介して光情報をメラトニン分泌出力に変換する内分泌器官の様相を呈し（松果腺：pineal gland），爬虫類の一部や鳥類において，それらの移行型がみられる（図5.26）．トリプトファンからメラトニンへの合成経路において，セロトニンからN-アセチルセロトニンを合成するN-アセチル転移酵素（NAT）の日周リズムによって，メラトニン分泌リズムが形成されることが示されている．このようなメラトニンは生殖腺や他の内分泌腺機能をコントロールし，繁

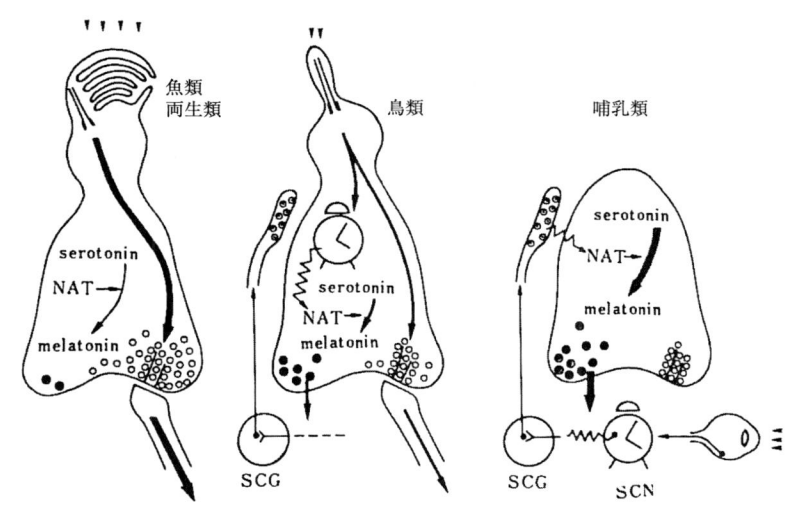

図 5.26 松果体細胞とその神経支配を示す模式図（小川ほか，1985）
NAT：セロトニン-N-アセチルトランスフェラーゼ，SCG：前頸神経節，SCN：視交叉上核.

殖活動における行動活性の日周リズムや季節リズムの形成に重要な役割を果たすと考えられているが，その作用機構に関しては不明な点が多い．

□ **松果体は第三の眼** □
　下等脊椎動物において，視覚（visual perception）と光受容（photoreception）の機能は異なる器官で受けもたれ（前者は両側眼，後者は松果体），進化の過程で両機能は側眼を窓口にしたシステムに統合されていった．ある種のトカゲの松果体から派生する頭頂眼は，レンズや網膜などを有する光受容器であり，「第三の眼」と注目されている．また，ヒトの松果体は古代ギリシャ時代から機能上の最高の意義を与えられ，中世の有名な哲学者であるデカルトも「魂の座するところ」(seat of the soul) とみなしていた．一方，下垂体はその位置から，中世の解剖学者ベサリウスでさえ，脳内に貯まった粘液を濾過して鼻や口に送り込むための器官としか考えていなかったようである．

(3) 甲状腺

a. 甲状腺の位置と形態

　哺乳類の甲状腺（thyroid glands）は喉頭付近の上部気管の両側面に位置し，左右の葉が，通常，気管の腹側で峡部（isthmus）を形成して連結している．峡部の形態は動物種によって著しく異なり，ウシではウマより比較的発達した実質性峡部であるが，小型反芻動物では未発達で結合組織性を呈し，イヌやネコではしばしば，欠くこともある．一方，ブタやウサギの甲状腺峡部は左右葉よりも大きく発達している．

b. 甲状腺濾胞の構造と機能

　甲状腺実質は多数の小球状の濾胞（follicle）から構成され，各濾胞は毛細血管網で取り囲まれている．濾胞壁は単層の扁平から立方状の濾胞上皮からなり，濾胞腔内にはコロイド（colloid）が蓄積されている（図5.27）．濾胞上皮細胞から分泌されるサイログロブリン（thyroglobulin）は濾胞腔内にコロイドとして貯えられ，下垂体からのTSHの作用によって上皮細胞内に再吸収され，加水分解によってサイロキシン（thyroxine，またはテトラヨードサイロニン：T_4）とトリヨードサイロニン（T_3）を甲状腺ホルモンとして分泌する．これらの甲状腺ホルモンはタンパク合成を促すことによって新陳代謝を増進し，からだの成長・分化や脳の発達を促進する．甲状腺機能が亢進すると，コロイドは小さく，濾胞上皮細胞は丈が高く，核が大形円形になり，活発な様相を呈するようになる（図5.27）．

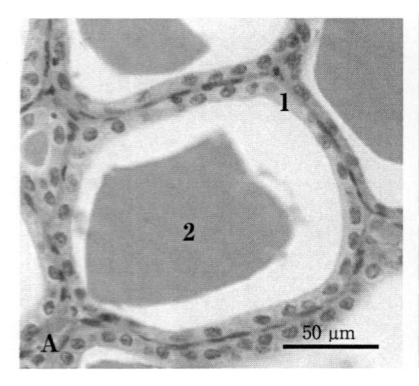

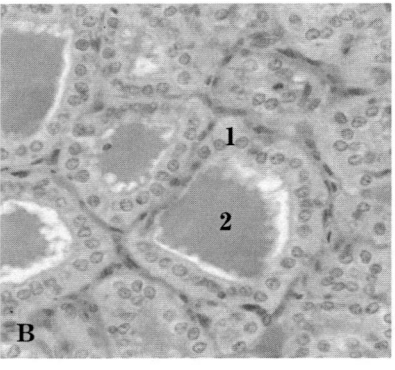

図5.27 ヤギの甲状腺（ヘマトキシリン・エオシン染色）
A：機能低下状態，B：機能亢進状態．
1：濾胞上皮細胞，2：コロイド．

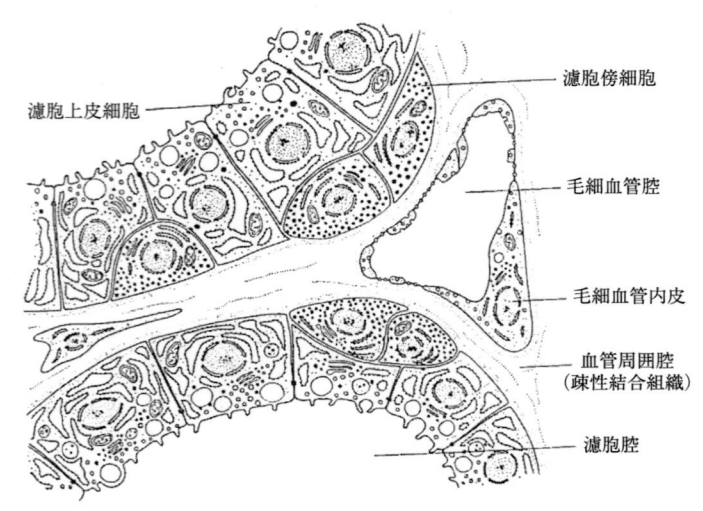

図5.28 甲状腺濾胞上皮細胞と濾胞傍細胞の微細構造の模式図（小川ほか，1985）

電子顕微鏡による観察では，甲状腺濾胞上皮細胞はよく発達した粗面小胞体においてサイログロブリンの前駆物質を合成し，ゴルジ装置で糖を付加させた後，濾胞腔内に開口分泌する．エンドサイトーシスによって濾胞上皮細胞内に再吸収されたサイログロブリンは水解小体によってサイロキシンとT_3に加水分解され，顆粒を形成せずに基底部から毛細血管周囲に放出される（図5.28）．

c. 濾胞傍細胞の分布と機能

哺乳類において，甲状腺の濾胞上皮の基底側や上皮細胞間には，しばしば，比較的大形で明調な濾胞傍細胞またはC細胞（parafollicular cells/C cells）と呼ばれる細胞が分布している（図5.29）．この種の細胞はイヌ，モルモット，ラット，マウス等で明瞭に識別され，濾胞上皮細胞のものに比べて核は大きく，粗面小胞体は小形であるが，や

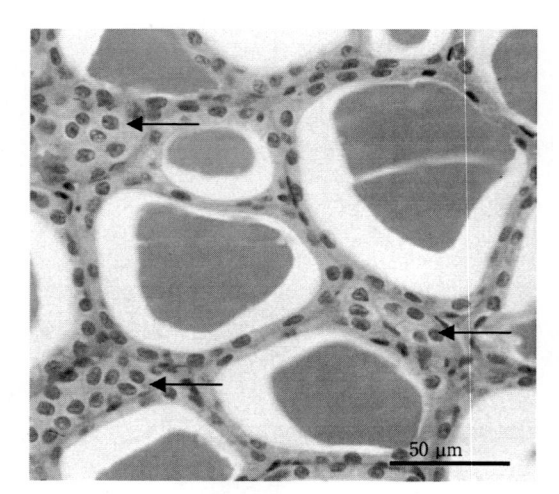

図5.29 ヤギの甲状腺濾胞傍細胞（ヘマトキシリン・エオシン染色，矢印：濾胞傍細胞）

や発達したゴルジ装置とその周辺にみられる直径150〜200 nmの多数の分泌顆粒が特徴的である．

濾胞傍細胞から分泌されるカルシトニン（calcitonin）は，血中のカルシウム濃度を低下させ，後述する上皮小体ホルモンと拮抗関係にある．

□ 甲状腺はなぜ濾胞構造をとるのか？ □
　濾胞とは腺細胞が腔を囲んで球状に配列し，その腔内に分泌物を貯蔵する構造であり，甲状腺のものが代表的である．甲状腺では，上皮細胞内で合成されたサイログロブリンが濾胞腔内に分泌された後，濾胞腔内においてサイログロブリン分子中に含まれるタイロシンがヨードと結合してヨードタイロシンとなる．さらに，これらのヨードタイロシンはサイログロブリン分子の中で互いに縮合（coupling）してサイロキシンとT_3を形成する．TSHの刺激によって上皮内に再吸収されたサイログロブリンは加水分解によってサイロキシンとT_3を解放し，細胞基底部から放出する．すなわち，甲状腺では，内分泌細胞で合成された糖タンパクにヨードを結合させ，さらにそれらを相互に縮合させる場を必要とするのである．

(4) 上皮小体
a. 上皮細胞の位置と形態
　哺乳類の上皮小体（parathyroid glands）は米粒大の大きさで，通常，甲状腺に近接して左右各1対で合計4個存在し，甲状腺の被膜に包まれているものや，実質内に混在しているものもある（図5.30）．鳥類，爬虫類，両生類では，甲状腺から離れて心臓との間に1～2対みられる．なお，上皮小体はしばしば副甲状腺とも呼ばれるが，甲状腺付近に散在する小型の副甲状腺（accessory thyroid glands）とは異なる組織である．それらは発生段階に甲状腺原基から分離して生じたもので，甲状腺と同様の濾胞構造を呈している．

b. 上皮小体の構造と機能
　しばしば，結合組織性の被膜で包まれた上皮小体実質は，主として不規則な索状に配列する主細胞（cheaf cells）からなるが，ヒト，サル，ウマ，ウシ，イヌ，コウモリなどでは酸好性細胞（oxyphil cells）が混在している．主細胞は通常，円形から楕円形の核とよく発達した粗面小胞体，ゴルジ装置，直径200～300 nmの電子密度の高い顆粒を有し，これらの顆粒内にはパラトルモン（parathormone：PTH）が含まれる（図5.31）．パラトルモンは骨組織の破骨細胞による骨吸収作用を活発にし，腎臓の尿細管上皮細胞におけるカルシウムイオンの再吸収を増加させ，小腸からのカルシウム吸収を促進することによって，血中のカルシウム濃度を上昇させる作用がある．主細胞はさらに明調と暗調の2種類の細胞に区別され，明調のものでは粗面小胞体の発達が悪く，分泌顆粒も少なく，比較的不活発な様相を呈しており，

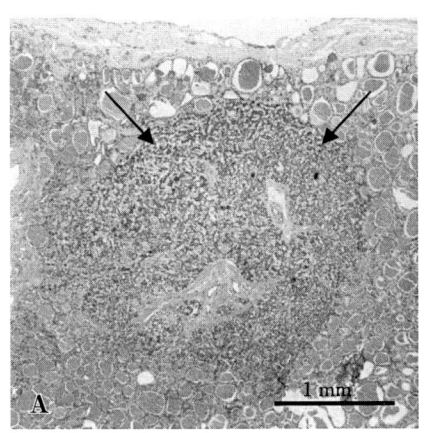

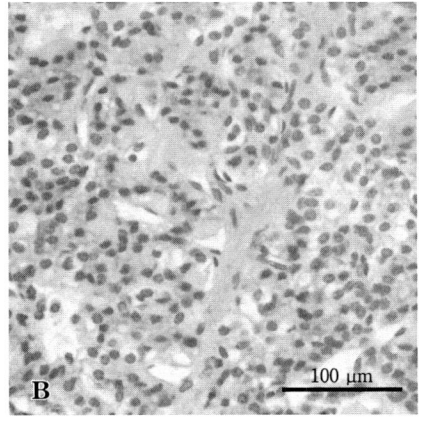

図5.30　ヤギの上皮小体（ヘマトキシリン・エオシン染色）
甲状腺組織内に上皮小体（矢印）が埋没している（BはAの一部拡大）．

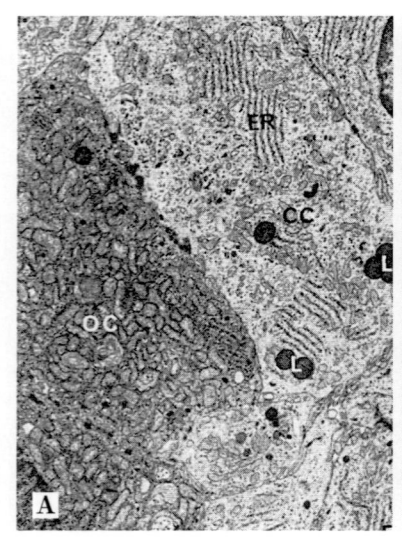

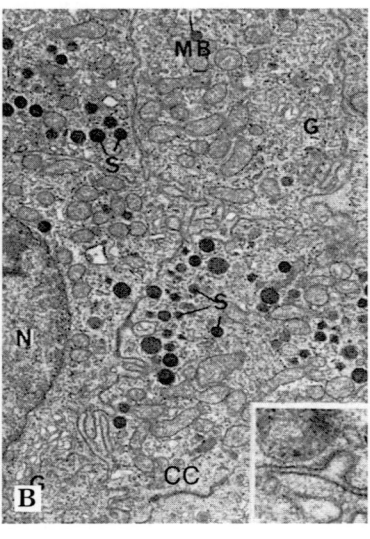

図5.31 ニホンザル（A）とウサギ（B）の上皮小体の微細構造（小川ほか，1985）
CC：主細胞，OC：酸好性細胞，S：主細胞の分泌顆粒，L：リソゾーム，G：ゴルジ装置，ER：粗面小胞体，N：核，MB：多胞小体．

しばしば，多数のグリコーゲン顆粒を含んでいる．また，一部の動物でみられる酸好性細胞は主細胞より大形で，多数のミトコンドリアの存在のために酸好性色素に好染するが，顆粒は含まれず，機能については明らかにされていない（図5.31）．

□ **カルシウム代謝調節機構の比較解剖** □

　哺乳類や鳥類における血中カルシウム濃度は，上皮小体から分泌されるパラトルモンによる積極的なカルシウム濃度の上昇作用によって維持されており，甲状腺の濾胞傍細胞からのカルシトニンは血中のカルシウムレベルの微妙な調節を補助的に行うのみであることが知られている．鳥類以下軟骨魚類までの動物では，濾胞傍細胞が甲状腺から独立して鰓後体（ultimobranchial body）という腺を形成し，それらの鰓後体から分泌されるカルシトニンは哺乳類のものの20倍以上の力価を有している．また，魚類以下の動物では上皮小体を欠き，血中のカルシウム濃度の調節は間腎組織であるスタニウス小体が担っている．

---

(5) 副　腎
a. 副腎の位置と形態

　哺乳類の副腎（adrenal glands）は腹腔内背側の腎臓付近の腹大動脈と後大静脈を介してそれらの左右に1対存在し，ウシでは右側がハート形，左側がコンマ状を呈するが，それらの位置や形は動物種によって異なる．通常，若齢個体の副腎は成獣のものより大きく，雌では，妊娠中や泌乳中の副腎は生殖機能が不活発な時期のものより大きくなる傾向がみられる．副腎は中胚葉起源である間腎系のステロイド産生組織と，外胚葉起源で交感神経節の節後神経に相当するカテコールアミン産生組織からなる．哺乳類では後者が中心部に位置し（副腎髄質：adrenal medulla），前者（副腎皮質：adrenal cortex）がそれを包囲する（図5.32）．両者の組織は鳥類や爬虫類の一部では混在し（図5.33），軟骨魚類ではそれぞれ独立した器官を形成する．また，髄質細胞はクロム塩を含む固定液で黄褐色に染まることから，クロム親和性細胞（chromaffin cells）とも呼ばれる．

b. 副腎皮質の構造と機能

　副腎皮質は以下のような3層構造から構成され，それらの機能は下垂体から分泌されるACTHによって調節される．

球状帯

　球状帯（zona glomerulosa）は被膜の直下で最も表層にあり，小形暗調の細胞群が球状または弓状に配列した層で，鉱質コルチコイド（アルドステロン）を分泌し，体内における電解質と水分の

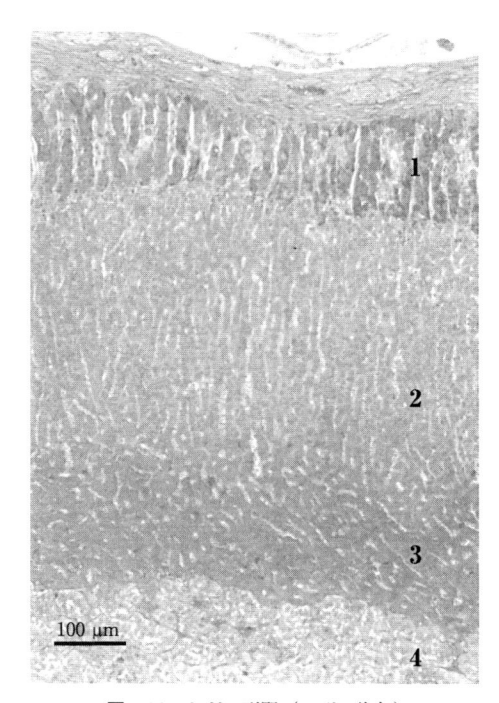

図5.32 ヤギの副腎（アザン染色）
1：皮質球状帯，2：皮質束状帯，3：皮質網状帯，
4：髄質.

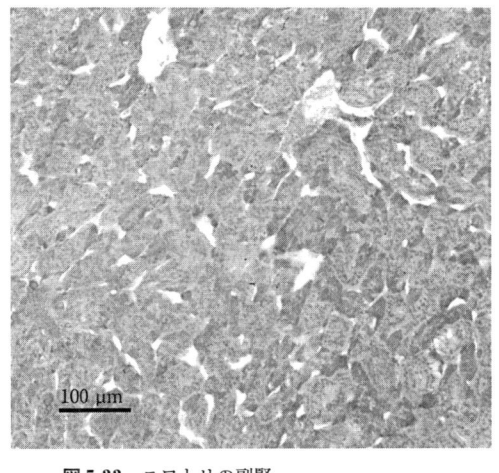

図5.33 ニワトリの副腎
（ヘマトキシリン・エオシン染色）

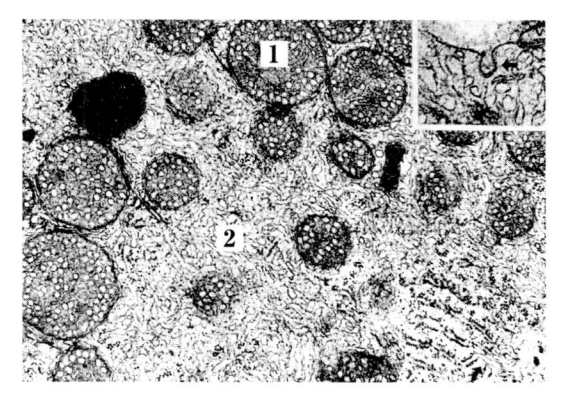

図5.34 ヒトの副腎皮質束状帯細胞の微細構造
（小川ほか，1985）
1：ミトコンドリア，2：滑面小胞体.

チコイド（コルチゾン，コルチゾール）を分泌し，糖質，タンパク質，脂質代謝に幅広い効果を及ぼす．

網状帯

　網状帯（zona reticulata）は皮質の最深部にあり，髄質に接し，束状帯のものより幾分小形で立方形の細胞索が不規則な網状を呈して配列した層で，性ホルモン（アンドロゲン）を分泌し，生殖腺から分泌される性ホルモンの補助的な作用を及ぼす．

　副腎皮質の3層の細胞の微細構造において共通的にみられる特徴は，小管状ないし小胞状のクリスタをもつミトコンドリア，よく発達した滑面小胞体，脂肪滴の存在で，ステロイド産生細胞特有の構造を呈しており，特に，滑面小胞体の発達と脂肪滴の数量は束状帯において顕著である（図5.34）．

c．副腎髄質の構造と機能

　副腎髄質はアドレナリン産生細胞とノルアドレナリン産生細胞の髄質細胞とともに，少数の神経細胞からなり，髄質細胞の機能は交感神経によって直接支配されている．アドレナリン産生細胞とノルアドレナリン産生細胞は層板状のクリスタをもつミトコンドリアやゴルジ装置とともに直径100〜300 nmの特徴的な有芯顆粒（後者のほうが幾分電子密度が高い）を含み（図5.35），交感

恒常性維持に関与する．

束状帯

　束状帯（zona fasciculata）は皮質の中間に位置し，最も厚く，大形で多角形の明調細胞が被膜に対して直走して索状に配列した層で，糖質コル

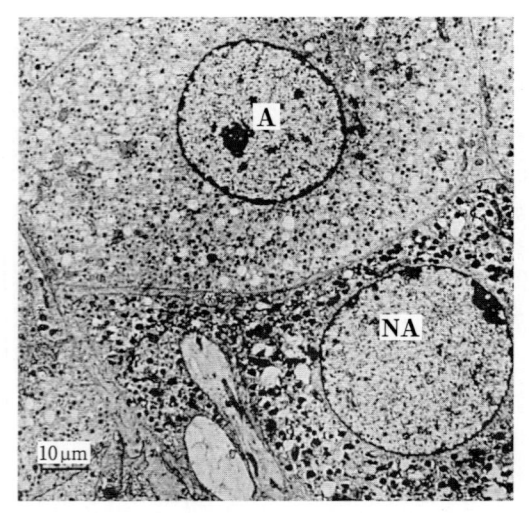

図 5.35 マウス副腎髄質細胞の微細構造（小川ほか, 1985）
A：アドレナリン産生細胞，NA：ノルアドレナリン産生細胞．

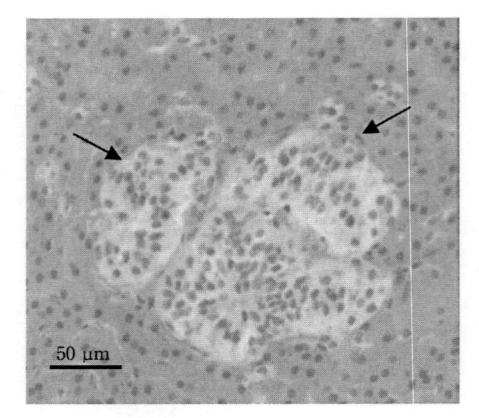

図 5.36 ヤギの膵島（ヘマトキシリン・エオシン染色）
膵臓の外分泌組織内に明調の膵島（矢印）がみられる．

神経との間にシナプスを形成する．副腎髄質から分泌されるアドレナリンやノルアドレナリンはストレスに対して，速やかにエネルギー供給の準備状態を高め，生体反応を調節する役割を果たしている．

□ 神経-内分泌-免疫のクロストーク-1 □

以前から副腎皮質と視床下部・下垂体系および副腎髄質と自律神経系などの関係はよく知られていたが，神経系と内分泌系と免疫系は基本的には別々の系統として扱われていた．最近の知見では，内分泌細胞が産生するホルモンと神経細胞が産生する神経伝達物質，免疫細胞が産生するサイトカインは互いに共通したペプチドからなり，それらの受容体も共通していることが証明されてきた．さらに，神経系による免疫系への影響，免疫系による内分泌系の調節，内分泌系による免疫系の修飾など，それらの器官の間の機能的連携も多数報告されてきた．このように生体の恒常性（ホメオスターシス）を維持するために，神経-内分泌-免疫が密接なネットワークで連携し，一つのシステムを形成していることが明らかにされてきた．

(6) 膵島

a. 膵島の形態と機能

膵臓（pancreas）は大部分が消化酵素に富んだ膵液を分泌する外分泌組織からなるが，それらの間に内分泌細胞が島状に集積した膵島（pancreatic islets）が点在し，発見者の名にちなんでランゲルハンス島（islets of Langerhans）とも呼ばれる（図 5.36）．脊椎動物の膵島は，直径 100～500 μm の円形から多角形を呈し，主として，A細胞，B細胞，D細胞の3種類の内分泌細胞から構成され，近年，PP細胞の存在も報告されている．膵島から分泌されるペプチドホルモンは，主として，血中のグルコース濃度（血糖値）を調節するものである．すなわち，A細胞からはグルカゴン（glucagon），B細胞からはインスリン（insulin），D細胞からはソマトスタチン（somatostatin），PP細胞からは膵ポリペプチド（pancreatic polypeptide）が分泌される．グルカゴンは肝臓のグリコーゲンの分解を促進することによって，血中のグルコース濃度を上昇させるのに対して，インスリンは肝臓，骨格筋，脂肪組織へのグルコース取り込み，グルコースからグリコーゲン，脂肪，タンパクへの転化合成を促進することによって，血中のグルコース濃度を低下させる．ソマトスタチンは血糖に関してグルカゴンとインスリンの放出を抑制し，膵ポリペプチド

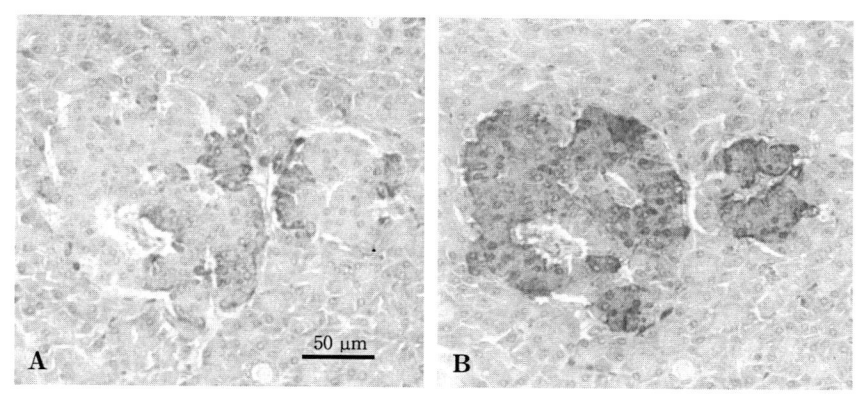

図 5.37 ヤギの膵島細胞の免疫組織化学(連続切片)
グルカゴン(A)とインスリン(B)の抗体を用いた酵素抗体法による染色.

の作用は外分泌機能の抑制が示唆されているが，その詳細は明らかにされていない．

b. 膵島細胞の構造

A 細胞

A 細胞は Gomori のアルデヒドフクシン染色法や Masson の三重染色法などの酸性色素によって赤く染まる顆粒を有し，膵島の内分泌細胞の 15～20% を占める．通常，A 細胞はウシ，ウサギ，ネズミでは島の周辺部に局在するが(図 5.37)，ヒトやモルモットでは島内に不規則に散在し，ウマでは，中心部に集まる傾向がみられる．電子顕微鏡での観察によると，A 細胞に特徴的に存在する直径 150～300 nm の球形顆粒は電子密度の高い球形の芯のまわりを明調な層が取り囲む二重構造を呈し，グルカゴンを含む．

B 細胞

B 細胞は Gomori のアルデヒドフクシン染色法や Masson の三重染色法などの塩基性色素によって濃紫色や暗橙色に染まる顆粒を有し，膵島細胞の 60～70% を占める．B 細胞はウシやウサギ，ネズミでは島の中央部(図 5.37)，ウマでは周辺部に集中する傾向がみられるが，ヒトでは島の中に比較的均一に分布する．電子顕微鏡レベルでの観察によると，B 細胞は A 細胞に比べて，発達したゴルジ装置や大形のミトコンドリアを含むが，粗面小胞体の発達は小規模である．また，B 細胞の顆粒は直径 150～250 nm で，A 細胞の

ものより幾分小さく，芯の電子密度が低く，ウサギやネズミでは球形であるが，イヌ，ネコ，ニワトリなどでは，しばしば，針状や棒状の結晶構造を呈し，インスリンを含む(図 5.38)．通常，哺乳類では B 細胞のほうが A 細胞よりも多数を占めるが，鳥類では A 細胞のほうが B 細胞より多く，それらは別々の膵島に分かれて存在し，A 島，B 島と呼ばれる．

D 細胞と PP 細胞

D 細胞は膵島細胞の 10～20%(イヌでは 5%)を占め，アザン染色で青色，Masson-Goldner 染色で緑色に染まる顆粒を含む．通常，D 細胞は島の周辺部に局在し，電子顕微鏡による観察では，それらの顆粒は A 細胞のものより電子密度は低いが，直径はやや大きい．また，PP 細胞は膵島細胞の 2～3% で，極めて少なく，島の周辺部や外分泌部にも散在する．

◻ **五臓六腑に膵臓は含まれない** ◻

中国から伝わった五臓六腑説において，魂を容れる内臓を意味する「臓」には，心，肝，腎，脾および肺の 5 つの臓器が相当し，物を容れる中空の内臓を意味する「腑」には，胃，小腸，大腸，膀胱，胆嚢および三焦の 6 つがあげられ，三焦は不明であるが，中空の内臓ということから膵臓は相当しないようである．膵臓という器官は西洋医学の伝来まで中国や日本では知られておらず，「膵」は漢字ではなく，1805 年に宇

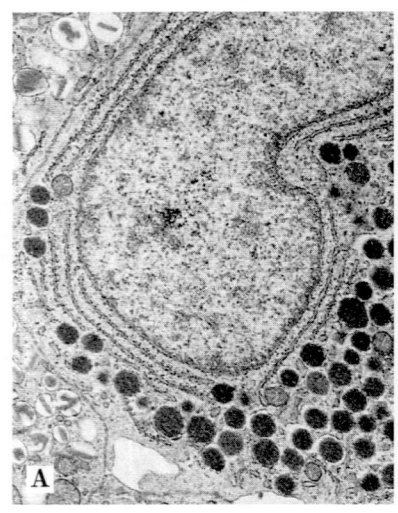

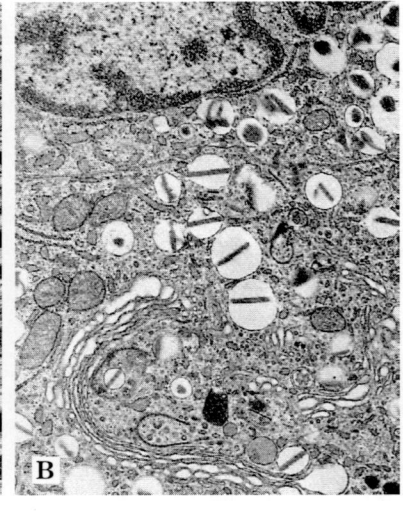

図 5.38 イヌの膵島細胞の微細構造
　　　　（藤田ほか，1992）
A：グルカゴン細胞，B：インスリン
細胞．

田川玄真著「医範提綱」においてはじめて現れた国字である．同様に，「神経」も杉田玄白らが「解体新書」で創造した用語である．

(7) 生殖腺の内分泌組織
a. 精巣と卵巣における内分泌組織

　雌雄の生殖腺は精子や卵子の形成という主要な生殖機能とともに，各種性ホルモンの分泌によってそれらの生殖細胞の分化や成熟を促し，生殖機能の発現を誘起する重要な内分泌機能を有する．精巣からは雄性ホルモン（アンドロゲン：androgen），卵巣からは卵胞ホルモン（エストロゲン：estrogen）と黄体ホルモン（プロゲステロン：progesterone）が分泌される．

b. 精巣の内分泌細胞の構造と機能

　精巣では，精細管の間の疎性結合組織内に存在する間質細胞（interstitial cells，またはライディッヒ細胞：Leydig's cells）からアンドロゲンが分泌される（図5.39）．アンドロゲンとはテストステロンやアンドロステンジオンを主とする雄性ホルモンであり，雄の性徴および性行動の発現，副生殖腺の発育などを支配し，精子形成にも関与する．間質細胞の数は種間や年齢により著しく異なる．間質細胞は不規則な多角形で，染色質が核膜内側に集積した円形の核を有し，細胞質内には明

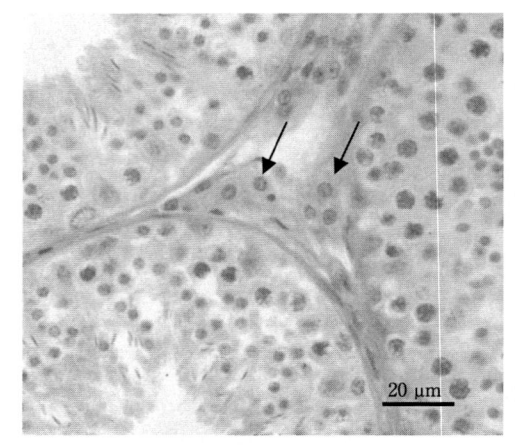

図 5.39 ヤギの精巣間質細胞
　　　（ヘマトキシリン・エオシン染色）
精細管の間に間質細胞（矢印）がみられる．

瞭なゴルジ装置と著しく発達した滑面小胞体，小管状のクリスタを有するミトコンドリア，脂肪小滴が特徴的で，典型的なステロイド分泌細胞の様相を呈する（図5.40）．ヒト，ウマ，ネコの間質細胞には大きいものでは20 μm に達する格子状の結晶構造がみられ，ヒトではラインケの結晶と呼ばれて注目されてきたが，それらの機能的意義は明らかにされていない．ウシやネコの間質細胞には，しばしばグリコーゲン顆粒が含まれる．

c. 卵巣の内分泌細胞の構造と機能

　卵巣から分泌されるホルモンは卵胞ホルモンと

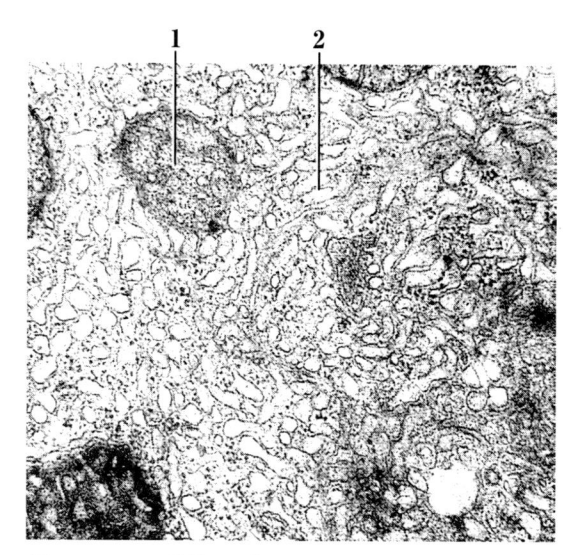

図 5.40 ラット精巣の間質細胞の微細構造（藤田ほか，1992）
1：ミトコンドリア，2：滑面小胞体．

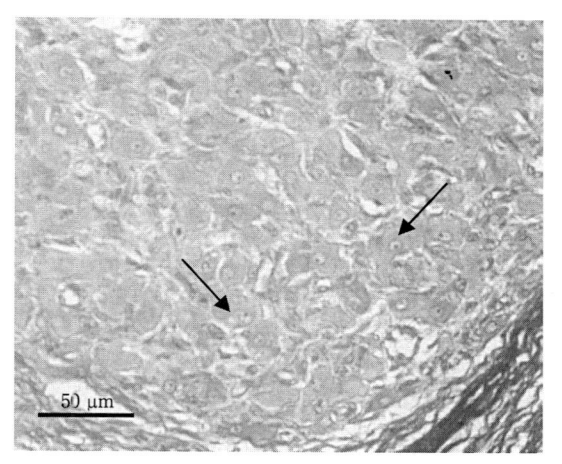

図 5.42 ヤギの卵巣の黄体（アザン染色）
黄体内に大形の顆粒層黄体細胞（矢印）がみられる．

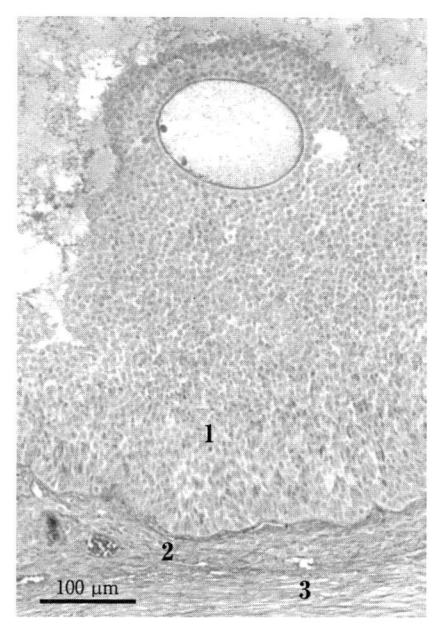

図 5.41 ヤギの卵巣の卵胞（アザン染色）
1：卵胞の顆粒層，2：内卵胞膜，3：外卵胞膜．

5.41）においてコレステロールからテストステロンまで合成された後，顆粒層細胞に運ばれてエストラジオールに変換される．内卵胞膜細胞の微細構造は典型的なステロイド分泌細胞の特徴を備え，よく発達した網状の滑面小胞体や小胞状，または小管状のクリスタをもつミトコンドリアを有している．

　排卵後に形成される黄体はウシでは 40 μm に達する大形の顆粒層黄体細胞（granulosa lutein cells）（図 5.42）と幾分小形の卵胞膜黄体細胞（theca lutein cells）からなり，黄体ホルモンを分泌する．黄体ホルモンの代表はプロゲステロン（progesterone）で，子宮内膜における受精卵の受け入れや妊娠維持に重要な作用を及ぼす．ヒトやサルでは顆粒層黄体細胞のほうが卵胞膜黄体細胞より著しく多いが，齧歯類では卵胞膜黄体細胞が多くを占める．それらの黄体細胞は卵胞の顆粒層細胞と卵胞膜細胞が大形化したもので，ともに上記の精巣の間質細胞や内卵胞膜細胞と同様に滑面小胞体が発達し，小管状クリスタのミトコンドリアをもつ典型的なステロイド分泌細胞の特徴を有するが，顆粒層黄体細胞のほうが，その特徴が著しい（図 5.43）．

黄体ホルモンで，ともにステロイドホルモンの一種である．卵胞ホルモンではエストラジオール（estradiol）が主で，卵胞の発達や二次性徴の発現を促す．卵胞ホルモンは発情期に成熟した卵胞の顆粒層の外側に位置する内卵胞膜細胞（図

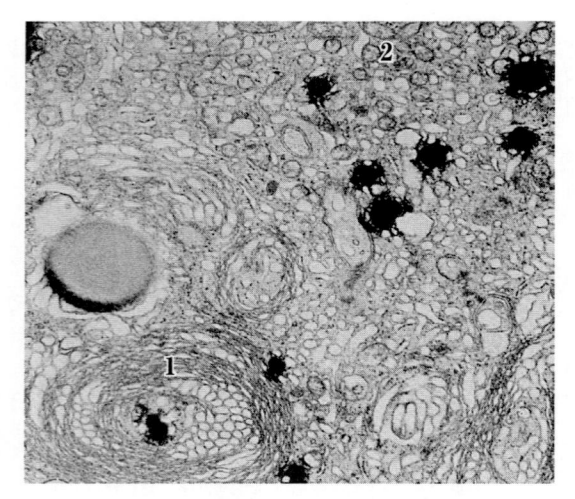

図5.43 ヒトの卵巣の黄体細胞の微細構造（小川ほか，1985）
1：滑面小胞体，2：ミトコンドリア.

□ 性ホルモンによる性分化の制御について □

鳥類や哺乳類では性の決定は遺伝的機構が確立され，雌雄の性染色体が明瞭に分化しているため，通常，環境要因に影響されないが，付属生殖器官，生殖行動，神経系などにおける性分化には性ホルモンが重要な役割を果たしている．一方，爬虫類以下の変温動物では，性染色体の分化が不明瞭なものが多く，胚から孵化前後に至るまで性決定と性分化の調節機構が作動しており，その間の生体内外の環境要因，特に環境温度や性ホルモンが性決定に大きく影響する．トカゲ類，カメ類，ワニ類のある種の動物では，孵化時の環境温度が高い場合と低い場合とで異なった性を生じ，中間の温度で両性を生じるが，このような環境温度による性分化への影響も性ホルモンを介することが報告されている．

(8) その他の内分泌組織

その他，以下のようなホルモンを分泌する組織または細胞群が内分泌腺に含められる場合もある．

a. レニン

腎臓糸球体の輸入細動脈の基底側に位置する糸球体傍細胞（juxtaglomerular cells）は平滑筋細胞が特殊化した大形細胞で，レニン（renin）を含む顆粒を有している．レニンはレニン・アンギオテンシン系を介して副腎皮質の球状帯からのアルドステロン分泌を促進させ，腎臓での水分とナトリウムの再吸収を活性化させることによって血圧の恒常性維持に関与している．このような糸球体傍細胞は，遠位尿細管上皮細胞が特殊化した緻密斑（macula densa）とその直下に集積した無顆粒の扁平細胞群からなる糸球体外メサンギウムとともに，糸球体血管極の付近で糸球体傍装置（juxtaglomerular apparatus）を形成している．

b. 心房性ナトリウム利尿ペプチド

心房性ナトリウム利尿ペプチド（atrial natriuretic polypeptide：ANP）は主として，心房筋細胞で合成・分泌されるホルモンで，強い利尿作用と血管拡張作用によって，血圧の低下と体液バランスの調節を担っている．電子顕微鏡の観察によって，心房筋細胞内に内分泌細胞の分泌顆粒と類似した顆粒が存在することは以前から報告されていた．1981年にラット心房抽出物にナトリウム利尿作用があることが証明され，心房筋細胞内に存在する顆粒との機能的関連性が示唆された．このように，心房性ナトリウム利尿ペプチドの発見には組織学的研究が重要な手がかりとなった．また，心房性ナトリウム利尿ペプチドは，心室や中枢神経系などから分泌されるペプチドとともに，ナトリウム利尿ペプチドファミリーを形成している．

c. レプチン

レプチン（leptin）は肥満マウスの遺伝子産物として脂肪細胞から分泌されるホルモンとして1994年に見出され，食欲の抑制とエネルギー消費の増進によって肥満や体重増加の制御をつかさどることが示されてきた．これまで，脂肪組織は単なるエネルギー貯蔵庫としてみなされてきたが，近年，レプチンをはじめ種々の生理活性物質を分泌することが証明され，アディポサイトカイン（adipocytokines）と総称されている．レプチンは146のアミノ酸からなるタンパク質で，エネルギー代謝だけでなく，視床下部・下垂体系を介して，生殖機能やストレス反応にも関与するこ

とが示され，そのレセプターは視床下部を中心として，末梢組織にも広く分布していることが証明されている．このように，レプチンは脂肪組織と全身の恒常性維持機構との間のメディエーターとしても重要な役割を担うことが示唆されている．

■ 練習問題 ■
1. 内分泌腺と外分泌腺の構造の違いについて説明せよ．
2. 以下のホルモンを分泌する器官（組織）の名をあげ，それらの構造について説明せよ．
「サイロキシン，レニン，プロゲステロン，アルドステロン，アンドロゲン，アドレナリン」
3. 下垂体の構成について説明せよ．
4. 下垂体前葉から分泌されるホルモンをあげ，それらの作用について説明せよ．
5. カルシウム代謝に関係する器官（組織）の名とそれらから分泌されるホルモンをあげ，それらの作用について説明せよ．
6. 膵島を構成する細胞をあげ，それらから分泌されるホルモンと作用について説明せよ．

参 考 文 献

Dyce, K.M., Sack, W.O. and Wensing, C.J.G. (1987): Text Book of Veterinary Anatomy, pp.205-211, W.B. Saunders
藤田尚男・藤田恒夫 (1992)：標準組織学　各論　第3版, pp.230-250, 265-281, 303-365, 医学書院
Kurosumi, K. (1968): Arch. Histol. Jap., **29**: 329-362
小川和朗ほか編 (1985)：人体組織学　内分泌器・生殖器, pp.92-106, 113-193, 331-360, 朝倉書店

5.3　免 疫 器 官

5.3.1　免疫応答と免疫担当細胞

動物の生体は常に外界の微生物にさらされているが，免疫系は病原微生物に感染しないように生体を防御している．免疫機能は自然免疫と獲得免疫に大別される（表5.4）．自然免疫は感染の初期反応として起こり，生体内で常に働いている．獲得免疫は自然免疫の後に起こる応答で，リンパ球が働く．リンパ器官は一次および二次リンパ器官に大別される（表5.5）．一次リンパ器官 (primary lymphatic organ) は，リンパ球が造血系幹細胞から分化する器官で，二次リンパ器官 (secondary lymphatic organ) はリンパ球が移住し，抗原の刺激を受けて増殖する器官である．免疫機構には白血球が重要な役割を果たすが，白血球 (leukocyte) はリンパ球 (lymphocyte)，顆粒球 (granulocyte)，単球／マクロファージ (monocyte/macrophage) からなる．また，抗原の情報をリンパ球に伝える機能をもった抗原提示細胞 (antigen presenting cell) も免疫系の成り立ちに重要である．

(1) 自然免疫と獲得免疫

自然免疫系は感染防御の第一線で微生物などに速やかに作用する．自然免疫 (innate immunity) は病原菌に対する特異性が低く，また特定の病原菌に繰り返して遭遇しても，反応が増強することはない．これには多型核白血球などの顆粒球，単球／マクロファージ，ナチュラルキラー細胞 (natural killer cell) などが働く．これらの細胞

表5.4　自然免疫と獲得免疫の特徴

	自然免疫	獲得免疫
特徴	反応が早い 抗原特異性が低い 免疫記憶しない	反応開始が遅い 抗原特異性が高い 免疫記憶する
細胞	顆粒球 単球／マクロファージ ナチュラルキラー細胞など	抗原提示細胞 T細胞 B細胞など

表5.5　免疫器官

	一次リンパ器官	二次リンパ器官
機能	幹細胞から抗原との反応性を獲得した細胞へと分化する場 ・抗原受容体遺伝子の組換え ・自己MHCとの反応性確保 ・自己との反応性除去	一次リンパ器官で産生されたリンパ球が移住する場 ・リンパ球に抗原提示 ・リンパ球の増殖
器官	哺乳類　骨髄（B細胞分化），胸腺（T細胞分化），胎児肝臓 鳥類　骨髄，ファブリキウス嚢（B細胞分化），胸腺（T細胞分化），胚肝臓	脾臓，リンパ節（多くの鳥類では欠く），粘膜関連リンパ組織など

は，外来の細胞や異物を死滅させたり貪食したりして除去する．自然免疫系では細胞群のほかに，涙や鼻汁などに含まれるリゾチーム，血液中の補体，粘膜で産生されるディフェンシン（抗菌ペプチド）などの液性成分も溶菌作用により生体を防御する．

獲得免疫（adaptive immunity）は抗原に対して特異的で，一度遭遇した抗原を記憶し，同じ抗原に再度遭遇すると速やかにかつ強い反応を示す．このような獲得免疫の特徴はリンパ球の機能的な特性によるものである．獲得免疫の過程は，主要組織適合抗原複合体（major histocompatibility complex：MHC）と呼ばれる分子を介して抗原が提示され，これがT細胞（T cell）を刺激することによりはじまる（図5.44）．MHC分子のうちクラスIとクラスII分子はこの機構に重要な働きをする．MHCクラスI分子は，生体内のほとんどの有核細胞で発現されるもので，ウイルス感染などで生じたペプチドなどの細胞内因性の抗原を細胞表面に提示する．MHCクラスII分子は，マクロファージや樹状細胞，活性化したB細胞などの抗原提示細胞で発現する．抗原提示細胞は，生体内の異物を細胞内に取り込んで，ペプチド断片に分解し，これをMHCクラスII分子に結合させて抗原として細胞表面に提示する．MHCクラスIとIIによって提示された抗原はT細胞により認識される．T細胞はヘルパーT細胞と細胞傷害性T細胞に大別される．ヘルパーT細胞はMHCクラスII分子によって提示された抗原を認識して活性化され，ついでB細胞を活性化したり，マクロファージを活性化して異物処理を促進する．B細胞（B cell）は活性化されると免疫グロブリン（抗体）を産生する．細胞傷害性T細胞はMHCクラスI分子によって提示された抗原を認識し，ウイルスに感染した細胞などを死滅させて除去する．

(2) 免疫担当細胞

免疫応答を成立させるために，抗原提示細胞，T細胞，B細胞などの複数の細胞が働く．これらの細胞を総称して，免疫担当細胞（immunocompetent cell）と呼ぶ．

a. 抗原提示細胞

抗原提示細胞（antigen presenting cell）は，MHCクラスII分子を発現して抗原を細胞表面に提示し，ヘルパーT細胞を活性化するもので，リンパ節，脾臓，胸腺，皮膚などに多く分布する．リンパ節や脾臓ではリンパ濾胞内の樹状細胞がこの役割を果たし，皮膚ではランゲルハンス細胞が働く．単球／マクロファージは食作用によって異物を除去するものと，これに加えて抗原提示機能をもつように分化したものがある．単球は血液中に含まれて体内を循環している．マクロファージは体内の組織に定着したもので，脾臓や肺内のマクロファージ，肝臓のクッパー細胞などとして認められる．活性化したT細胞やB細胞にも抗原提示機能を示すものがある．

b. リンパ球

一般に，リンパ球（lymphocyte）は球状で核が濃染し，細胞質が狭い細胞として血液中や組織内に認められる（図5.45）．リンパ球はT細胞と

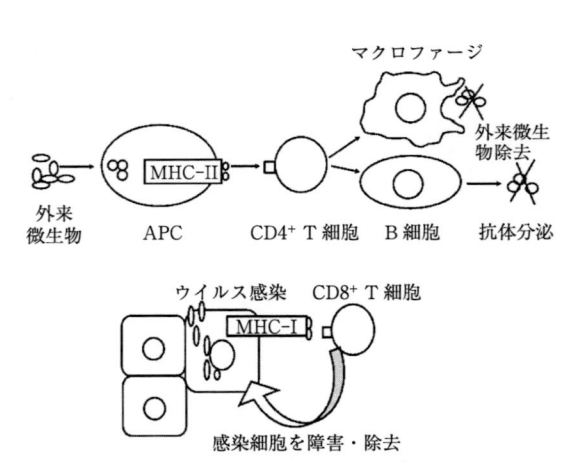

図5.44 免疫応答の過程
抗原提示細胞（APC）は物質を取り込んで断片化し，抗原としてMHCクラスII（MHC-II）により提示する．これを受けて，ヘルパーT細胞（$CD4^+$ T細胞）は活性化し，B細胞を刺激して抗体（免疫グロブリン）産生を促したり，マクロファージを活性化する．細胞がウイルスなどにより感染すると，細胞内の抗原がMHCクラスI（MHC-I）によって提示され，これを受けて細胞障害T細胞（$CD8^+$ T細胞）が活性化し，感染細胞を死滅させる．

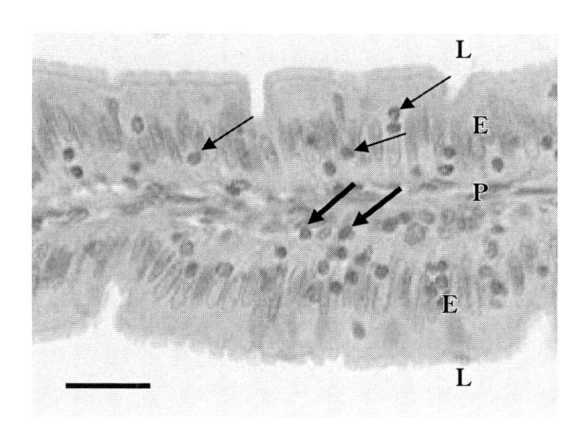

図5.45 リンパ球の組織像
ウサギ小腸の上皮間リンパ球（細矢印）と固有層のリンパ球（太矢印）．E：粘膜上皮，L：管腔，P：粘膜固有層．ヘマトキシリン・エオシン染色．バー：20μm．

B細胞の2種類の細胞からなる．B細胞は骨髄で分化し，T細胞は骨髄由来であるが，胸腺で分化する．胸腺で分化したT細胞は，自己のMHCクラスIやクラスII分子を認識し，これらによって提示された抗原の情報を受け取るためのT細胞受容体と，T細胞の活性化に必要なCD3分子（CD：cluster of differentiation，細胞表面に発現する表面抗原）を発現するようになる．ヘルパーT細胞はMHCクラスIIに対応するCD4分子を発現し，細胞傷害T細胞はMHCクラスIに対応するCD8分子を発現する（図5.44）．

T細胞の集団ではあるが，T細胞受容体を発現しない細胞があり，ナチュラルキラー細胞と呼ばれている．ナチュラルキラー細胞は，T細胞とは異なる機能をもっており，免疫記憶を示さない細胞で，腫瘍細胞やウイルスに感染した細胞に傷害を与える．

B細胞は免疫グロブリン（抗体）を産生するリンパ球である．B細胞は発達する前には小型であるが，発達して免疫グロブリンを産生するようになると小判状に肥大して形質細胞と呼ばれるようになる．形質細胞の細胞質では免疫グロブリンを産生するために粗面小胞体とゴルジ体が発達し，核内では染色質が核膜の内側面に分布する車輪核の形態を示す．哺乳類の免疫グロブリンには IgM, IgG, IgA, IgE, IgD が同定され，鳥類では IgM, IgG（IgY とも呼ばれる），IgA が同定されている．B細胞が免疫グロブリンを産生し始める時期にはIgMが多く分泌され，その後IgGが多く産生されるようになる．初乳，唾液，消化管粘液などへの分泌型の免疫グロブリンとしてIgAが多く認められる．このため，IgA産生B細胞は腸管粘膜などに多く分布する．IgEはアレルギーや寄生虫に反応して分泌され，IgDはB細胞表面で抗原受容体としての役割をもつ．

T細胞が主体で働く免疫応答を細胞性免疫（cell mediated immunity）と呼び，抗体によって担われる免疫応答を体液性免疫（humoral immunity）と呼ぶ．

□ **ワクチン** □
生体に抗原を投与すると免疫記憶が形成されて，同じ抗原に遭遇すると2度目以降には強い免疫応答が起こる．ワクチンは死菌や弱毒菌を接種することにより，その病原菌に対する免疫記憶を誘導して獲得免疫を強化するものである．18世紀後半にエドワード・ジェンナーが牛痘またはワクチニンウイルスを接種すると天然痘を抑制できることを見出して，これをワクチン接種と呼び，この分野の草分けになった．

5.3.2 免疫器官の組織構造

一次リンパ器官はT細胞とB細胞が二次リンパ器官に移行する前に分化・成熟する部位である．ここでリンパ球は自己のMHC分子を認識する機能を獲得して，多様な抗原に対する受容体をもつようになり，一方で自己の抗原に反応するリンパ球は除去される．哺乳類の一次リンパ器官はT細胞が分化する胸腺と，B細胞が分化する骨髄である．鳥類ではB細胞が分化するファブリキウス嚢も一次リンパ器官である．胎児や胚の時期には肝臓もこれに加わる．

二次リンパ器官は一次リンパ器官で分化したT

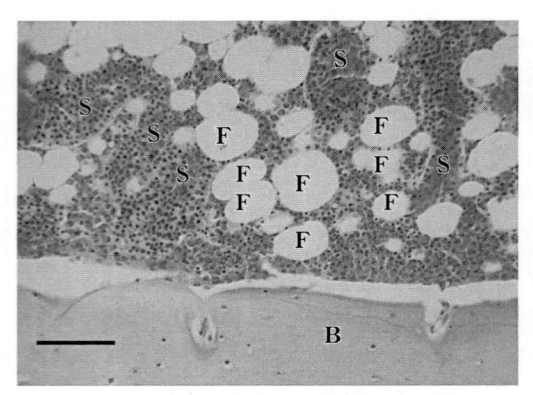

図 5.46 雄鶏の骨髄
骨髄内では造血系幹細胞が組織の大半を占め，洞様毛細血管（S）と脂肪細胞（F）も認められる．B：緻密骨．ヘマトキシリン・エオシン染色．バー：50 μm．

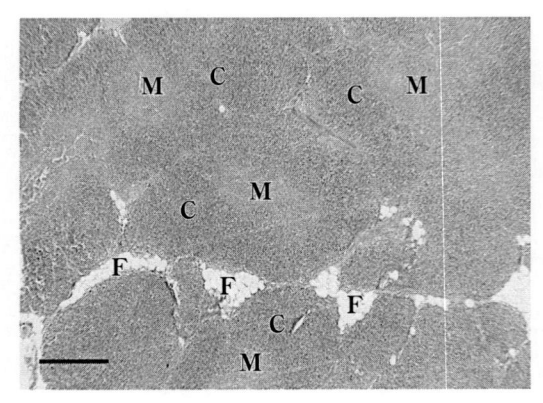

図 5.47 ウシの胸腺
多数の小葉構造がみられ，それぞれ暗域の皮質（C）と明域の髄質（M）を形成している．ヘマトキシリン・エオシン染色．バー：500 μm．

細胞とB細胞が移行して抗原との反応を起こして増殖する場で，リンパ節，脾臓，粘膜関連リンパ組織などがあげられる（表5.5）．

(1) 骨　髄

骨器官のうち，骨腔を骨髄（born marrow）という．骨髄では細網線維と細網細胞からなる細網組織が支持構造を形成し，これの間隙に造血系幹細胞や脂肪細胞が分布している（図5.46）．リンパ球を含めて血液中のすべての細胞は未分化で多機能性の造血系幹細胞に由来する．リンパ球のうち，B細胞は骨髄で分化する．

(2) 胸　腺

胸腺（thymus）は灰白色の軟らかい組織で，ヒトやマウスでは胸腔内の縦隔上部に存在するが，ヒツジやニワトリでは胸部から頸部にわたって位置する．こうした動物では，胸部の胸葉は縦隔に挟まれ，頸部の頸葉は気管周囲に配置している．胸腺の構造と機能は加齢の影響を受け，若い動物では発達しているが，性成熟を過ぎると次第に退行し始めて脂肪組織へと入れ代わる．胸腺は疎性結合組織性の被膜に覆われ，実質は被膜から伸張する皮質中隔によって多数の小葉に区分されている．小葉は上皮性の細網細胞を含む細網組織とその間隙を埋めるリンパ球からなっている．小葉内は周縁部の皮質と中心部の髄質に識別される．皮質は髄質より多くのリンパ球を含み，これらのリンパ球は核が濃染して細胞質が少ないので，組織学的には髄質より暗調に認められる．髄質は細網組織の構成が皮質とほぼ同じで，リンパ球が少ないので，一般に明調である（図5.47）．髄質には，胸腺細網細胞が扁平化して，同心円状に配列した胸腺小体（ハッサル小体）がみられることがある．骨髄から胸腺に移行した未成熟のリンパ球はいわゆる胸腺での教育によって選択され，T細胞へと分化して末梢のリンパ組織へ放出される．

□ **神経-内分泌-免疫のクロストーク-2** □

免疫系の機能は内分泌系と神経系の影響を受ける．一方，神経系と内分泌系は密接な関係を形成するとともに，免疫系からの情報（サイトカイン）の影響も受ける．例えば，胸腺を摘出すると性腺が萎縮したり，新生児の下垂体を除去すると胸腺が萎縮する．生体の恒常性維持には神経系，内分泌系および免疫系のクロストークが正常に営まれることが必要である．

---

(3) ファブリキウス嚢

ファブリキウス嚢（bursa of Fabricius）は鳥類に認められる器官で，腸管の背側に位置し，総排泄腔に開口する袋状の形態を示す（図5.48

類のB細胞の供給源として働く一次リンパ器官である（表5.5）．ここで分化したリンパ球はB細胞として末梢のリンパ器官へと送られる．ファブリキウス嚢も胸腺と同じく，構造と機能が加齢の影響を受け，ヒナではよく発達しているが，性成熟したニワトリでは退行してほとんど認められない．

(4) リンパ節とリンパ小節

リンパ節（lymph node）は卵円形のやや硬い器官で，リンパ管系に沿って分布しており，頸部，腋窩，腸間膜など様々な部位に認められる．これの表面は線維性結合組織からなる被膜に覆われている．表面には輸入リンパ管が侵入するが，一側は門の構造を形成して輸出リンパ管と血管がここを通る．被膜の結合組織は実質内に伸張して小柱を形成し，この小柱に沿って血管や神経が分布する（図5.49）．小柱間の間隙にはリンパ球が密に分布している．この内部構造は表面側から中心部に向かって，皮質，傍皮質部および髄質に区分される（図5.50）．皮質にはB細胞を主体とする濾胞が形成されるが，濾胞には胚中心（germinal center）がある二次濾胞（secondary nodule）と，胚中心を欠く一次濾胞（primary nodule）がある．傍皮質部はT細胞を豊富に含み，髄質には形質細胞が多く分布する．小柱とリンパ組織との間にはリンパの流路であるリンパ洞が形成されている．リンパ洞は，輸入リンパ管から連絡した直後で被膜下の辺縁洞，リンパ小節周囲の小節周囲皮質洞，髄質の髄洞からなり，最終的には輸出リンパ管へとつながる．リンパ節はリンパ液を濾過するとともに，組織に侵入してきた外来抗原を捕捉して免疫応答を開始するという役割をもつ．

リンパ節のように独立した器官ではないが，顕微鏡的レベルでは，リンパ球が集合した散在性リンパ組織とリンパ小節（lymph nodule）も生体内には分布している．散在性リンパ組織はリンパ球がまばらに集合したもので，分布が小さいものはリンパ浸潤と呼ばれる．これらは消化器系，呼

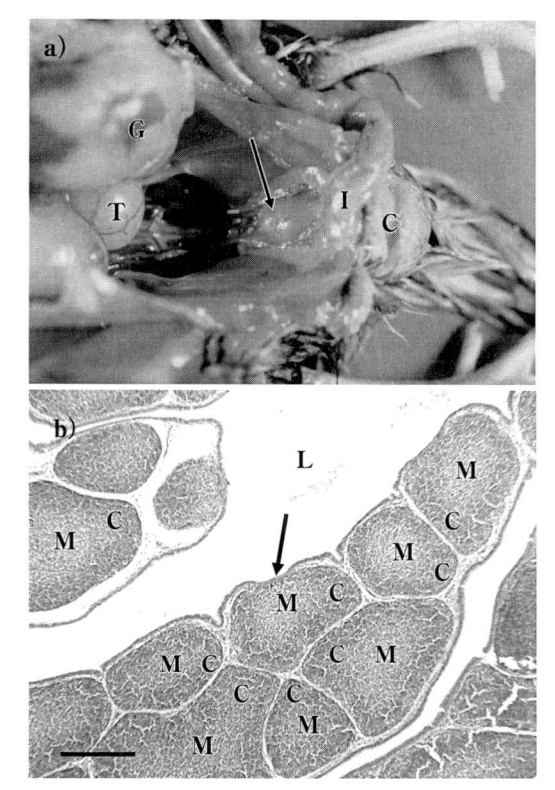

図5.48　ウズラのファブリキウス嚢
a：ファブリキウス嚢（矢印）は結直腸（I）の背側に位置して総排泄腔（C）に開口する．G：筋胃，T：精巣．
b：内部ではヒダと内腔（L）が形成されている．ヒダの組織内には中心部の髄質（M）と周縁部の皮質（C）からなる多数のリンパ濾胞が形成され，表面上皮の一部には濾胞被蓋上皮が認められる（矢印）．ヘマトキシリン・エオシン染色．バー：200 μm.

(a))．この器官の内部ではヒダと内腔が形成されており，総排泄腔にある異物はこの内腔に入る．ファブリキウス嚢内のヒダは表面上皮に覆われ，ヒダ組織内には多数のリンパ濾胞が形成されている．リンパ濾胞は中心部の髄質と周縁部の皮質からなる．髄質はヒダの表面上皮の基底膜が，組織の深部に陥入し，これによって形成された袋状構造の中に未分化リンパ球が集積したものである．皮質は髄質の外側周囲にリンパ球が集積した構造である．髄質の上端は皮質に覆われずに，ヒダの表面上皮に直接面している．この部位の表面上皮は濾胞被蓋上皮と呼ばれ，抗原物質を取り込む機能がある（図5.48 (b)）．ファブリキウス嚢は鳥

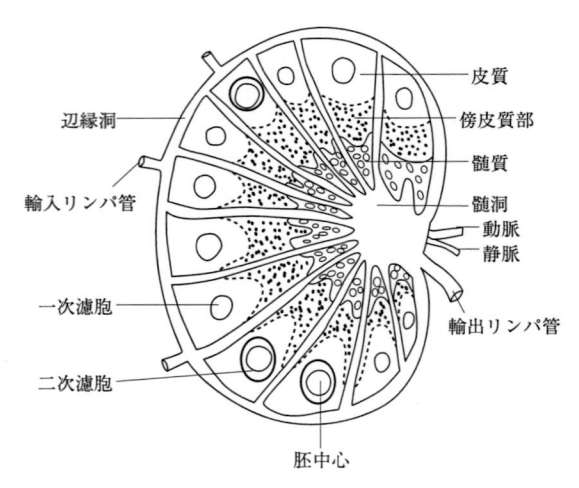

図 5.49 リンパ節の構造

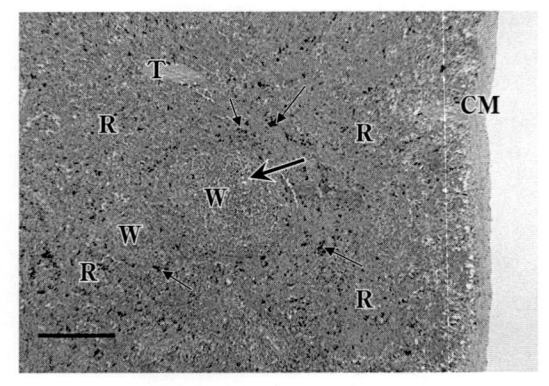

図 5.51 カーボン投与したウサギの脾臓
被膜（CM）に覆われた脾髄に赤脾髄（R）と白脾髄（W）が認められ，脾柱（T）が被膜の分枝として伸張している．白脾髄の中には中心動脈が認められる（太矢印）．マクロファージに取り込まれたカーボン粒子が多数みられる（細矢印）．ヘマトキシリン・エオシン染色．バー：200 μm.

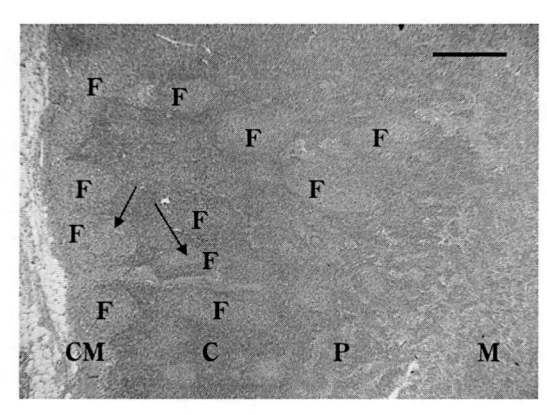

図 5.50 ウシのリンパ節
被膜（CM）下の内部では表面側から中心部にむかって，皮質（C），傍皮質部（P）および髄質（M）に区分されている．皮質部には多数の濾胞（F）が形成され，一部で胚中心（矢印）がある二次濾胞が認められる．ヘマトキシリン・エオシン染色．バー：500 μm.

吸器系，泌尿生殖器系の粘膜固有層や粘膜下組織といった結合組織によくみられる．組織内のリンパ球が密に集合して，周囲の組織と明瞭に区別されたり，薄い結合組織に囲まれたりしている構造をリンパ小節という．リンパ小節は，腸管壁や脾臓，リンパ節，扁桃などで形成される．

(5) 脾臓

脾臓（spleen）は一般的に暗赤色を呈して，胃の左側に位置している．ウシやウサギなどでは舌状で長く，鳥類では球状のように動物種によって形状は異なる．脾臓の一側には脾門と呼ばれる浅いくぼみが形成されており，この部位を血管が通る．脾臓の表面は緻密な結合組織性の被膜に覆われている．被膜の結合組織は内部に伸長して多数の脾柱を形成している．脾柱は脈管や神経の通路となる．脾臓の実質は脾髄と呼ばれ，赤血球が多いために赤色を呈する赤脾髄（red pulp）と，リンパ球が多いために白色を呈する斑点状の白脾髄（white pulp）からなる（図5.51）．赤脾髄は脾洞と脾索からなる．脾洞は静脈のはじまりで広く，脾索は細網細胞と線維によって形成される細網組織で脾洞間を埋めている．脾索内には赤血球やマクロファージなどの血球が多数含まれる．白脾髄はリンパ球を主成分とする構造で，これの中を中心動脈が通る．白脾髄にはB細胞を主体とする濾胞構造が認められ，また中心動脈の周囲にはT細胞が多く分布する．免疫応答が活発な時期には，濾胞は胚中心が発達した二次濾胞となってB細胞が分化・増殖する．白脾髄から赤脾髄への移行部は辺縁帯と呼ばれ，マクロファージが多く分布する．脾門から入った動脈は脾柱動脈として実質中に入り，白脾髄で中心動脈の分枝が濾胞や辺縁帯を通って，赤脾髄の脾索や脾洞に達し，脾髄静脈そして脾静脈として脾門から出ていく．この

血液が流れる間に，脾臓では微生物に対して免疫応答を起こしたり，異物や傷ついた赤血球などを捕捉・破壊することにより血液を濾過する．

(6) 粘膜関連リンパ組織

気道，消化管，尿路，生殖道といった管腔臓器の粘膜では，粘膜上皮内のリンパ球（上皮間リンパ球），上皮下リンパ球，粘膜固有層や粘膜下組織のリンパ小節などがみられ，これらはまとめて粘膜関連リンパ組織（mucosa-associated lymphatic tissues）と呼ばれる．このリンパ組織の主なものには腸管関連リンパ組織，鼻腔関連リンパ組織，気道関連リンパ組織があげられる．腸管関連リンパ組織では，回腸のパイエル板やその他の部位に形成されるリンパ小節，散在性リンパ組織，上皮間および上皮下リンパ球が含まれる（図5.52）．これらのリンパ球は腸管内容の抗原と反応し，ここで刺激されたリンパ球は他の粘膜関連リンパ組織に移行して免疫応答にかかわると考えられている．鼻腔関連リンパ組織の主なものには鼻腔や扁桃に形成されるリンパ組織があげられる．気道関連リンパ組織は気管粘膜や肺葉に形成されるリンパ組織などである．

5.3.3 リンパ管系

組織内の細胞外液は組織液と呼ばれ，この組織液はリンパ管（lymph vessel）に入ってリンパ液となり，最終的に静脈に入る．リンパ管は体内の組織で毛細リンパ管として起こり組織液を受け入れる．毛細リンパ管は次第に集まってリンパ管となり，最終的には胸管か右リンパ本管を経て静脈へ連絡する．このリンパ管の経路に沿って体内の各部でリンパ節が形成される．リンパ管は複雑に連絡しあってリンパ管叢を構成するが，同一の流域をもつリンパ節は多数集まってリンパ中心を形成する．これらは体の表面や，頸部，腋窩，鼠径，縦隔，腹腔内に多い．

リンパ節には輸入リンパ管と輸出リンパ管が認められるが，リンパ液は輸入リンパ管から受け入れられ，輸出リンパ管へと出ていき（図5.49），次のリンパ管そしてリンパ節へと順次送られる．リンパ液がリンパ節を通過する間に濾過や抗原に対する免疫応答が起こり，またリンパ球が加わる．リンパ管には静脈と同様に多くの弁があり，リンパ液の逆流を防いでいる．

■ 練 習 問 題 ■

1. 一次リンパ器官と二次リンパ器官の器官名をあげて，それぞれの主な役割を述べよ．
2. 獲得免疫で働く免疫担当細胞とそれぞれの細胞の主な役割を説明せよ．
3. 胸腺の組織構造と主な機能を述べよ．
4. 脾臓の組織構造と主な機能を述べよ．
5. リンパ節の組織構造と主な機能を述べよ．

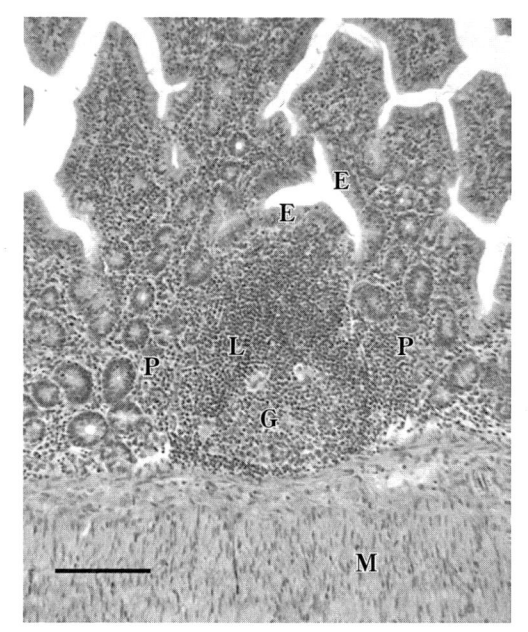

図5.52 ウサギ小腸粘膜のリンパ組織
粘膜固有層に発達したリンパ小節が認められる．E：粘膜上皮，G：胚中心，L：リンパ小節，M：粘膜筋板，P：粘膜固有層．ヘマトキシリン・エオシン染色．バー：200 μm．

6

生体複製系

6.1 雄の生殖系

哺乳類の雄性生殖器官は，精巣（testis），精巣上体（epididymis），精管（vas deferens），尿道（urethra），副生殖腺（accessory genital gland）および陰茎（penis）から構成される（図6.1）．精巣は，雄性動物の生殖腺で，精子と生殖に必要なホルモンを生産する．精巣上体，精管，尿道は精子の通路である．副生殖腺には，精嚢腺（seminal vesicle），前立腺（prostate gland），尿道球腺（カウパー腺：Cowper's gland）があり，射精時に分泌液を放出する．陰茎は排泄器と交尾器を兼ねている．精巣でつくられた精子は，精巣上体を通過する過程で成熟する．射精時には精巣上体から精管を経て尿道に至り，副生殖腺の分泌物と混合して陰茎から射出される．

6.1.1 精　巣

精巣は陰嚢内に納められた一対の卵形の器官である（図6.2）．ゾウ，クジラ，イルカなどの例外を除いて，精巣は体腔外に懸垂している．外側を厚い疎性結合組織からなる白膜（tunica albuginea）に覆われ，精巣上体が付着している．腹腔とは精索で結ばれている．精索には血管，神経，精管などが含まれる．精巣の内部は，表面の白膜から伸びた結合組織性の精巣中隔によって細かく区分され，多数の精巣小葉からなる．各小葉内には，直径 100〜400 μm の細長い管状構造の精細管（seminiferous tubule）が詰め込まれ，その両端は直精細管として合流し，精巣網（rete testis）

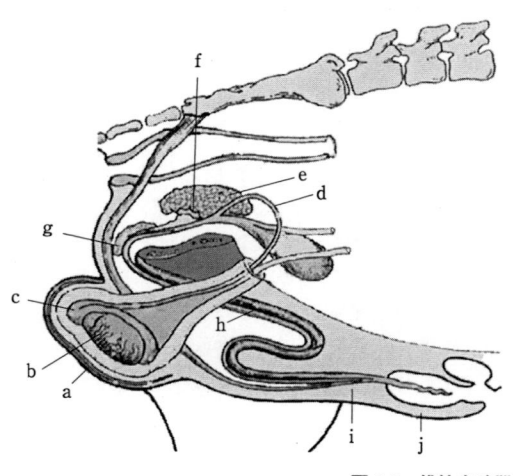

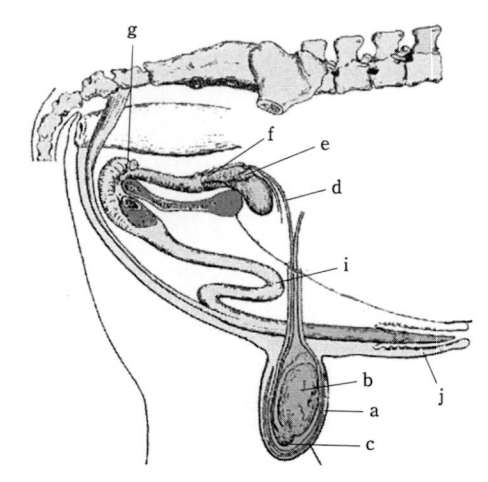

図 6.1 雄性生殖器（左：ブタ，右：ウシ）
a：陰嚢，b：精巣，c：精巣上体，d：精管，e：精嚢腺，f：前立腺，g：尿道球腺，h：尿道，i：陰茎，j：包皮．

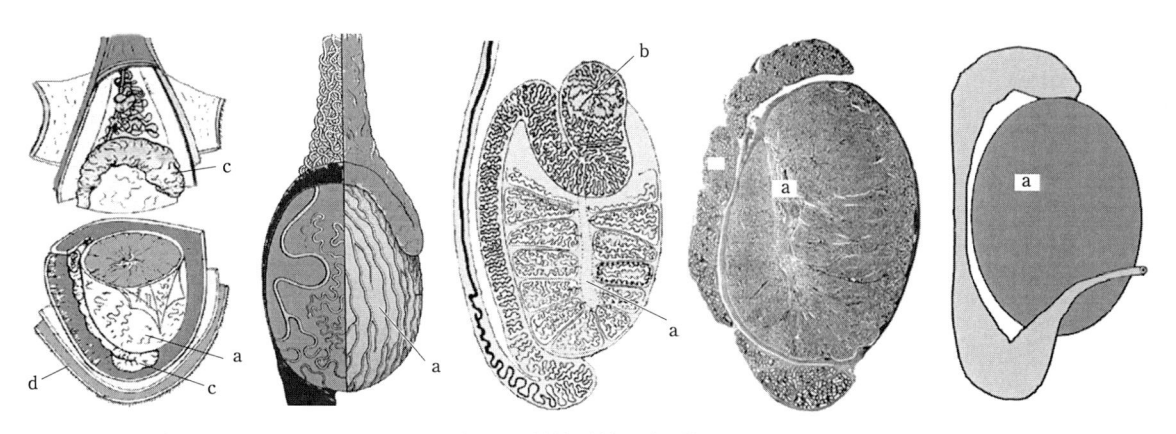

図6.2 精巣の外観と内部構造
a：精巣，b：精巣輸出管，c：精巣上体，d：陰嚢．

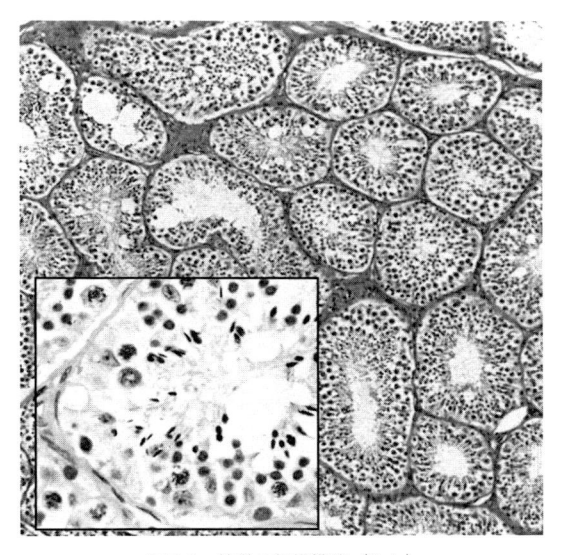

図6.3 精巣の組織構造（ウシ）

に開口する．精巣網は精巣輸出管（efferent duct）にまとまり，精巣上体につながる．

精子は精細管の中で形成される（図6.3）．様々な形成段階にある精祖細胞（spermatogonium），精母細胞（spermatocyte），精子とこれらを支持するセルトリ細胞（Sertoli cell）が観察される．精細管は基底膜で覆われ，その外側にはアンドロゲン（テストステロン）を産生するライディッヒ細胞（Leydig's cell）が存在する．

精巣は胎子期あるいは出生後（ウシやヒツジでは胎生中期，ブタでは胎生後期，ウマでは出生前後）に腹腔から鼠径を通じて陰嚢内に下降する．陰嚢下降に障害があることを停留精巣（cryptorchid）と呼ぶ．この場合，内分泌機能は損なわれていないが，精子形成能が阻害され，無精子症となるため不妊となる．精巣は，精子形成能が維持されるように体温より低い温度に保たれている．精巣を収納している陰嚢は，熱放散に都合のよい構造をとっている．すなわち，表皮が薄く，被毛が少なく，汗腺がよく発達している．陰嚢には肉様膜（tunica dartos）と呼ばれる平滑筋層があり，外気温の変化に応じて収縮・弛緩し，陰嚢の表面積を変えたり腹壁との距離を調節して適温を保っている．精巣の血管系にも工夫がなされている．精巣に流入する動脈はコイル状をなして精索内を下降し，それに静脈がつる状に巻きついて精巣静脈叢を形成して熱交換をしている．すなわち，あらかじめ冷却された動脈血が精巣に流入するしくみになっており，ヒツジでは動脈血は体温より5℃前後冷却されて精巣に流入する．

出生後精巣は体の発育に伴って大きくなり続け，やがて精細管内に精子が出現し，性成熟に至る．ブタの場合，18週齢を過ぎると精巣重量が急激に増大し始め，20週齢で精子が出現し，22週齢で射精が認められる（春期発動：puberty）ようになる．精巣のみならず精嚢腺，精巣上体，尿道球腺などの生殖器官の発育も春期発動期後も

表 6.1 精巣の発育と精子形成

	ウシ	ヒツジ	ブタ	ウマ
精巣の陰嚢下降	胎子期中期	胎子期中期	胎子期後半	出生前後
精母細胞の出現	24 週齢	12 週齢	10 週齢	一定しない
精子の精細管出現	32 週齢	16 週齢	20 週齢	56 週齢
精巣上体尾部出現	40 週齢	16 週齢	20 週齢	60 週齢
精子の射精	42 週齢	18 週齢	22 週齢	64〜96 週齢
性成熟年齢	150 週齢	24 週齢以上	30 週齢	90〜150 週齢

引き続きみられ，30 週齢でようやく機能的に十分に発達し生殖活動の可能な状態（性成熟：sexual maturation）に達する（表 6.1）．精細管での精子の出現は，ウシでは 32 週齢，ヒツジでは 16 週齢，ウマでは 56 週齢でみられる．精子の射出は，ウシでは 42 週齢，ヒツジでは 18 週齢，ウマでは 64〜96 週齢でみられる．性成熟の年齢は，ウシでは 150 週齢，ヒツジでは 24 週齢，ウマでは 90〜150 週齢である．

6.1.2 精　　子

精子の形態や大きさは動物種によってかなり異なるが，基本的には遺伝情報をつかさどる遺伝子（デオキシリボ核酸：DNA）がつまった頭部（head）とそれに続く頸部（neck），および運動をつかさどる尾部（tail）からなる（図 6.4）．

ウシ，ブタなどの多くの家畜やヒトの精子の頭部は杓文字のような形状をとり，全長 50〜70 μm であるが，代表的な実験動物のラットやマウスの精子は頭部が鈎型である．鳥類のニワトリの精子は頭部がわずかに湾曲した棒状を呈し，全長は家畜の精子の 2〜3 倍ある．精子頭部では核がほぼ全域を占め，凝縮したクロマチンが含まれているのだが，精子核のクロマチンは，プロタミン（精子特有の塩基性核タンパク）が DNA に結合した特殊な構造をとっていて物理的・化学的な環境条件に対して安定で，DNA が体細胞の 6 倍以上に凝縮されている．精子頭部の前半部分は，厚みのある先体（acrosome）で覆われている．先体は，核膜に接する先体内膜と原形質膜（細胞膜）に接する先体外膜に囲まれた袋状の構造を呈している．家畜の精子では，先体が核の前半部を帽子状に覆うので頭帽とも呼ばれることが多い．先体内には受精の過程で必要な各種の酵素が含まれている．精子頭部の後半部分は，後帽または後先体域（postacrosomal region）と呼ばれ，先体の後縁で赤道部と接している．これらの部位は受精の際に卵子の原形質膜（細胞膜）と最初に融合する部分で，受精に際して重要である．

頸部は，頭部と尾部の接合部分で，精子を凍結保存した場合に壊れやすい部位である．

尾部は，鞭毛（flagella）とも呼ばれ，中片部（middle piece），主部（principal piece），終部（end piece）に区分される．尾部の内部には軸糸（axoneme）が規則正しく配列されている．軸糸は 9+2 構造，すなわち中央を走る 2 本の中心微小管（シングレット中心微小管）とそれを円周状に取り囲む 9 対で 2 連（ダブレット）の周辺微小管（ダブレット微小管）を骨格とする構造をとる．各ダブレット微小管は，A 管と B 管からなり，A 管から 2 本の腕が，隣接する微小管の B

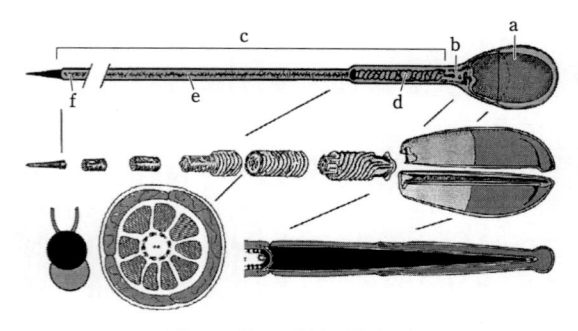

図 6.4 精子の構造（模式図）
a：頭部，b：頸部，c：尾部，d：中片部，e：主部，f：終部．

管に向かって伸びている．微小管はチューブリン，腕はダイニンというタンパクからなり，ダイニンにはATPアーゼ（adenosine triphosphatase）活性があって，ATPを分解して運動エネルギーを得られる．ちょうど骨格筋のアクチンとミオシンの関係に類似しており，骨格筋における筋収縮と同様の滑り運動によって精子の鞭毛運動をつかさどる．哺乳類の精子では，これら軸糸の外側をさらに9本の粗大な外線維が取り巻いている．この外線維を含めて9+9+2構造と呼ぶこともある．尾部の中片部では，9+9+2構造の周りをさらにらせん状のミトコンドリア（ミトコンドリア鞘；mitochondrial sheath）が取り囲んでいる．ミトコンドリアはリン脂質，解糖-呼吸電子伝達系の酵素を含み，精子の運動に必要なエネルギーの生産を行っている．主部は，尾部の中で最も長く，内部には中片部と同様に軸糸と外線維を含むが，ミトコンドリア鞘はない．代わりに，強靱な線維鞘（fibrous sheath）がらせん状に外線維を取り囲み，外部の抵抗から精子の軸糸を保護している．終部は外線維や線維鞘を欠いている．

精子は遺伝子を卵母細胞に運ぶために特殊化した生殖細胞で，その運動能（motility）を維持するために内在性および外在性の物質を代謝して運動エネルギーを獲得している．射精直後の家畜の精子の尾部は9～20回/秒のビートを打ち，90～250μm/秒の速度で，回転しながら活発に前進する．運動能が低下すると，前進運動が緩慢となり，旋回状または1カ所に留まって振り子状の運動を示すようになり，受精能も低下する．このような精子の運動は，中片部のミトコンドリアで解糖や呼吸によって産生されたATPが鞭毛に運ばれ，軸糸のATPアーゼによって加水分解され，チューブリン・ダイニン間の滑り運動が起こることで生じる．なお，エネルギーはミトコンドリアにおいて精漿中に含まれるフルクトースなどを基質とする嫌気的代謝（主にエムデン-マイヤーホフ経路を介するフルクトース分解による）とフルクトース，ソルビトール，グリセロール，グリセロリン酸コリンアミノ酸や脂肪酸などを基質とする好気的代謝（TCA回路と電子伝達系を介する）によってまかなわれている．

(1) 精子形成（精子発生と精子完成）

精子は，精巣の精細管でつくられる（図6.5）．精細管内には，精子形成（spermatogenesis）に直接関与する生殖細胞とこれを支持するセルトリ

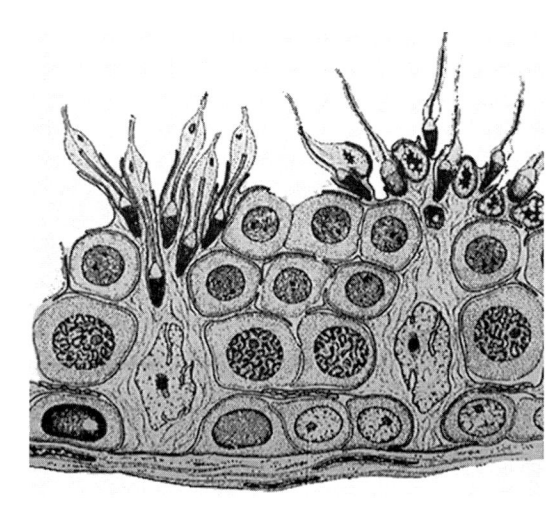

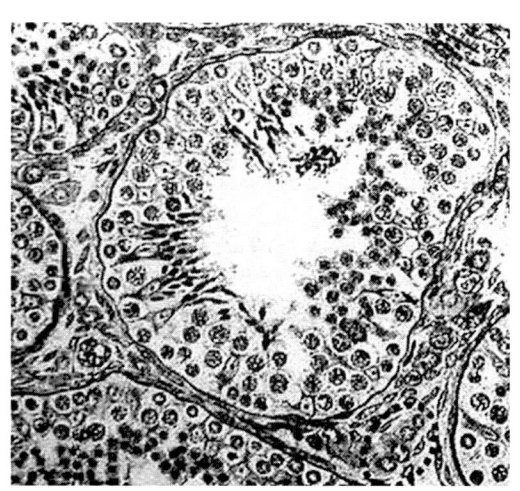

図6.5 精細管の内部構造
左：精細管の断面では，管内部には精子形成過程にある一連の生殖細胞が観察される．管内壁から管腔に向かって長楕円の核をもつセルトリ細胞が多数みられる．これらは精子形成に関与する細胞である．管腔に精子が散見される．
右：精細管の断面には精細管の間隙に血管とライディッヒ細胞が認められる．

細胞が存在し，精細管と精細管の間隙にはテストステロンを生産し精子形成能を維持するライディッヒ細胞が存在する．成熟した動物では，精細管内の管壁側から管腔内に向かって精子が形成される一連の過程がみられる．この精子形成は，精子発生 (spermatocytogenesis) と精子完成 (spermiogenesis) の2つの過程に分けられる．

精子発生： 出発点となる精祖（精原）細胞 (spermatogonium) の有糸分裂（体細胞分裂, mitosis）にはじまり，精母細胞の減数分裂 (meiosis) によって精子細胞がつくられるまでの細胞分裂の過程のことを精子発生と呼ぶ．

精子完成： 減数分裂を終えた精子細胞が精子に変態する過程を精子完成と呼ぶ．

(2) 精子発生

精細管内壁の最も内側に，精子形成の幹細胞 (stem cell) である精祖細胞が配列している．精祖細胞は常に自己再生しながら有糸分裂を繰り返し，A型（通常，A1～A4に区分される）から中間型を経てB型に移行する．特に，A2型精祖細胞の有糸分裂でつくられた2個の細胞のうちの片側は，自己再生のストックとなる．B型精祖細胞は，さらに有糸分裂を繰り返して一次精母細胞 (primary spermatocyte) を形成する．このように，1個の精祖細胞の有糸分裂により32個の一次精母細胞がつくられる．一次精母細胞は，時間をかけてDNA含量を2倍に増やし，核や細胞質を増大させて，減数分裂にそなえる．

この後，一次精母細胞は減数分裂を開始し，1回目の減数分裂（前期）により2個の二次精母細胞 (secondary spermatocyte) となる．続いて2回目の減数分裂（後期）で4個の精子細胞 (spermatid) になる．このように，1個の精母細胞から染色体の半減した4個の精子細胞がつくられる．精祖細胞から精子細胞になるまで，ウシではおよそ45日かかる．

(3) 精子完成

精子細胞が精子へと変態する過程を精子完成と呼び，生殖細胞は支持細胞であるセルトリ細胞に

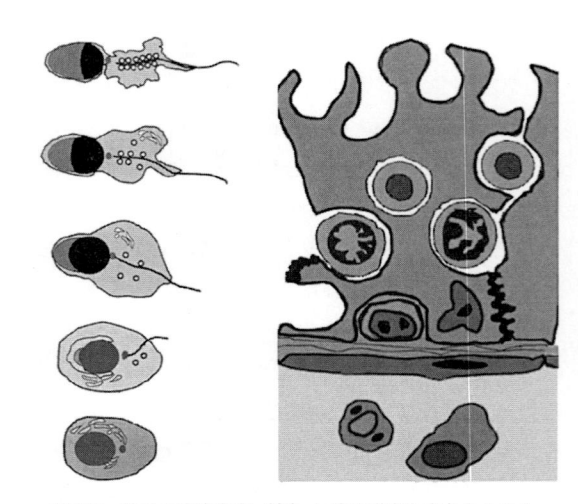

図6.6 精子の完成過程（左）と精子形成を支えるセルトリ細胞（右）
精母細胞以降の生殖細胞は，セルトリ細胞の枝分かれした細胞質に包み込まれた状態で存在する．

接しながら下記のような特徴的な形態変化を起こして精子となる（図6.6）．

ⅰ）ゴルジ体が融合して受精に重要な役割を果たす先体が形成される．

ⅱ）中心糸から精子の運動に必要な尾部が形成される．

ⅲ）ミトコンドリアが集まって尾部の運動エネルギー供給の場となるミトコンドリア鞘が形成される．

ⅳ）核タンパクのヒストンのプロタミンへの置換がすすんでクロマチンが凝縮され，精子の頭部に包み込まれる．

このように多岐にわたる一連の形態変化の過程をゴルジ期 (Golgi phase)，頭帽期 (cap phase)，先体期 (acrosomal phase)，成熟期 (maturation phase) に分けることがある．精子完成が終わりに近づくと，精子細胞は細胞質の大部分を残余小体として残して，精細管の腔内へ放出されて精子となる．

(4) 性上皮周期（精子形成周期）

精細管の外壁部から管腔内に向かって，様々な精子形成の段階にある細胞が規則的に配列されている．これらの細胞の形態は周期的に変化する．

一周期中に6〜14段階の変化を示し，これを性上皮周期（cycle of the seminiferous epithelum, 精子形成周期：spermatogenic cycle）と呼ぶ．この周期は，ヒトで6日，家畜で9〜13日とされ，A型精祖細胞から精子形成が完成するまでに，この周期を4〜5回繰り返すので，精子形成に要する日数は家畜では50〜60日である．

(5) 精子形成のホルモンによる制御

内分泌系が精子形成を正常に維持している．すなわち，下垂体（hypophysis, pituitary gland）から2種類の性腺刺激ホルモン（卵胞刺激ホルモン：follicle stimulating hormone：FSH，および黄体形成ホルモン：luteinizing hormone：LH）と精巣からのアンドロゲン（テストステロン：testosterone）が必要である．アンドロゲンは，LHの刺激を受けて精巣のライディッヒ細胞から分泌され，精子形成全般に関与する．精巣の精細管内のセルトリ細胞はFSHの刺激を受けてインヒビン（inhibin），アンドロゲン結合タンパク（androgen binding protein：ABP），成長因子，プラスミノーゲン活性化因子などの多くの生理活性をもつタンパクを産生する．例えば，ABPはライディッヒ細胞から分泌されたアンドロゲンとセルトリ細胞内で結合して運搬し，精子形成段階の生殖細胞に供給する．また，成長因子，プラスミノーゲン活性化因子などの多くの物質も生殖細胞の分化に関与する．また，下垂体からの性腺刺激ホルモンの分泌は，精巣からのフィードバックにより調節されており，LHはアンドロゲンにより，FSHはインヒビンによって制御されている．

精子形成の異常は，正常精子の減少，消失，異常精子の出現を引き起こし，生殖機能の低下や低受胎性をまねく．形成異常の原因としては，ホルモン制御の乱れ，栄養障害，放射線障害，暑熱環境，染色体異常，免疫学的要因などの様々な要因があげられるが，近年になって内分泌攪乱物質が精子数の減少を誘起するとの報告がされている．

(6) 精子形成を支持する細胞

精子形成過程の生殖細胞は，厚い基底膜で隔離された精細管の中の特殊な細胞環境下に存在し，血液中の物質の影響から保護されている．精祖細胞は，精細管外とは基底膜を介して通じており，血液中の物質が比較的容易に到達できるが，精母細胞以降の精子形成段階にある細胞は，セルトリ細胞の枝分かれした細胞質に包み込まれた状態で存在し，基底膜とは隔たっている．精細管内へ入った血液中の物質の移送は，セルトリ細胞を介して行われる．隣接するセルトリ細胞間には密着結合（tight junction）があり，精細管内への物質の移動を選択できるしくみを備えている．このような機構を血液精巣関門（blood testis barrier）と呼び，精細管内で起こる精子形成に最適な環境の維持に役立っている．加えて血液精巣関門はABPやインヒビンなどの生理活性物質の濃度の維持にも役立っている．

6.1.3 精　　　液

精液（semen）は，雄の生殖器から体外へ放出（射精）される液で，精子と液状成分の精漿（seminal plasma）からなる．精漿は主に副生殖腺（精嚢腺，前立腺，尿道球腺）から分泌され，精巣上体，精管からの分泌液も少量含まれている．精漿は，射精の際に精子輸送の媒液であるとともに，精子の代謝基質，酵素やホルモンなどの様々な生理活性タンパクなどを豊富に含み，射出後の精子の生理に重要な役割を果たす．

家畜の精液は，ウシやヒツジなどの反芻類のグループと，ブタとウマのグループに2大別される（表6.2）．精子の形態は両者で大きな違いはないが，精漿の化学組成，精子の生理，生化学的性状については両グループ間で差がみられるものが多い（表6.3）．前者は，後者に比べ，射精が瞬間的で，精液量が少なく，精子の濃度が高い．精液のpHはやや低く，比重が高いことも反芻類の特徴である．

精漿は，精子輸送のほか精子活力の増進，精子のエネルギー生産のための代謝基質の供給など，

表6.2 家畜の精液の一般性状

	ウシ	ヒツジ	ブタ	ウマ
精液量（ml）	3～10	0.5～2.0	200～300	50～300
精子濃度（億/ml）	10～50	20～30	1～3	1～3
総精子数（億）	80～120	20～30	150～450	100～300
pH	6.5～6.8	6.4～6.8	7.0～7.4	7.0～7.2
粘度	2.0～6.0	4.0～5.0	2.0～3.0	1.5～3.5
比重	1.034	1.039	1.016	1.014
氷点降下度	-0.55～-0.65	-0.55～-0.65	-0.55～-0.65	-0.55～-0.65

表6.3 家畜の精漿の化学組成

成分	ウシ	ヒツジ	ブタ	ウマ
フルクトース（mg/dl）	300～1000	150～660	9	1以下
ソルビトール（mg/dl）	10～136	26～120	8	20～60
イノシトール（mg/dl）	24～46	10～15	500	19～47
クエン酸（mg/dl）	350～1000	300～800	170	10～50
グリセロリン酸コリン（mg/dl）	110～500	1600～2000	110	38～113
エルゴチオネイン（mg/dl）	0	0	15	4～16
Na$^+$（mg/dl）	150～370	180	580	257
K$^+$（mg/dl）	50～380	90	180	103
Ca^{2+}（mg/dl）	24～60	9	6	26
Mg^{2+}（mg/dl）	8	6	6	9
Cl$^-$（mg/dl）	150～390	180	300	80～400
重炭酸塩	16	16	50	25
タンパク（g/dl）	6.8	5	3.7	1

射出後の精子の生理に重要である．精漿と血漿成分を比較してみると，浸透圧は同じであるが，化学組成にずいぶん違いがみられる．

特にフルクトース，ソルビトール，イノシトールなどの糖類，クエン酸，グリセロリン酸コリン，エルゴチオネインなどの血液中でほとんど見出されない成分が精漿中に含まれている．フルクトースは，精囊腺に由来する精漿中の代表的な糖で，精子の主要なエネルギー基質の一つで，精子内でヘキソキナーゼによってリン酸化されて解糖系に入って代謝される．フルクトースは反芻類の精液に多く，ブタやウマでは少ない．ソルビトールやイノシトールも精囊腺由来の糖類である．ソルビトールは酸化によりフルクトースに変換されて精子のエネルギー基質として利用され，反芻類の精漿で高い．イノシトールはブタで高い．クエン酸は，精囊腺由来の有機酸で，反芻類の精漿で高く，ウマでは低い．グリセロリン酸コリンとエルゴチオネインは，精漿の主な非タンパク窒素化合物で，前者は主に精巣上体に由来し，反芻類の精漿で高く（ヒツジでは著しく高い），ブタやウマでは低い．グリセロリン酸コリンは直接精子に利用されないが，卵管や子宮液に含まれるグリセロリン酸コリンジエステラーゼにより分解され，グリセロールとなり精子の基質代謝に使われる．エルゴチオネインは，ブタとウマの精漿に存在し，ブタでは精囊腺，ウマでは精管膨大部に由来し，強力な還元作用によって精子を保護している．無機イオンは，浸透圧の維持や精子の緩衝作用に関与するが，K$^+$，Ca^{2+}，重炭酸塩などのイオンは精子の運動を調節している．精漿中には，ホスファチジルコリンやコリンプラズマロジェンなどコリン性のリン脂質が多く存在する．これらはそのままの型では精子に利用されないが，ウシでは精漿中に含まれるホスホリパーゼAによって分解され，遊離した脂肪酸を精子がエネルギー代謝の基質として利用している．

精漿には，主に精囊腺に由来するタンパクが豊

富に含まれているが，その多くの機能は未解明である．

6.1.4　副生殖腺

　家畜の副生殖腺は主に精嚢腺，前立腺，尿道球腺からなり，射精に備えて精子の輸送を容易にするほか精子生理に影響を及ぼす種々の物質が含まれる分泌液（精漿）を貯留する．いずれの副生殖腺も複合管状胞状腺である（図 6.7）．

　精嚢腺は，膀胱の外側に突出した一対の外分泌腺で，家畜ではよく発達している．しかしイヌ，ネコには精嚢腺がない．精嚢腺の内部は腺胞が複数集まってできた小葉と導管からなり，小葉と小葉の間隙を平滑筋層が埋めている．腺胞は，不規則なヒダ状構造をとり，一層の分泌上皮細胞が管腔面を裏打ちしている．分泌液（精嚢腺液）は，腺胞内に貯留され，導管を通り，射精管を経由して尿道に放出される（ブタでは導管が直接尿管へ開口している）．白色または黄色を呈する精嚢腺液は精漿の主な成分である．フルクトース，ソルビトール，イノシトール，グリセロリン酸コリンなど精子のエネルギー代謝の基質となる成分が含まれている．タンパクも豊富で，代謝酵素やホルモンを含めた生理活性タンパクが見出されている（図 6.8（A））．

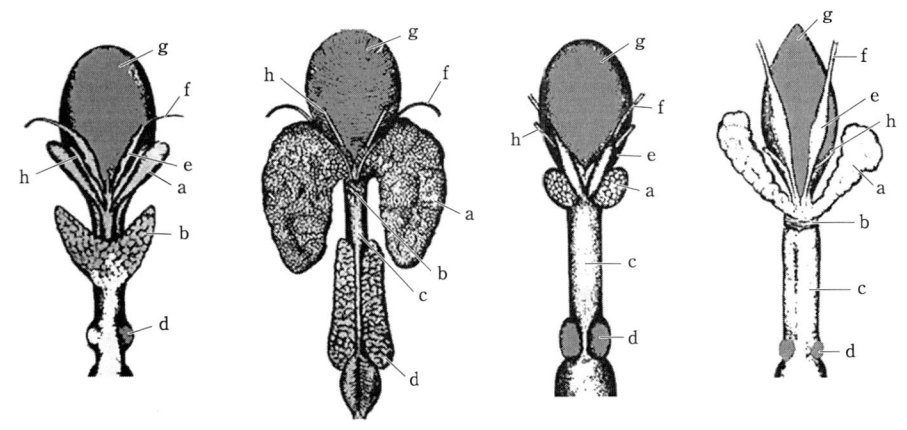

図 6.7　家畜の副生殖腺（左から：ウマ，ブタ，ヒツジ，ウシ）
a：精嚢腺，b：前立腺体部，c：前立腺伝播部，d：尿道球腺，e：精管膨大部，f：精管，g：膀胱，h：尿管．

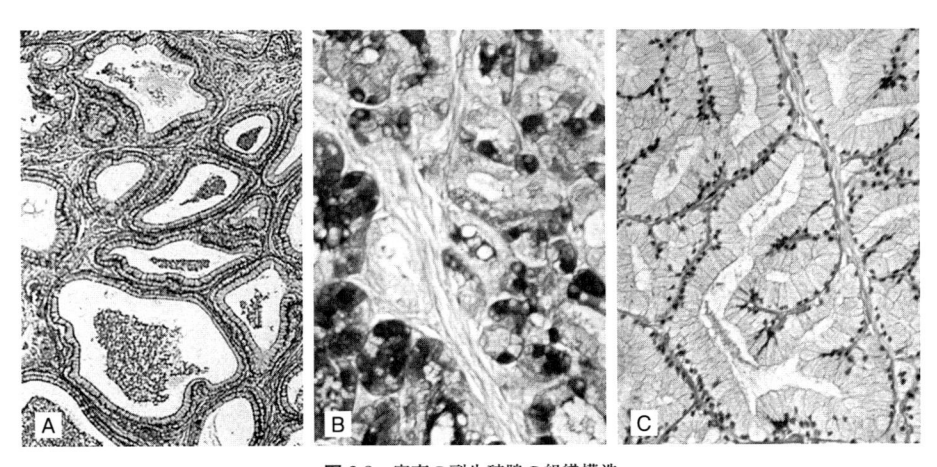

図 6.8　家畜の副生殖腺の組織構造
A：精嚢腺（ウシ），B：前立腺（ブタ），C：尿道球腺（ウシ）．

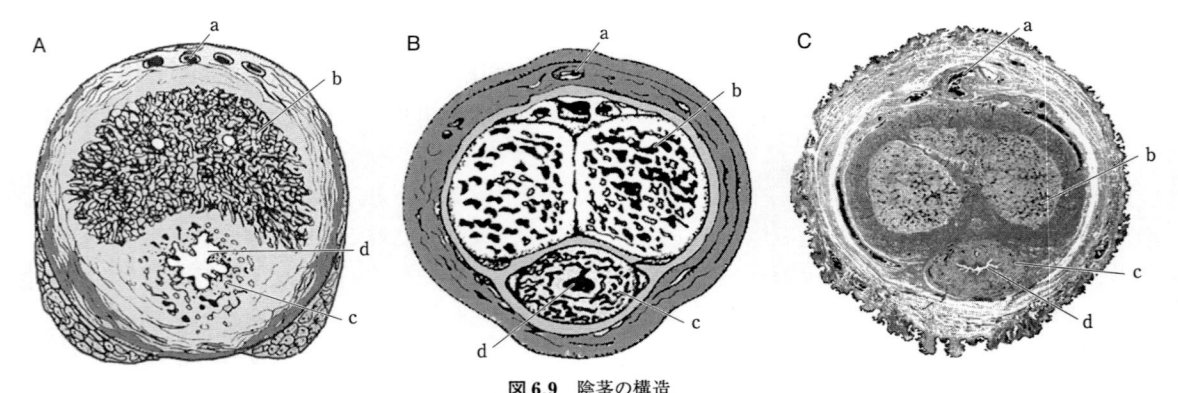

図 6.9　陰茎の構造
A：線維弾性型陰茎（反芻家畜，ブタ）の断面（模式図），B・C：脈管型陰茎（ウマ，ヒト）の断面模式図と写真.
a：血管，b：陰茎海綿体，c：尿道海綿体，d：尿道.

前立腺は，尿道の上端に位置する体部および伝播部（尿道骨盤部で尿道を囲んで分布し，その外側を尿道筋が包んでいるため表面からは観察できない）からなる外分泌腺である．ヒツジ，ヤギには体部がなく，ウマでは伝播部を欠いている．家畜では前立腺の機能はよくわかっていないが，前立腺のよく発達したヒトでは，弱酸性の薄い乳白色の前立腺液には酸性ホスファターゼ，亜鉛が含まれており，尿道球腺液とともに，射精に際して尿道を洗浄する役割をもつといわれている．前立腺の組織構造は基本的に精嚢腺と同じであるが，腺胞は小さくて丸みをおびている（図 6.8（B））．

尿道球腺は尿道骨盤部の尾端付近にある一対の外分泌腺である．ブタ以外の家畜では球状を呈し，横紋筋の尿道海綿体筋で覆われている．ブタは円筒状で尿道を覆うように付着している．組織構造は基本的に精嚢腺や前立腺と同じであるが，緻密である．家畜の尿道球腺液は少量であるが，ブタでは膠様物の源となる粘稠物質を含んでいて精液の 15～20% を占める．ヤギの尿道球腺液には卵黄凝固因子が含まれており，粘稠である（図 6.8（C））．

し，精液を射出する準備をととのえる．解剖学的に反芻類やブタの線維弾性型陰茎（fibroelastic type penis）とウマ，ヒトの脈管型陰茎（vascular type penis）がある（図 6.9）．陰茎は尿道を囲む構造で，勃起により排尿器から交尾器としての機能をもつ．上部に陰茎海綿体（corpus cavernosum penis），下部に尿道を囲む尿道海綿体（corpus spongiosum penis）がある．海綿体は，網目状からなる静脈性の血管腔と，その間を埋める膠原線維，弾性線維，平滑筋線維などの支持組織からなる間質とでできている．反芻類やブタの陰茎は，海綿体の間質の占める割合が高い線維弾性型陰茎で，非勃起時にも硬くて，S字曲（sigmoid flexure）を有しており，普段は体内に折り畳まれるように収められており，勃起時にこの部分が伸長する．ウマやヒトのような脈管型陰茎の海綿体には勃起時には大量の血液が集まり，線維弾性型のものに比べ陰茎の大きさが目立つようになる．陰茎の遊離端は，尿道海綿体が膨大して亀頭（glans penis）となる．ウマの亀頭は大きく明瞭であるが，反芻類やブタでは亀頭は発達しておらず，ブタの陰茎の先端はらせん状に回転している．

6.1.5　陰　　茎

陰茎は，勃起性的興奮が高まると腰仙髄に中枢をおく自律神経の反射によって勃起（erection）

6.1.6　射　　精

上述のようにして精巣の精細管で形成された精子は，精細管，精巣網，精巣輸出管を通って精巣

上体へ運ばれる．この過程で精子は成熟変化をする．

精細管で形成された直後の精子は運動能をもたないため，精巣液（testicular fluid）と呼ばれる精細管内のセルトリ細胞の分泌液に浮遊した状態で移送される．精巣液の成分は，精細管の血液精巣関門を通ってきているため血液と著しく異なり，タンパクが少なく，グルコース，フルクトース，コレステロールがほとんど含まれていない．精巣液とともに精巣上体に流入した精子は，精巣上体の頭部（caput）から体部（corpus），尾部（cauda）へと全長数十 m におよぶ長く迂曲した管内を 10〜15 日かけて移送される．精巣上体の頭部では精巣液が吸収されて精子は濃縮され，精巣上体の体部を経て尾部に輸送されるまでに精巣上体の分泌液が少量加わる．この過程で，精子には成熟変化が進行し，精子は射出精子と同程度の運動能と受精能力（fertilizing ability）をもつまでに成熟する．並行して精子核のクロマチンの凝縮も完成される．このようにして精巣上体の尾部に至った精子は，ここで射精（ejaculation）の機会を待つ．雄動物の性的興奮が高まると，腰仙髄に中枢をおく自律神経の反射によって射精が到来し，精巣上体に貯留されていた精子が代謝基質や生理活性タンパクなどを豊富に含む精漿とともに，体外へ放出される．

精巣上体の尾部では精子の消耗をおさえるためにエネルギー代謝が抑制され，運動をほとんど停止した状態にある．

陰部からの求心性の刺激は，陰部神経を経由して腰仙髄の射精中枢に入り，ここから遠心性に下腹神経を経由して精巣上体，精管，副生殖腺に伝えられる．その結果，精管の管壁に分布する平滑筋に拍動的な収縮運動が生じ，精巣上体尾部に貯留されていた精子は精管膨大部へと運ばれ，尿道へ導かれる．また精嚢腺，前立腺，尿道球腺などの副生殖腺からの分泌液も尿道へ放出され精子と混合する．尿道に送出された精液は，尿道筋や海綿体筋の律動的な収縮によって陰茎尿道部を通り体外へ射出される．一般に，射精を促す感覚刺激は，反芻類では温度感覚，ブタやウマでは圧力感覚である．また，人工的に精液を採取するために，仕骨神経に電気刺激を加える射精反応神経刺激が利用されることがある．

反芻類の副生殖腺液の量は少なく，射精は瞬間的である．ブタやウマの副生殖腺液は多量であり，射精時間が長い（ブタでは著しく長く，平均 5 分間である）．

■ 練習問題 ■
1. 家畜の雄性生殖器官の外形と配置を図示して説明せよ．
2. 精巣と精巣上体の構造を図示しながら機能を説明せよ．
3. 精子の構造と形成過程を図示して説明せよ．
4. 精細管の構造を図示して説明せよ．
5. 家畜の副生殖腺の構造を図示して説明せよ．

6.2 雌の生殖系

哺乳類の雌性生殖器は生殖巣（生殖腺：gonad），生殖道（genital duct）および外生殖器（external genitalia）の 3 部位からなる．生殖巣は卵巣（ovary），生殖道は卵管（oviduct），子宮（uterus），膣（vagina）および膣前庭（vestibule of vagina）から，外生殖器は陰核（clitoris）と陰唇（lip of the pudendum）からなる（図 6.10，表 6.4）．生殖巣は，生殖細胞が分化，発育，成熟し，それを制御するホルモンを分泌する細胞が分布する部位である．生殖道は，生殖細胞の輸送路で，受精と胎子発育の場である．外生殖器は交接器である．卵巣，卵管および子宮は子宮広間膜（uterin broad ligament）と呼ばれる腸骨外角下方から伸びる腹膜の広いヒダによって腹腔内に吊り下げられている．

生殖巣（卵巣と精巣）の発生の最初は，生殖隆起と呼ばれる「畑」に原始（始原）生殖細胞（primordial germ cell）という「種」が蒔かれる状態にたとえられる．妊娠期間が 21〜22 日齢

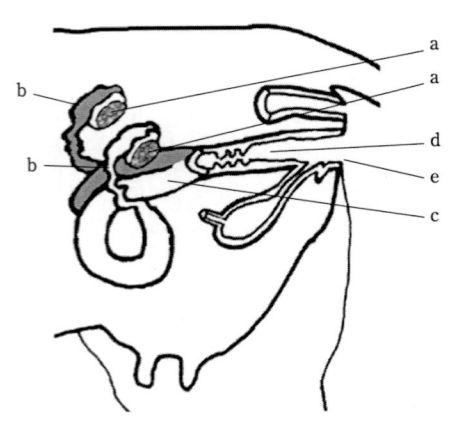

図6.10 雌性生殖器（ウシ）
a：卵巣，b：卵管，c：子宮，d：腟，e：外生殖器．

雄の場合は精巣に分化する（図6.11）．

未分化生殖巣が卵巣へ分化する場合，一次性索は分断された細胞塊となって髄質中に不規則に分散した後，互いに吻合して網目構造の卵巣網を形成する．これはやがて退化し，皮質上皮から細胞が補充されて二次性索（secondary sex cord）が形成される．二次性索の細胞は，原始生殖細胞を取り囲んだ卵胞上皮細胞へ分化し，その外側を間葉由来細胞が分化した卵胞膜細胞が包み込んで卵胞構造が形成される．

胎子期において生殖管は，中腎管と中腎傍管とから形成されるが，雌雄で異なる．泌尿器系原基の中腎管（mesonephric duct：ウォルフ管）は中腎（mesonephros）の排出管で，魚類や両生類では成体における尿管となって機能する．爬虫類，鳥類および哺乳類の雄では精管となり，雌では退化する．生殖管専用の原基である中腎傍管（paramesonephric duct：ミューラー管）は中腎管より少し遅れ，生殖巣原基に一次性索が形成される時期に中腎管の腹位に現れる．哺乳類の雌では，原始的な卵胞構造が形成されて卵巣の基本形

のマウスでは，原条後部の胚体外中胚葉内にアメーバ状の原始生殖細胞が出現し（7日齢），これが後腸域背側腸間膜部に向かって移動して生殖隆起にまで到達する（11日齢）．原始生殖細胞が到達すると，生殖隆起の上皮細胞が盛んに増殖して髄質との間に基底板を形成しながら髄質内に侵入して，柱状の一次性索（primitive sex cord）を形成する．この後生殖巣は雌の場合は卵巣に，

表6.4 雌性生殖器の比較形態

	ウシ	ヒツジ	ブタ	ウマ	ラット	イヌ
生殖巣						
卵巣の外形	卵円形	卵円形	ブドウ房形	マメ形（排卵窩）	卵円形	卵円形
重量（g/片側）	10～20	40～80	3～7	40～80	0.01～0.03	0.5～4
成熟卵胞の数	1～2	1～4	10～25	1～2	8～12	3～12
直径（mm）	12～24	5～10	8～12	25～70	0.8～0.9	7～8
黄体の直径（mm）	20～30	9～10	10～15	10～25	0.7～0.8	7～8
最大時（排卵後日数）	10	7～9	14	14	3	5
退行時（排卵後日数）	14～15	12～14	13	17	4	45
生殖道						
卵管の長さ（cm）	20～25	15～19	15～30	20～30	2.5～3.2	4～7
子宮の型	両分子宮	両分子宮	両分子宮	双角子宮	重複子宮	両分子宮
子宮角の長さ（cm）	35～40	10～20	120～150	15～25	3.5～5	10～14
子宮角の粘膜表面	子宮小宮（70～120個）	子宮小宮（88～96個）	縦ヒダ状	縦ヒダ状	縦ヒダ状	ヒダ状
子宮体の長さ（cm）	2～4	1～2	5	15～25	なし	1.4～2
子宮頸部の長さ（cm）	8～10	4～10	10	7～8	0.5	1.5～2
子宮頸部の外径（cm）	3～4	2～3	2～3	3～4	0.5	0.5～1.5
子宮頸管の内腔表面	輪状環	輪状環	らせん状	ヒダ状	不規則	不規則
腟の長さ（cm）	20～30	10～14	10～15	20～35	2.5～3	5～8
腟前庭の長さ（cm）	10～12	2～3	6～8	10～20	ー	2～5

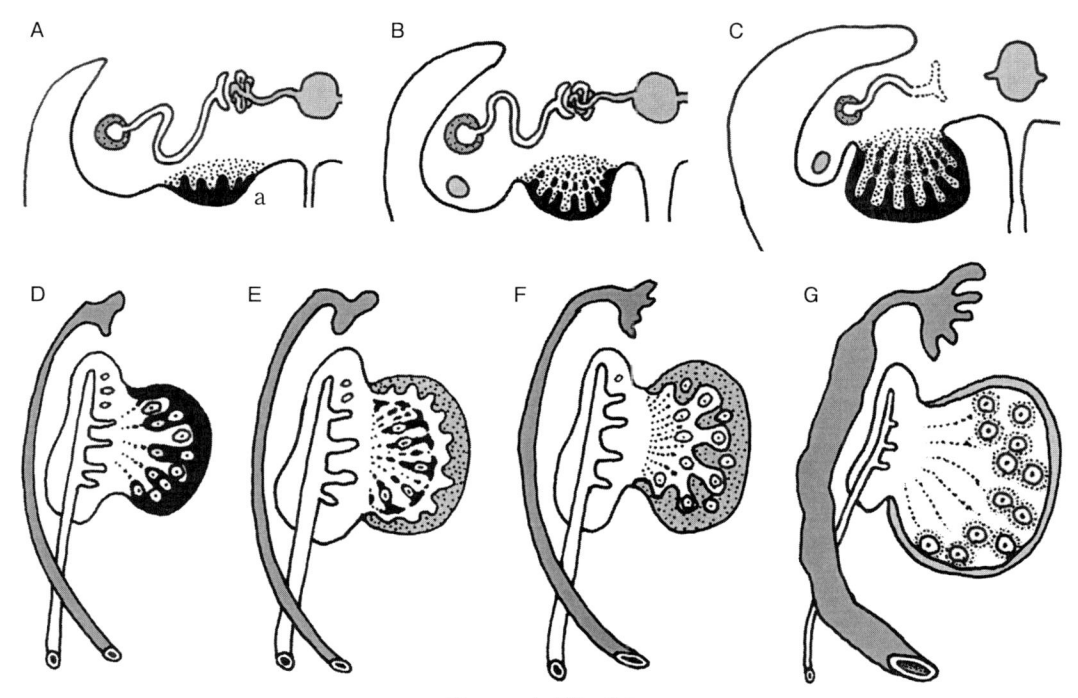

図 6.11 生殖器の発生
原条後部の胚体外中胚葉内に出現したアメーバ状の原始生殖細胞は，生殖隆起（a）にまで移動する（A）．
生殖隆起の上皮細胞が増殖して髄質内に侵入し，柱状の一次性索を形成する（B〜C）．
一次性索は分断された細胞塊となって髄質中に分散した後，互いに吻合して網目構造の卵巣網を形成する（D〜E）．
これが退化し，皮質上皮の細胞が補充されて第二次性索が形成される（F）．
二次性索の細胞は，原始生殖細胞を取り囲む卵胞上皮細胞へ分化し，この外側を間葉由来の卵胞膜細胞が包み込んで卵胞構造が形成される（G）．

態が形成される時期に中腎管が退化し，中腎傍管の尾側端が癒合してY字形の雌性生殖管が形成される．ウォルフ管は，魚類や両生類では生涯にわたって腎（哺乳類の成体では後腎が腎として使われるが，魚類や両生類では中腎が腎として使われる）からの尿を体外に導く尿管として機能する．

外生殖器は，子宮部の形成に引き続いて，中腎傍管の尾側端が，別の原基から発生した膣と結合して形成される．

6.2.1 卵　　巣

雌性生殖巣である卵巣は，皮質と髄質からなる扁平なマメ形をした一対の器官で（図 6.12），動物の種，性周期，年齢などによって構造が異なる．特に生殖様式が異なると，それに対応して構造も異なる．例えば，完全性周期動物（ヒト，ブタ，ウシなど）と不完全性周期動物（マウス，ラットなど）間で組織構造が異なる．季節繁殖動物（ヤギ，ヒツジ，ウマなど）では繁殖期と非繁殖期間で大きく異なる．

卵巣は，表面上皮（surface epithelium，以前は，胎性期に表面上皮から卵祖細胞（卵原細胞）が発生すると間違って考えられていたために胚上皮と呼ばれていたが，まったくの誤りである）によって覆われ，この直下に結合組織層の白膜（tunica albuginea）があり，この下に皮質と髄質がある．ヒト，ウシ，ブタ，マウス，ラットなどの多くの動物の卵巣では，卵巣表面の大部分を皮質が覆い，髄質は内層部を埋めるように存在する．髄質という餡を皮質という餅がつつむような構造である．ところが，ウマの卵巣では皮質が髄

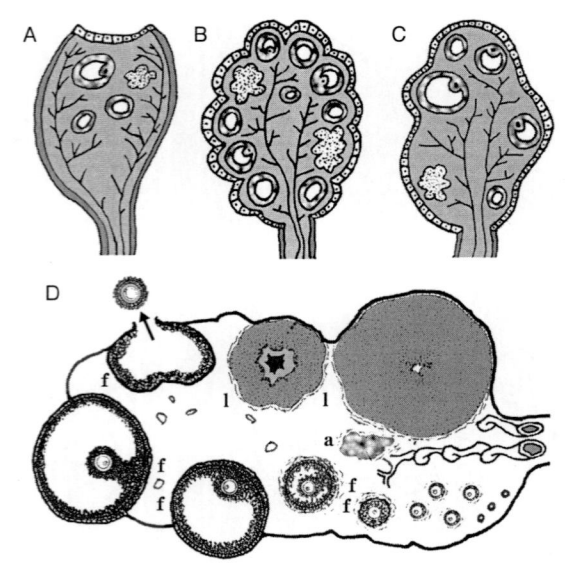

図 6.12 卵巣の構造
種によって異なり，ウマ（A）では皮質が髄質に包み込まれるように埋没し，皮質の一部が表層に現れている排卵窩からのみ排卵される．ブタ（B）やウシ（C）では表面の大部分を皮質が覆い，髄質は内層部を埋めるように存在する．卵巣は表面上皮に覆われ，この直下に白膜がある．皮質には様々な成熟段階の卵胞（f），黄体（l），白体（a）などが含まれる（D）．

質に包み込まれるように埋没し，皮質の一部が表層に現れている排卵窩（ovulation fossa）からのみ排卵される．皮質という餅を髄質という餡で包み込んでいるが，それが不完全で一部に裂け目があり皮質が顔をのぞかせているような構造である．

皮質には顕微鏡レベルでやっと観察できる原始卵胞や様々な発育・成熟段階の卵胞，黄体，白体などが含まれる．皮質の間質には細い動静脈，リンパ管，神経が豊富に分布している．ウサギ，マウス，ラット，イヌ，ネコの皮質には，大きな脂質封入体を含む間質腺細胞（間質細胞：ovarian interstitial cell）が集まった間質腺がある．間質腺細胞は，閉鎖卵胞の卵胞上皮細胞（一般に顆粒層細胞：glanulosa cell と呼ばれる）や内卵胞膜に存在する内分泌系細胞に由来するもので，下垂体が分泌する性腺刺激ホルモン（gonadotropic hormones）に反応してテストステロンを合成・分泌する．

髄質は，ひも状に連なる平滑筋細胞，神経線維，渦巻き状の太い血管，リンパ管を豊富に含んだ大小の空隙がある疎性結合組織である．

(1) 卵胞と卵母細胞

卵胞（ovarian follicle）は，卵母細胞（oocyte），これを取り囲む卵胞上皮細胞（follicular epithelial cell）の層，その直下の基底膜（基底板：basement membrane），および基底膜外の内卵胞膜（internal theca）と外卵胞膜（external theca）からなる（図 6.13）．健常な卵胞はただ一個の卵母細胞を含むが，ラット，ブタでは複数の卵母細胞を包み込む卵胞がときに現れる．動物に外因性内分泌攪乱物質（いわゆる環境ホルモン）などを投与した場合，このような異常な卵胞が高頻度で現れることが知られている．

最初 1 層であった卵胞上皮細胞は，卵胞の発育過程で分裂増殖し，卵胞内を何層にも裏打ちするようになる．慣例的に，このような状態の卵胞上皮細胞を特に顆粒層細胞と呼ぶ．

卵母細胞を取り囲んだ卵胞上皮細胞は増殖と分化を続けて，卵胞腔内に突出するようになる．このような状態の卵胞上皮細胞を卵丘細胞（ovarian cumulus cell）と呼ぶ．卵丘細胞のうち透明層に接して卵母細胞に達する細い細胞突起を伸ばした特殊な構造をしたものを，放線冠（corona radiata）と呼ぶ．卵胞上皮細胞の外側を取り囲む基底膜はⅣ型コラーゲン，ラミニン，フィブロネクチンなどの細胞外マトリックスからなる 20～100 nm の網目構造物で，様々な低分子物質やガスは透過するが，細胞成分の侵入を防ぐ選択的フィルタで，基底膜より内側には毛細血管，リンパ管，神経線維などが入り込むことはない．ただし，卵胞の 99% 以上が発育過程で選択的に退行して消滅するが（卵胞閉鎖：follicular atresia），この閉鎖卵胞（atretic follicle）では基底膜が断裂して隙間ができ，そこを通ってマクロファージなどの食細胞が外部から卵胞腔内に侵入する．基底膜の外を内卵胞膜と外卵胞膜が包み込む．前者には血管が豊富で，平滑筋細胞が散在し，脂肪顆粒が豊富な多角形をした内分泌系細胞が多数散在してい

6.2 雌の生殖系

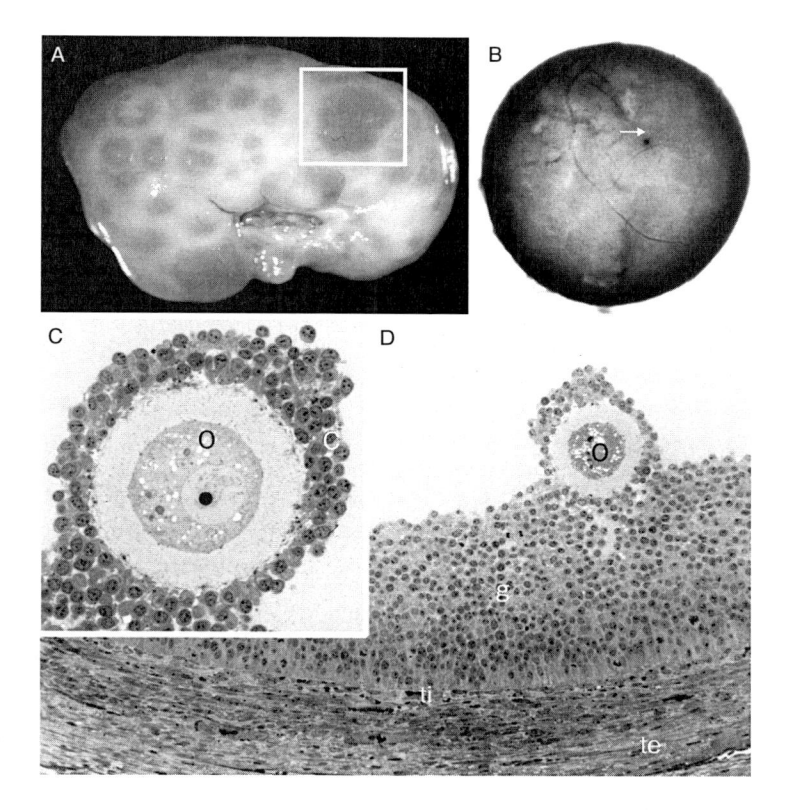

図 6.13 卵胞の構造（ブタ）（杉本実紀原図）
卵巣皮質には多数の卵胞が発育している（A）．卵巣から切り出した三次卵胞の外から卵母細胞（→）がみえる（B）．三次卵胞は，卵母細胞（o），これを取り囲む卵丘細胞（c），顆粒層細胞（g）および内卵胞膜（ti）と外卵胞膜（te）からなる（C, D）．

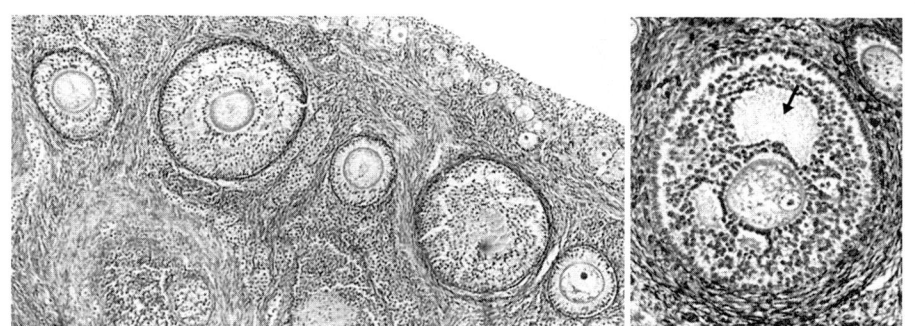

図 6.14 卵胞の組織構造（ブタ）
様々な発育段階の卵胞が認められ（左図），排卵が近づくと卵胞腔（矢印の部分）が形成された三次卵胞となる（右図）．

る．外卵胞膜では間質性コラーゲンを主成分とする膠原線維が多量に走る中に扁平な線維芽細胞が重層し，丈夫な袋構造をしている（図 6.14）．

卵巣に存在する卵母細胞の数は，ヒトでは約 40 万／片側卵巣，ウシで約 6 万，イヌで約 7 万，ブタで約 3 万，モルモットで約 10 万である．ほとんどが発育を開始することなく，発育を開始したものの 99% 以上は閉鎖して消滅してしまうが，これを制御している機構は未だ不明である．

a. 原始生殖細胞および一次卵胞（原始卵胞）

原始生殖細胞は，胎子の二次性索中で有糸分裂（mitosis）にて増殖をはじめるが，この細胞を卵祖細胞（oogonia）と呼ぶ（図 6.15）．卵祖細胞は卵形の大きな核をもつ卵円形の細胞で，通常の体細胞と同じ倍数体（diploid）である．胎子期に卵祖細胞と単層の卵胞上皮細胞からなる，一次卵胞

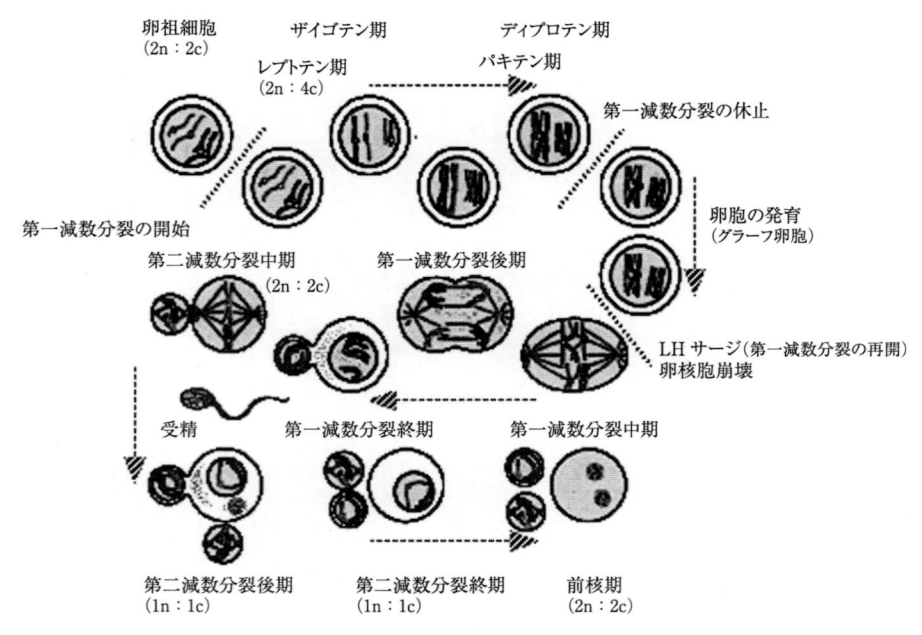

図 6.15 卵母細胞の発育と成熟

有糸分裂を停止した卵祖細胞は，第一減数分裂を開始する（一次卵母細胞）．胎子期に，減数分裂はレプトテン期，ザイゴテン期，パキテン期，ディプロテン期へ進み，停止する（減数分裂休止）．性成熟後，下垂体から多量の性腺刺激ホルモンが一過的に放出され（LHサージ），グラーフ卵胞内の一次卵母細胞の第一減数分裂が再開（卵核胞崩壊）されて中期，後期，終期へと進み，第一極体の形成がはじまる．第一極体が放出されて第一減数分裂が完了し，二次卵母細胞となり，卵丘細胞に包まれて排卵される．卵管内で精子が侵入すると中期にあった第二減数分裂が進行して，後期，終期へと進み，第二極体が放出されて第二減数分裂が完了する．卵母細胞は卵子と精子の前核をもつ前核期となり，やがてこれらが融合して受精が完了する．

（初期の単層の扁平な卵胞上皮細胞に包まれた状態の小さな一次卵胞（primary follicle）を原始卵胞（primordial follicle）と呼ぶことが多い）が形成される．一次卵胞は，胎性期の後期，種によっては出生後まで新生を続ける．有糸分裂を停止した卵祖細胞は，第一減数分裂（meiosis）を開始する．この減数分裂を開始した卵母細胞を一次卵母細胞（primary oocyte）と呼ぶ．一次卵母細胞は，核小体が顕著な大きな遍在性の特別な核を有する細胞で，これを紡錘形の核の卵胞上皮細胞が包み込む．この核は，二倍体の体細胞の核とは異なるので，卵核胞（germinal vesicle）と呼ぶ．胎子期に，減数分裂はレプトテン期（細糸期），ザイゴテン期（接合糸期），パキテン期（太糸期）へと進行し，次のディプロテン期（複糸期）で停止し，そのまま長い休止期に入る（減数分裂休止）．春期発動期の皮質表層には多数の一次卵胞が観察され，特に卵胞帯（ovarian follicle area）と呼ばれる．

b. 二次卵胞

性成熟後，性周期毎に一定数の一次卵胞が発育を開始し，ごく一部は排卵にまで至る．この過程を卵成熟と呼ぶ．この過程で，扁平であった卵胞上皮細胞が増殖して立方形の重層上皮となる（顆粒層細胞）．重層化した卵胞上皮細胞に包まれた卵胞を二次卵胞（secondary follicle，単層であった卵胞上皮細胞が重層化したときから卵胞腔が形成されるまでの時期）と呼ぶ．二次卵胞の卵母細胞は一次卵母細胞である．一次卵母細胞は，卵胞上皮細胞から栄養を受けて卵黄を蓄積して大きくなる．二次卵胞の卵胞上皮細胞層の最外側にはよく発達した基底膜が形成されて外界から隔離される．二次卵胞期から三次卵胞期（tertiary follicle，卵胞腔が形成された卵胞）にかけて，卵母細胞は

ゼリー状のムコ多糖類を分泌して卵胞上皮細胞との間に透明層（透明帯：pellucid zone）を形成する．この時期，卵胞周囲の卵胞膜も発達する．内卵胞膜では血管が豊富で，平滑筋細胞が散見され，内分泌系細胞が多数散在している．外卵胞膜では膠原線維が多量に走る中に扁平な線維芽細胞が重なっている．

c. 三次卵胞（胞状卵胞，成熟卵胞，グラーフ卵胞）

卵母細胞の体積増加が止まった後も卵胞上皮細胞は分裂増殖を続け，間隙（Call-Exner体）が複数形成されるようになる．間隙は互いに融合して卵胞腔（follicular antrum）となる．卵胞腔が形成された卵胞を三次卵胞と呼ぶ．これは，卵胞腔が形成された大きな卵胞であるので胞状卵胞（antral follicle）とも呼ばれる．特に，排卵前の非常に大きな卵胞を成熟卵胞（mature follicle）またはグラーフ卵胞（Graafian follicle）と呼ぶ．

卵胞の発育に伴って卵胞腔内には卵胞液（follicular fluid）が蓄積する．最初は主に卵胞上皮細胞が分泌したエストロゲンなどを含むが，やがて内卵胞膜の内分泌系細胞が産生した物質や内卵胞膜の血管から浸出した物質などをも含むようになる．エストロゲンは卵胞上皮細胞と内卵胞膜の内分泌細胞との協調作用によって産生される（二細胞説）．卵胞上皮細胞でコレステロールからプロゲステロンが合成されて内卵胞膜の内分泌細胞に渡され，ここでプロゲステロンからテストステロンが合成される．このテストステロンは卵胞上皮細胞に渡され，17βエストラジオール（estradiol-17β）となる．ステロイドホルモン以外にもインヒビン（inhibin），アクチビン（activin），ホリスタチン（follistatin）などのペプチド性の生理活性物質を合成・分泌して卵胞の発育や成熟などの生殖機能の制御にかかわっている．

卵胞液の増量に伴って卵胞は増大し，卵胞上皮細胞の一部は卵母細胞を包むように分化して卵丘細胞となる．透明層に接した細胞は，透明層を貫通して卵母細胞に達する細い細胞突起を伸ばした特殊な構造をしており，放線冠と呼ばれる．細胞突起の先端は卵母細胞の細胞質に深く入り込んで細胞間の連絡を保っているが，排卵が近づくと退行する．排卵が近づいた三次卵胞では，肥厚した透明層に囲まれた半数体（haploid）の一次卵母細胞が観察される．成長につれて卵母細胞の細胞質には卵黄顆粒，粗面小胞体，ゴルジ複合体，ミトコンドリアなどが増加する．多くの動物では，下垂体から多量の性腺刺激ホルモンである黄体化ホルモンあるいは卵胞刺激ホルモンが一過性に放出され（LHサージあるいはFSHサージ），一次卵母細胞の第一減数分裂が再開される．

分裂は，第一減数分裂中期（mataphase I），第一減数分裂後期（anaphase I），第一減数分裂終期（telophase I）へと進み，第一極体（first polar body）の形成がはじまる．この第一減数分裂の再開時には形態学的に卵核胞が崩壊し始めたようにみえるので，卵核胞崩壊（germinal vesicle break down）と呼ぶ．これは卵母細胞の成熟過程を調べる場合にはわかりやすく重要な道標である．第一極体が放出されて第一減数分裂が完了し，卵母細胞は二次卵母細胞（secondary oocyte）となる．第一極体は，極めて小さくて扁平な細胞質をほとんど含まない細胞で，透明層と二次卵母細胞の狭い間隙に存在する．二次卵母細胞は，排卵（ovulation），受精（fertilization）の準備が整った状態であるので，慣例的に，成熟卵子（mature ovum）あるいは卵子（egg）と呼ばれることが多いが，卵子と呼ぶことは正確でない．哺乳類では，減数分裂の途中の卵母細胞（二次卵母細胞）が受精するのであって，減数分裂が終了して卵子（減数分裂が終了した雌性配偶子を卵子と呼ぶ）となった後に受精することはないので，厳密には卵子は存在しない．

例えば，多くの哺乳類では第二減数分裂が中期まで進行した二次卵母細胞が排卵されて受精に供されるが，イヌやキツネでは卵核胞崩壊の前（すなわち，卵核胞期の一次卵母細胞）が受精の適期

であるので，この時期に排卵される．マウス，ラット，ウサギなどでは性腺刺激ホルモンサージの約12時間後，ヒツジでは約20時間後，ウシでは約25時間後，ブタでは約40時間後に排卵が起こる．排卵数は遺伝的に制御されており，ヒト，ウシ，ウマで1個，ヒツジとヤギで1〜5個，ブタでは10〜20個（少ない品種では5個，多いものでは30個に達する）である．

排卵が近づくと，卵胞上皮細胞はエストロゲン分泌を停止し，黄体細胞へ分化し始める．卵胞腔は急速に増大し，卵母細胞・卵丘細胞複合体は卵胞腔内に突出して浮遊したような状態となる．卵胞膜は極めて薄くなる．排卵を迎えた三次卵胞は卵巣から突出し，卵巣表面に近い卵胞膜で虚血性変化が起こって半透明となり卵胞斑（stigma）を形成する．排卵はこの部分から起こる．排卵時の三次卵胞の直径はイヌでは7〜8 mm，ネコは4〜5 mm，ヒツジ，ヤギ，ブタは5〜12 mm，ウシは12〜24 mm，ウマは25〜70 mmに達する．

d．胚

上述のように，多くの哺乳類では，卵丘細胞に包まれた二次卵母細胞が腹腔に排卵される．二次卵母細胞は卵管采を経由して卵管に導かれ，そこで精子と出会う．精子が透明層を通過して侵入することで第二減数分裂中期にあった分裂が進行する．第二減数分裂後期，第二減数分裂終期へと進み，第二極体が放出されて第二減数分裂が完了する．卵母細胞は卵子と精子由来の雌性前核（female pronucleus）と雄性前核（male pronucleus）をもつ前核期となり，やがてこれらが融合して第一分割の前期へと進むことで受精が完了して胚となる．

卵胞の命名法には未だ混乱がある．本文中で一次卵胞（原始卵胞を含む）と呼んでいる段階の卵胞をすべて原始卵胞と呼び，重層した卵胞上皮細胞をもつ段階を一次卵胞，卵胞腔が形成されたものを二次卵胞と呼ぶ場合もある．このような卵胞の命名法以外にも，研究分野によって雌の生殖科学に関する用語が異なることが多い．

◻ **卵胞の選択** ◻

哺乳類では，体細胞分裂を終えて片側卵巣あたり数百万個にまで増加した卵祖細胞が，胎子期に減数分裂を開始して卵母細胞となるが，この減数分裂は途中（ディプロテン期）で停止し，卵母細胞が休眠している状態で誕生する．この休眠は性成熟に達して排卵が開始されるまで継続するので，成熟した雌の哺乳類の卵巣には20〜100万個の卵母細胞が卵胞上皮細胞に包まれて休眠し続けていることになる．性成熟後，一定の性周期毎に，卵胞内では卵胞上皮細胞（顆粒層細胞）が卵母細胞の保育を開始して排卵に至るが，この過程で99.9%以上の卵胞が選択的に閉鎖退行して消滅してしまい，ごくわずかが排卵に至る．この卵胞の選択的死滅には卵胞上皮細胞のアポトーシスが支配的に関与しており，その制御には卵胞上皮細胞の細胞表層に発現している細胞死受容体が関与していると考えられるが，分子制御機構の詳細は未解明である．

上記のプロセスにはいくつかの大きな謎が残されている．①卵巣内の卵祖細胞は，なぜ胎子期に減数分裂を開始してしまうのか．②性成熟に達すると脳下垂体から性腺刺激ホルモンが分泌されて血液を介して卵巣に至るが，なぜ20〜100万個ある卵母細胞のうちのほんのわずかしか減数分裂を再開して発育・成熟しないのか．

---

(2) 黄 体

黄体（corpus luteum）は妊娠の成立と維持のために重要な内分泌システムで，卵生動物には存在しない．「新たに獲得した形質は多様性に富む」という原則が黄体にもあてはまる．黄体の維持機構と退行を制御する機構には種属差が大きく，すべての哺乳類に共通な機構は未だ成立していない．

黄体は様々な細胞から構成されているが，その実質細胞である黄体細胞（lutein cell）は，2種類の細胞に由来する（図6.16）．一つは，卵胞上皮細胞（顆粒層細胞）に由来する直径20〜40 μm の大型の細胞で，顆粒層黄体細胞（granulosa lutein cell）と呼ばれる．もう一つは，内卵胞膜の内分泌細胞に由来する小型の細胞で，卵胞膜黄

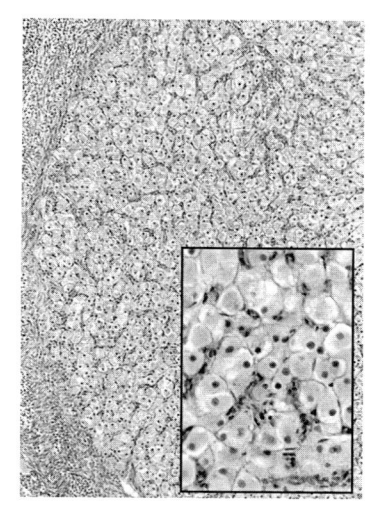

図 6.16 黄体の組織構造（ブタ）
黄体細胞には，顆粒層細胞に由来する大型の顆粒層黄体細胞と内卵胞膜の内分泌細胞に由来する小型の卵胞膜黄体細胞がある．

体細胞（theca lutein cell）と呼ばれる．排卵を終えた破裂卵胞は卵巣内に閉じこめられ，卵胞腔部に血液が貯留した出血小体（出血体：corpus hemorrhage）に内卵胞膜の細胞が血管を伴って侵入してくる．ヒト，ウシ，ウマ，イヌ，ネコなどの黄体はルテインを含むので黄色を呈しているが，ブタ，ヤギ，ヒツジの黄体細胞はルテインを含まないのでピンク色（淡い肉色）であり，ウマの場合は黒色の色素を含むので黒っぽい肉色である．

　排卵後に形成される性周期黄体はプロゲステロン（黄体ホルモン：progesterone）を分泌し，黄体期の成立の主要因となる．プロゲステロンは，子宮内膜の分泌機能を亢進させて受精卵の着床に適した環境を準備する．プロゲステロン分泌が盛んな時期は，ウシ，ヒツジでは排卵7～8日後，ウマでは排卵12日後，ブタでは排卵12～13日後である．ウシでは黄体の発達が排卵12日後まで続き，直径25 mmにまで達するが，15日後からルテインの濃縮による赤色化が観察されるので赤体（corpus rubrum）と呼ぶことがある．妊娠が成立しないと黄体細胞は退縮して消失するが，フィブリンなどの線維成分や結合組織が置き換わるため白体（corpus albicans）と呼ばれる瘢痕組織となる．これもやがて消滅する．ウシでは瘢痕組織が残存する．このように妊娠が成立しなかったために退行する黄体を性周期黄体（corpus luteum of menstruation）と呼ぶ．妊娠が成立した場合，黄体は一層発育して妊娠黄体（corpus luteum of pregnancy）となる．多くの哺乳類では，妊娠期間の中期頃まで妊娠黄体が存在して妊娠の維持につとめる．

6.2.2 卵　　管

　卵管（oviduct）は，腹腔に開口する一対の開放系の管状構造物であり，卵管漏斗部，卵管膨大部および卵管峡部の3部に区分される．排卵された二次卵母細胞（慣例的に卵子と呼ぶが，科学的には正しくない）は，卵管の腹腔口周囲にラッパ状に広がる卵管采にとらえられ，左右に一対ある卵管に導かれ，ここで受精する（図6.17）．

　ⅰ）卵管漏斗部（infundibulum）：大きな漏斗状の部位で，腹腔内に排出された卵子を確保して卵管に取り入れる．
　ⅱ）卵管膨大部（ampulla）：管径が太い部位で，卵管をさかのぼってきた精子が卵子と出会い，受精する場である．
　ⅲ）卵管峡部（isthmus）：受精した卵子（胚）を子宮に運搬する通路である．多くの哺乳類では受精した卵子がここを通過するのに4～5日間かかり，着床するまでの初期の胚の発生の場として重要である．

　卵管の壁は粘膜，筋層，漿膜の3層からなる．卵管の内腔はよくヒダの発達した粘膜で覆われている．一般に，粘膜は，粘膜上皮細胞の層，粘膜固有層と粘膜下組織からなるが，卵管には粘膜筋板がないため粘膜固有層と粘膜下組織は連続している．卵管の最内層を覆うのは，性周期に伴って増減する2種の単層の粘膜上皮細胞（円柱上皮細胞）である．可動性の線毛を有する線毛細胞と微

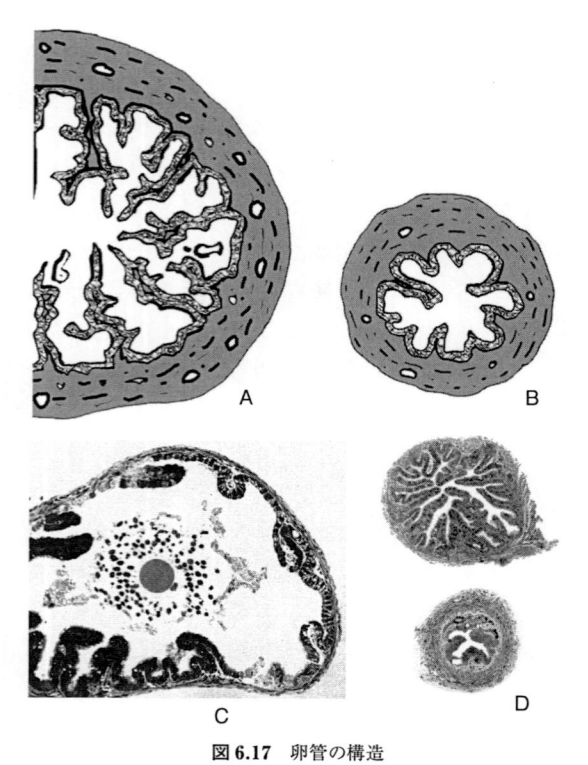

絨毛を有する分泌細胞（顕著に発達した粗面小胞体とゴルジ複合体，そこから細胞頂部にかけて多数の分泌顆粒が観察される）である（図6.18）．排卵前の卵胞が発育，成熟する時期には線毛細胞が優勢である．排卵後は分泌細胞が増加し，黄体の成長に呼応して盛んな分泌像を呈する．

粘膜の下に2層の筋層（内層輪走筋層と外層縦走筋層）がある．これらの収縮による蠕動運動によって，精子を受精の場まで運搬したり，受精した卵子をゆっくりと子宮まで運搬している．ウサギ，マウス，ラットなどでは，精子が卵管内に約6時間止まる間に成熟して受精能を獲得する．また，多くの哺乳類では，受精した卵子が子宮に進入するまでに2〜4日を要し，この間に胚の発生は4〜32細胞の範囲まで進んでいる．

筋層の外側を漿膜下組織と漿膜が包む．漿膜は，腹膜と連続する膜構造物で，卵管を腹腔背部から吊るしている．粘膜固有層や漿膜下組織には，豊富な無髄神経線維束が観察され，卵管の機能が自立神経系によって支配されていることをう

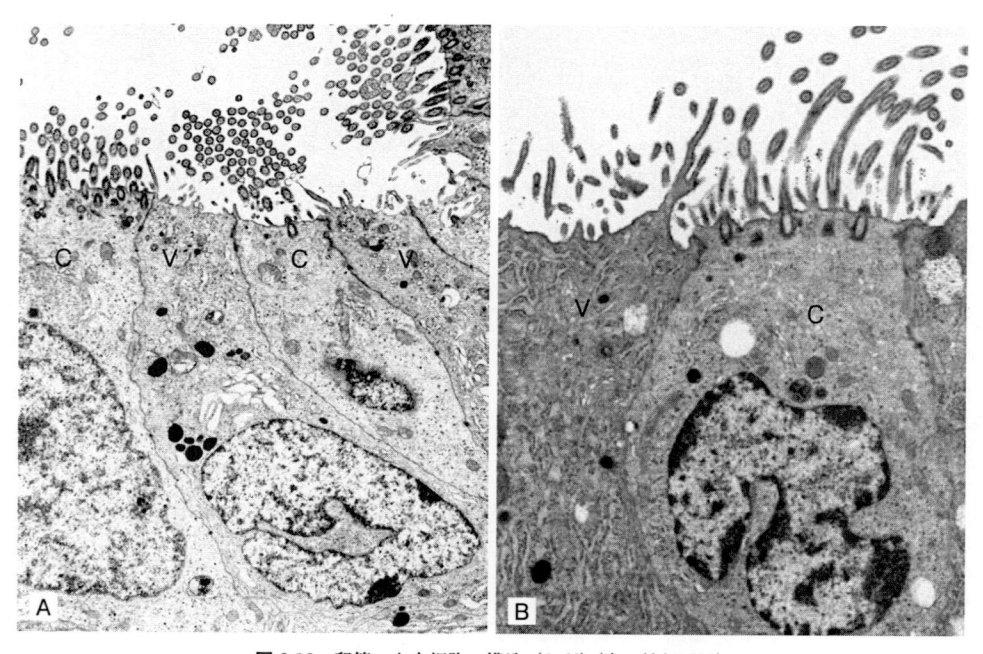

図6.17 卵管の構造
卵管膨大部（A, C）は，太い部位で，卵管をさかのぼってきた精子が卵子と出会う受精の場である．卵管峡部（B, D）は，受精卵を子宮に運搬する通路である．

図6.18 卵管の上皮細胞の構造（ヤギ）（森田眞紀原図）
卵管上皮は，可動性の線毛を有する線毛細胞（c）と微絨毛を有する分泌細胞（v）からなる（A）．
分泌細胞には，よく発達した粗面小胞体とゴルジ装置がある（B）．

かがわせる．

6.2.3 子　　宮

受精した卵子は，数日かけて卵管内で発生を続けながら，子宮（uterus）まで下降してきて着床し，胎盤（placenta）を形成する．基本的には，子宮は，卵管が開口している一対の子宮角（uterine horn），一つの子宮体（uterine body）および膣へと続く子宮頸部（uterine cervix）の3部位からなるが，下記のように構造が種間で異なる（図6.19）．

ⅰ）重複子宮： ウサギでは，左右の子宮体が合一することがなく，2つの子宮口をもって膣腔に開く．

ⅱ）双角子宮： ブタ，ウマ，ヤギ，ヒツジでは，卵管側は左右一対の分離した子宮角をもつが，膣側で合一して1つの子宮体と子宮頸部を形成する．

ⅲ）両分子宮： 双角子宮の変形と考えられる．ウシでは，左右一対の分離した子宮角が子宮体に開口するが，子宮帆と呼ばれる中隔が子宮体を子宮頸部近くまで二分している．

ⅳ）単子宮： ヒトや多くの霊長類では，子宮角に相当する構造がなく，一対の卵管が広い子宮体の左右の上隅に直接開口している．

子宮は粘膜層，筋層および漿膜層の3層構造をとる（図6.20）．最内層の粘膜層を子宮内膜（endometrium）と呼ぶ．表面を覆う単層の上皮細胞とその下の厚い粘膜固有層からできている．上皮細胞は，少数の線毛細胞と多くの微絨毛細胞からなり，性周期，繁殖，妊娠期には各ステージの推移に伴って一連の変化をする．ウマ，イヌ，ネコやヒトなどの霊長類の粘膜上皮は，単層

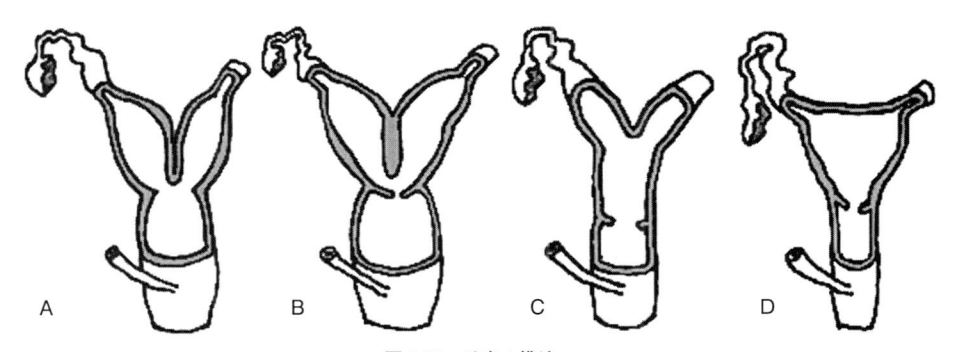

図 6.19　子宮の構造
種間で異なり，（A）重複子宮，（B）両分子宮，（C）双角子宮，（D）単子宮がある．

図 6.20　子宮の組織構造（ブタ）
子宮は粘膜層，筋層および漿膜層の3層構造をとる．最内層は子宮内膜と呼ばれる粘膜層で，表面を線毛細胞と微絨毛細胞からなる単層上皮細胞が覆う．その下に厚い粘膜固有層がある．粘膜固有層には，上皮から固有層を貫いて筋層にまで達する子宮腺が多数あり，粘液を分泌する．粘膜層を厚い2層の子宮筋層が取り囲み，最外層は子宮外膜に取り囲まれている．

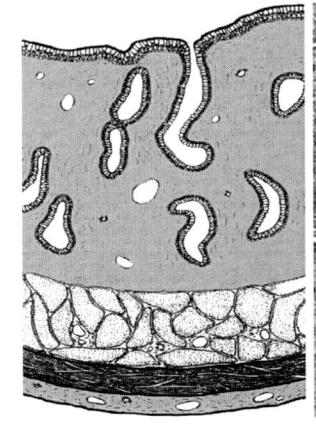

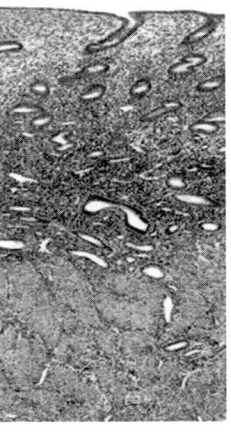

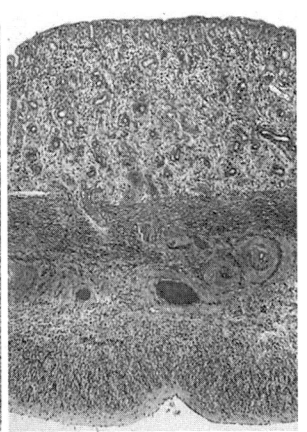

円柱上皮あるいは単層立方上皮である．ブタやウシ，ヒツジなどの反芻類では，多列（偽重層）円柱上皮あるいは単層円柱上皮である．上皮の下層に位置する厚い粘膜固有層は，線維芽細胞が密で，マクロファージ，肥満細胞，リンパ球，顆粒白血球，形質細胞などが散在している血管の豊富な疎性結合組織である．ヒツジの粘膜固有層にはメラニン色素に富む黒色の色素細胞が多数存在する．粘膜固有層には，上皮から固有層を貫いて筋層にまで達する子宮腺（uterine gland）が多数あり，粘液を分泌する．

月経のみられる霊長類の子宮内膜は2層に区分される．内腔側の機能層は，稠密層と海綿層からなり，排卵後受精が成立しないと剥離してしまう．この現象が月経である．外側の基底層は月経後も存在し続け，この部位から性周期毎に新たな機能層が形成される．

反芻類の子宮角の内腔側には特徴的な構造が発達している．子宮小丘（caruncle）と呼ばれるボタン状の隆起である．その断面は，ウシでは中央部がわずかにふくらんだドーム形，ヒツジでは中央部がくぼんだドーム形をしている．この部位には子宮腺は存在せず，血管が豊富で，胎子胎盤と密着して胎盤節（宮阜：placentome）を形成し，母体と胎仔間の血液を介した代謝的交換を行う．このような胎盤を叢毛半胎盤と呼ぶ．

子宮粘膜層を厚い子宮筋層（内側から輪走層，血管層，縦走層）が取り囲む．筋層の平滑筋は，妊娠中に細胞分裂して増加し，各細胞は非妊娠時の数十倍の長さと数倍の太さに成長するが，妊娠期間中はプロゲステロンの働きで，平滑筋の収縮性は抑制されている．

最外層は，子宮外膜（perimetrium）と呼ばれる漿膜層に取り囲まれている．漿膜は，腹膜と連続する膜構造物で，子宮を骨盤部の腹腔背部から吊るしている．

子宮の形態は，性周期に伴って変化する．

ⅰ）増殖期： 卵胞が発育，成熟する発情前期に，子宮は妊娠に備えて発達する．交尾と排卵の時期の発情期にも，子宮の発達は継続する．子宮内膜が分裂増殖している発情前期と発情期を増殖期と呼ぶ．子宮腺の数が増し，長くなり，腺細胞は背の高い円柱状を呈して粘液の分泌に備える．

ⅱ）分泌期： 黄体が発達する発情後期から発情間期は，受精，胚の発育と着床の時期である．子宮腺の発達と分泌は最盛となるので分泌期と呼ぶ．子宮腺の内腔は拡張し，管は著しく蛇行し，腺細胞も肥大して盛んに粘液を分泌する．

着床が成功した場合，胎盤が形成されて胎子は子宮内で発育する．発情休止期（非発情期）は性的に不活性な時期で，動物種差が大きい．イヌやネコは1年に1～2回発情する単発情動物（monoestrous）で，発情期のあと非常に長い発情休止期が続く．ヒツジやヤギは季節的周期変化をする多発情動物（polyestrous）で，単発情動物より発情休止期が短い．ブタ，ウシ，ヒト，マウス，ラットは発情休止期のない多発情動物である．単発情動物の子宮組織の退縮と再生は，多発情動物のそれより大規模で劇的である．イヌやウシでは発情期に子宮内膜が盛んに再生されるために子宮出血をみるが，妊娠が成立しないときに子宮内膜の機能層が剥離して体外に排出される霊長類の月経とは異なるものである．

子宮から膣に続く部分を子宮頸部と呼ぶ．この内面は分岐した複雑なヒダで覆われる．上皮は，杯細胞（粘液細胞）が多数散在する単層円柱上皮である．ブタ，ヤギ，ヒツジでは単管状の子宮頸部腺がある．粘膜固有層は強靭な結合組織である．これを輪走筋層と縦走筋層が取りまき，最外側を漿膜が覆う．

6.2.4 膣と膣前庭

膣とその開口部にあたる膣前庭は交尾に必要な器官であり，出産時には胎子が通る産道となる（図6.21）．膣は尿生殖洞から，膣前庭は尿生殖

6.2 雌の生殖系

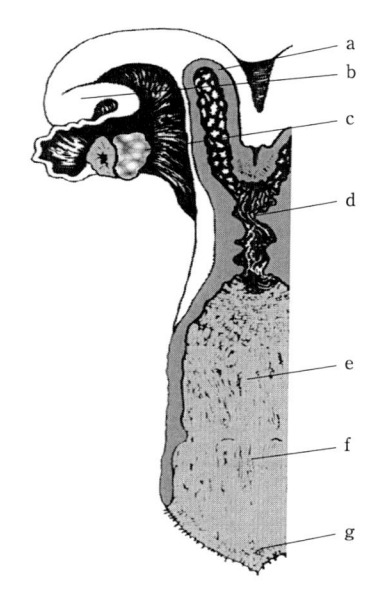

図 6.21 生殖腺，生殖道および外生殖器の外貌（ウシ）
a：子宮，b：卵管，c：卵巣，d：子宮頸，e：膣，f：膣前庭，g：外生殖器．

溝から別々に発生し，胎子期につながる．ヒト，ウマ，ヒツジでは膣前庭の膣弁（hymen）が発達していて両者が区分されるが，ウシ，ブタ，イヌでは膣弁の発達が悪いので両者は一連の筒状構造をとる．多くの動物の膣は，腺構造のない粘膜層および筋層と漿膜層の3層から構成される．粘膜層の上皮は厚い重層扁平上皮である．ただし，ウシの膣の奥は，杯細胞（粘液細胞）が散在する重層円柱上皮からなる．膣の粘膜固有層は緻密な結合組織で，筋層は輪走筋層と縦走筋層からなる．

膣の上皮は性周期に伴って変化する．食肉類と齧歯類では発情期に上皮が著しく角化するので，性周期の判定に剥離した膣上皮や侵出してきた白血球を含む膣粘液（膣には粘液腺が存在しないので膣粘液は子宮頸部腺が分泌したもの）の膣垢検鏡法（vaginal smear）が用いられる．反芻類では明瞭ではない．例えば，イヌの発情前期は1～2週間（平均9日間）で，水っぽくて血液を含んだ分泌物と膨張した外陰部から判断できる．

ⅰ）発情前期の膣垢： 赤血球，好中球，傍基底細胞，中間細胞，表在性中間細胞，表在性細胞が認められる．
ⅱ）発情期の膣垢： 表在性中間細胞と表在性細胞（90％以上）が多くなり，好中球が減少する．傍基底細胞，中間細胞はほとんどみられない．
ⅲ）発情後期から間期の膣垢： 表在性細胞（約20％）が減少し，傍基底細胞と中間細胞が増加し，好中球が増加し始める．
ⅳ）発情休止期の膣垢：傍基底細胞と中間細胞が多数観察され，わずかに好中球が認められる．

またラットやマウスの場合も，膣垢検鏡法によって性周期が判定できる．

ⅰ）発情前期の膣垢： 有核の上皮細胞のみが認められる．
ⅱ）発情期の膣垢： 角化した上皮細胞のみが認められる．
ⅲ）発情後期の膣垢： 角化した上皮細胞，有核の上皮細胞および好中球を中心とする白血球が認められる．
ⅳ）発情休止期の膣垢： 白血球と粘液が認められる．

膣前庭は，厳密には外陰部に含まれないが，ひとまとめに取り扱われることが多い．膣前庭の壁に尿道口が開口する．ウシの膣前庭の壁の腹側には尿道下憩室がある．膣前庭の上皮は重層扁平上皮で 膣前庭の粘膜層には大前庭腺，小前庭腺，ガルトナー管などの腺が存在する．ほとんどの動物の粘膜の浅部には，分岐した管状粘液腺である小前庭腺が散在し，反芻類とネコの粘膜下組織中には管状房状の粘液腺の大前庭腺がみられる．

陰核は，勃起性の陰核海綿体，陰核亀頭および陰核包皮からなる．陰核海綿体は，静脈性の空洞と洞壁に分散する平滑筋束で，中隔によって左右に分けられ，全体を白膜で包まれている．亀頭は薄い重層扁平上皮で覆われており，包皮は前庭粘膜の連続である．陰核海綿体の近傍には包皮や亀

頭部に向かって多数の神経線維束が走行し，ファーター・パチニ層板小体が出現する．粘膜固有層内には，マイスネル小体に似た陰部神経小体が散在する．この一部は，触覚や圧覚の受容体であるクラウゼ終棍で，性感の形成にあずかっている．

陰唇は，体外に面した外陰部で，皮膚と類似した重層扁平上皮で覆われ，脂腺と管状のアポクリン腺が豊富に存在し，フェロモンの分泌に関与する．

6.2.5 繁殖活動

我々の体は，生殖子を運ぶ箱舟にすぎず，生殖子には35億年におよぶ生物の記憶が刻みこまれ続けている．雌の哺乳類では，出生後一定の期間発育を続けた後，ヒトなどでは第二次性徴出現がはじまり，やがて発情行動を伴った排卵と膣開口が起こる．この性成熟の時期を春期発動期と呼ぶ（ヒトでは思春期という）．厳密には，最初の排卵をむかえたときを春期発動と呼び，繁殖に関係するすべての機能が完成し，実際に安定した繁殖が可能となった状態を性成熟（sexual maturation）とする（おおむね繁殖供用開始期にあたる）．そ の後，周期的な繁殖活動を繰り返し，老化とともに繁殖機能が低下して衰え，やがて繁殖活動が停止する．春期発動，性成熟の時期は，栄養状態，気候風土，異性の存在などに左右される．一般に，栄養状態がよくて発育が良好な場合は春期発動の到来が早まり，各動物にとって好適な環境や異性が存在する場合も早まる（表6.5）．

繁殖活動の可能な限界年齢を生殖寿命というが，個体の寿命より短い．ヒトでは30年近く短いことになる．一般に性腺の老化は雄より雌で早く起こる．多くの場合，出産能力は，ウシでは5～7年齢，ヒツジでは4～6年齢，ブタでは3～4年齢で最大となり，その後徐々に減退する．老化に伴って排卵数が減少し，受精率や受胎率が低下し，胚死亡率や死産率が上昇する．生殖寿命の終末期には，発情周期が不規則となり，やがて排卵が停止し，発情をみなくなる．この時期，卵巣内でのエストロゲンやプロゲステロンの産生が低下し，視床下部-下垂体系へのフィードバック作用が弱まる．このため，視床下部から性腺刺激ホルモン放出ホルモン（luteinizing hormone-releasing hormone：LH-RH）が持続的に分泌されるようになり，下垂体前葉からの性腺刺激ホルモンの分泌が増加する．視床下部からのドーパミン分

表6.5　家畜の繁殖活動の比較

	ウシ	ヒツジ	ブタ	ウマ
雌家畜の体重の推移（kg）				
出生時体重	20～40	3～4.5	1.5	20～45
性成熟時の体重	160～270	30～35	70～110	150～300
成体時の体重	500～700	70～80	150～210	400～650
性成熟の月齢	4～14	5～10	4～8	15～24
繁殖供用開始時の月齢	14～22	12～18	8～10	36～48
発情周期				
繁殖季節	周年	晩秋～初冬	周年	春～初夏
性周期の型	多発情	多発情	多発情	多発情
発情周期の長さ/平均（日）	20～21/21	16～17/17	16～24/21	22～23/22
発情の持続時間/平均（時）	4～30/17	24～72/35	1～5/2（日）	2～10/6（日）
卵胞期の長さ（日）	3～6	2～3	3～6	3～8
黄体期の長さ（日）	16～17	14～15	16～17	14～19
排卵の時期（時間）				
時期と範囲/平均	発情終了後 10～14/12	発情開始後 25～30/17	発情開始後 24～37/31	発情終了前 24～48/24
排卵数	1	1～2	6～15	1

泌も低下し，下垂体前葉からのプロラクチン分泌も増加する．しかし，老化が進行した雌動物の卵巣は性腺刺激ホルモンの作用を受けても反応しなくなっており，卵胞発育は誘起されない．

性成熟に達した雌に性欲があらわれ，雄をむかえ，交尾に応じる状態を発情と呼ぶ．イヌのように毎年1回発情する動物を単発情動物と呼ぶ．発情が，1年を通じて（ヒト，ウシ，ブタなど）あるいは繁殖季節（ウマ，ヒツジ，ヤギなど）を通じて周期的に現れる動物を多発情動物と呼ぶ．繁殖活動が活発になる時期を繁殖季節（breeding season）という．ウマ，ヒツジ，ヤギ，イヌ，ネコなどのように特定の季節にのみ繁殖活動が活発になる動物を季節繁殖動物（seasonal breeder），ヒト，ブタ，ウシ，ラット，マウス，ハムスターなどのように特定の季節のみならず年間を通じて繁殖活動が活発な動物を周年繁殖動物（continuous breeder）と呼ぶ．一般に，季節繁殖性は雌側が制御しており，季節繁殖動物であるヤギ，ヒツジ，ウマの雄は年間を通じて交配・射精することができる．周年繁殖動物でも季節性がみられることが多い．例えば，ウシの雄では夏季には精液生産が悪くなり，30℃を越える暑熱環境で飼育を続けると造精機能に障害を起こす．これを夏季不妊（summer sterility）という．

季節繁殖動物には，日が長くなってくる時期に交配するウマなどの長日性動物と，逆に短くなってくる時期に交配するヒツジやヤギなどの短日性動物がある．いずれの動物も日長条件にしたがって繁殖時期を決定している．日長条件の情報は，血中濃度が動物の体内時計にとっての夜に高く，逆に昼に低いメラトニン（N-acetyl-5-methoxy-tryptamine）の濃度変化が決定している．メラトニンは，脳の付着器官である松果体でつくられる生体アミンで，概日リズムの伝達に関与する．

発情周期は，発情前期，発情期，発情後期および発情休止期の4期に分類される．慣用的には大きく2期に分けられることが多い．卵胞が発達する時期である発情前期と発情期を卵胞期，黄体が発達して機能する時期である発情後期と発情休止期を黄体期と呼びならわしている．性周期は神経-内分泌系によって制御されている．脳下垂体から一過性にLHが多量に分泌されると（LHサージ），それまでに発育して卵胞腔が巨大になった三次卵胞（グラーフ卵胞）内の一次卵母細胞が減数分裂を再開する（卵核胞崩壊）．この卵母細胞は，急速に成熟して第一極体を放出し，二次卵母細胞となり，これが排卵される．排卵後の卵胞の顆粒層細胞と内卵胞膜の内分泌細胞が分化して黄体細胞となり，黄体が形成される．黄体の細胞は盛んにプロゲステロンを産生するので血中プロゲステロン濃度は高く維持され，卵胞の発育は抑制され，卵管や子宮の構造が変化して胚の着床の準備が整う．胚が着床しないと黄体は退行し，プロゲステロン産生は停止する．血中プロゲステロン濃度が低下することによって未熟な卵胞が盛んに発育を開始し，卵胞上皮細胞が産生するエストロゲンの血中濃度が上昇してくる．この血中エストロゲン濃度の上昇が，脳下垂体からのLHサージを誘起する，というサイクルが繰り返される．

性周期（estrus cycle）は，完全性周期と不完全性周期に分けられる．卵胞期と黄体期，すなわち卵胞発育，発情，排卵，黄体形成，黄体退行を周期的に繰り返す動物を完全性周期動物（ヒト，ブタ，ウシ，ウマ，ヒツジ，ヤギなど）と呼ぶ．ほとんど黄体期を欠き（排卵後に黄体が形成されるが，一過的にプロゲステロンを産生するのみ），すぐに次の卵胞期がはじまるものを不完全性周期動物（マウス，ラット，ハムスターなど）と呼ぶ．ウサギのように交尾刺激があったときだけ排卵し，事実上の性周期のない動物も便宜上後者に分類されている．性周期に伴って卵巣，卵管，子宮などの生殖器の組織構造は大きく変化する．すなわち，卵胞期の卵巣では，多胎動物では発育，成熟してきた卵胞のうちの数個から数十個が排卵に至り，単胎動物では通常1個が排卵に至る．卵胞の発育，成熟の過程で99%以上が選択的に閉鎖して消滅する．排卵後黄体が形成されはじめ，

完成した黄体は開花期黄体と呼ばれて盛んにプロゲステロンを分泌する．黄体の完成は，ウシ，ヒツジでは排卵後7〜8日，ブタでは排卵後12〜13日，ウマでは排卵後12日である．発情周期のうちで黄体期が最も長く，この時期子宮では子宮腺が発達し，胚を受け入れて養う準備をする．受精が成立すると黄体は妊娠黄体となって胚の発生を助けるが，受精しなかった場合には退行する．

多くの動物の雌は，排卵前に発情し，交尾して精子を受け入れる．発情した雌動物の外陰部は特徴的に変化し，特有の行動をとる．これらの一連の変化を発情徴候と呼ぶ．発情した雌ウシの場合，体温が上昇し（排卵時には下降する），血中エストロゲン濃度が上昇し，それに呼応して子宮の緊張性が高まり，子宮頸部管は拡張して粘液の粘稠性が低下する．腟内のpHが低下し，腟粘液や尿に独特の臭いがあらわれる．雄に近づき，陰部の臭いをかいだり，他の雌に乗駕することもある．雄が求愛した場合，じっと静止し（不動反応），交尾を受け入れる姿勢を保持する（乗駕許容）．発情した雌ウマの場合，雄が近づくと腰を屈め，両後肢を開いて，尾をあげて陰部を開閉して陰核を露出する（ライトニング）．発情期に特有の鳴声をあげ，食欲減退，頻繁な排尿などの特徴的な行動をとる．ブタの場合（図6.22），発情前期に雌の外陰部が急に大きくなり，発情2日目に腟腔が急激に拡大する．発情した雌雄のブタは互いに鼻をつきあわせて対面し，互いに性器周辺の臭いをかぎあう．雄が雌の体を鼻で押すなどの所作を繰り返したあと，雄が雌に乗駕を試みる．雌が不動姿勢をとれば，雄が乗駕し，交尾する．これらの発情行動は，血中エストラジオールの上昇という内分泌学的な要因のみならず，雄フェロモンによる鋤鼻器を介した嗅覚刺激，視覚，聴覚，触覚などを複合的に介して誘発される．これまでに，雄ブタではアンドロステノン（発情した雌ブタに不動反応を誘起する），雄ヤギでは4-エチル脂肪酸（雌ヤギの発情期を促進する）がフェロモンとして同定されており，これらは繁殖活動

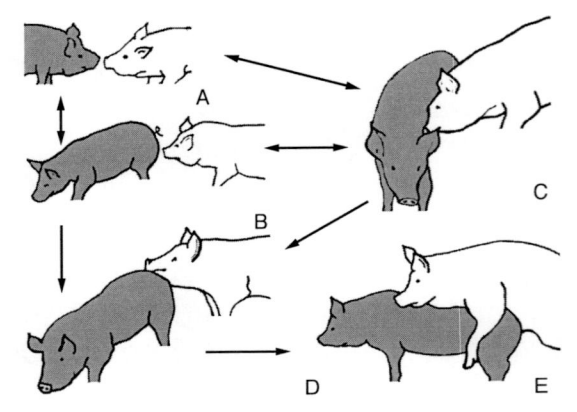

図6.22 発情行動（ブタの場合．灰色が雌，白は雄）
はじめ雌雄が鼻をつきあわせて対面する（A）．雄が雌の性器周辺の臭いをかぐ（B）．雄が雌の体を鼻で押す（C）．これらを繰り返したあと，雄が雌に乗駕を試みる（D）．雌が不動姿勢をとれば，雄が乗駕し，交尾する（E）．

に影響する．よく研究されているマウスでは，いくつかの明瞭なフェロモンの効果が知られている．

ⅰ）Bruce効果： 雌マウスを交尾，受精後見知らぬ雄マウスと同居させると，雄と雌が直接接触しなくても，その臭いをかぐだけで末梢血中プロラクチン濃度が低下し，胚が着床しなくなる．

ⅱ）Lee-Boot効果： 多数の雌マウスを群れ状態で同居させると，末梢血中性腺刺激ホルモン濃度が低下し，発情休止期が長くなり，偽妊娠状態になる．

ⅲ）Vandenbergh効果： 離乳後の幼若な雌マウスは，成熟した雄マウスの臭いをかぐだけで，末梢血中のエストロゲンと黄体化ホルモン濃度が上昇し，春期発動が早くなる．

ⅳ）Whitten効果： 多数の雌マウスを群飼させることで偽妊娠状態にしておき，ここに雄マウスを入れると，雄と雌が直接接触しなくても，その臭いをかぐだけで末梢血中のエストロゲンと黄体化ホルモン濃度が上昇し，3日後の夜に一斉に発情する．

■ 練習問題 ■
1. 家畜の雌性生殖器官の外形と配置を図示して説明せよ．
2. 卵巣の構造を図示しながら機能を説明せよ．
3. 卵母細胞の形成過程を図示して説明せよ．
4. 卵胞の構造を図示して説明せよ．
5. 黄体の構造を図示して説明せよ．

6.3　胎　盤

6.3.1　受精から着床まで

哺乳類では，卵管内に排卵された二次卵母細胞は精子と出会って受精して胚（胎子）となる．胚は卵管内を下って子宮に至る過程で発生をすすめて着床するが，約45％の胚は着床することなく死滅する．生命のはじまりは受精ではなく，着床した胚盤胞期の胚であると考えられる．着床は初期胚の発生開始から胎盤形成の初期までの一連の過程を指す．最初の過程は初期胚と子宮内膜の間の会話，第二は胚の子宮内膜への接着，第三は胚の子宮内膜への浸潤，最後は初期の胎盤 (placenta) の形成である．着床の完成期に形成され始める胎盤の構造は動物種によって異なる．この過程をもう少し詳細に述べる（図6.23，表6.6，表6.7 参照）．

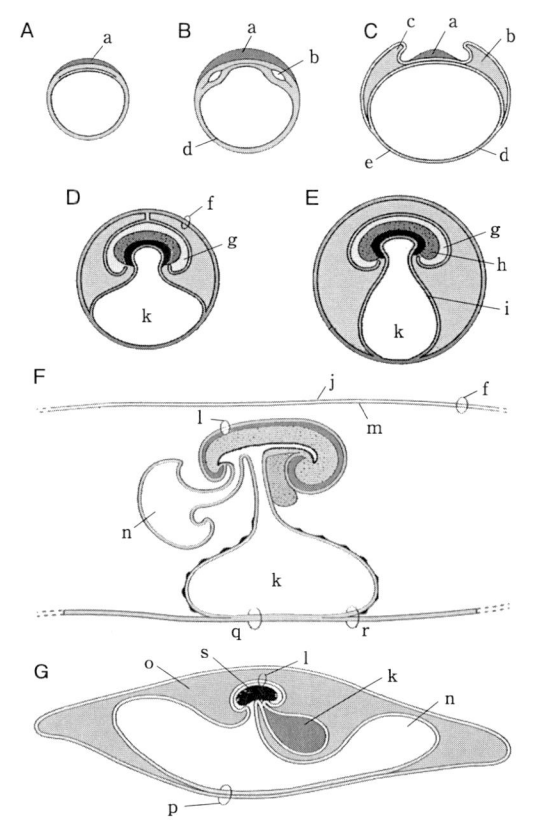

図6.23　胚の分化（A～G：発生の進行過程の模式）
a：胚結節，b：胚外体腔，c：羊膜ヒダ，d：内胚葉，e：外胚葉，f：絨毛膜，g：羊膜腔，h：胚性外胚葉，i：胚性内胚葉，j：栄養膜，k：卵黄嚢，l：羊膜，m：中胚葉，n：尿膜腔，o：胚外体腔，p：絨毛膜-尿膜，q：絨毛膜-卵黄膜，r：卵黄嚢二重層，s：胚（胎子）．

表6.6　胎子の発生

発生段階	ウシ（日）	ウマ（日）	ヒツジ（日）	ブタ（日）
桑実胚	4～7	4～5	3～4	3.5
胚盤胞	7～12	6～8	4～10	4.75
胚葉分化	14	13～14	10～14	7～8
絨毛膜嚢の伸張	16	50～60	13～14	9～12
体節分化	20	18	17	14
絨毛膜羊膜ヒダの融合	18		17	16
非妊角への絨毛膜の進入	20		14	
心拍動開始	21～22	24	20	16
着床開始	19～21	36～38	12～16	13～16
尿膜が全胚外体腔を占有	36～37			25～28
毛胞の出現	90	38	42～49	28
全体表発毛	230	220	119～126	
分娩	280	340	147～155	112

表 6.7 妊娠期間と産仔数

動物名	妊娠期間（日）	産仔数
ウマ	336 (323～341)	1
ウシ	279 (260～299)	1
ヒツジ	149 (46～153)	1～4
ヤギ	152 (150～155)	1～5
ブタ	114 (12～118)	9 (6～20)
イヌ	60 (58～63)	7 (1～22)
ネコ	63 (52～69)	4
ヒト	270	1
ウサギ	31 (30～32)	5 (1～13)
モルモット	66～69	2～3
ハムスター	16 (15～18)	7 (1～12)
ラット	20～22	11
マウス	19～20	5～9

胚盤胞の形成

初期胚は透明帯の中で細胞分裂を繰り返して桑実胚までに発生し，外側に位置する1層の細胞群（栄養膜，栄養芽層，トロホブラスト：trophoblast/trophectoderm）と内側に位置する細胞群（内部細胞塊：intracellular mass：ICM）に分かれて胚盤胞となる．ICMの細胞は細胞間に小さな穴が開いているギャップ結合を介して情報の伝達を行う．内部細胞塊は原始内胚葉，原始外胚葉とトロホブラスト幹細胞に分化する．ICMの全ての細胞は分化全能の胚性幹細胞（embryonic stem cell：ES細胞）であるが，原始外胚葉から将来の個体が形成される．トロホブラスト細胞は密着結合によって結合し，選択的な障壁としての機能をもつようになる．トロホブラストは着床の際に重要な役割を果たし，胎盤の主要な胚側の組織部分を構成する．

透明帯からの脱出

透明帯は，初期胚を卵管や子宮内に存在する白血球からの攻撃から守る役割をもつが，胚盤胞期の胚が子宮内に到達すると透明帯から脱出する．これを孵化（脱殻：hatching）と呼ぶ．透明帯からの脱出は，トロホブラスト細胞群が分泌する酵素による透明帯の軟化・溶解と子宮内膜上皮細胞の分泌する酵素が関与する相乗効果による．

胚の発生と着床

透明帯からの脱出に成功した初期胚の動態は動物種によって異なる．霊長類や齧歯類の胚盤胞のトロホブラスト細胞は子宮上皮細胞層への接着行動を開始する．ウシ，ヒツジ，ブタのトロホブラスト細胞は子宮への接着行動をすぐに開始することはなくて，細胞増殖を繰り返して細長く伸長する．ウシの胚は受精後13日頃まで直径2～3 mmの球形を保ち，14日には3～4 mmの卵形になり，14～15日から急速に伸長して17日には長さ25 cm程度の細長いフィラメント状になる．この時点の胚全体に占めるトロホブラスト細胞群は約95％である．

接着は19～20日からはじまり，同時に内部細胞塊（胚葉）の分化が加速する．ブタの胚の発育はいっそう急速である．ブタの胚盤胞の子宮内移行は交配8～9日後からはじまり，胚の伸長が開始される12日目頃に終了するが，妊娠10日で直径2 mm程度の球状であったものが12日には長さ10 mmのチューブ状になり，16日までには80～100 cmのフィラメント状になる．しかし，20日頃から短縮し始める．

この期間，どの動物種でも内部細胞塊は盛んに細胞分裂を繰り返して将来胎子となる胚葉が分化・発育する．例えば，ウシでは胚盤胞がまだ透明帯に包まれている受精後8日の内部細胞塊から原始内胚葉が分化しはじめ，10日頃までに透明帯から脱出する．トロホブラストの内側には胚外内胚葉が出現して卵黄を形成し，14～16日になると中胚葉が出現する．着床前の胚の栄養源は，主に子宮腺から分泌される子宮乳（uterine milk）である．着床が遅く母体との結合度が緩やかな胎盤構造をもつウシやブタでは，着床を開始してからも発生に必要な栄養素を子宮乳から吸収している．子宮乳の組成は卵巣からのステロイドホルモンによって制御されており，ウシやブタの黄体期または妊娠・着床期の子宮乳はアミノ酸含量が高くなる．

6.3.2 着　床

　胚は，子宮に対する位置や方向を常に一定にして着床する．ウシ，ヒツジ，ブタなどでは子宮内膜の広範囲な部位に接着する中心着床（centric implantation）を示し，胚の内部細胞塊は常に子宮間膜の付着する側とは反対側に位置するように着床する．マウス，ラットなどでは着床前に拡張のみられない偏心着床（eccentric implantation）や霊長類の胚のように子宮内膜上皮を突き抜けて粘膜下の結合織に達して着床する壁内着床（interstitial implantation）する胚は反子宮間膜の子宮内膜に着床し，内部細胞塊は子宮間膜側に位置する（図6.24）．

　霊長類や齧歯類では，トロホブラスト細胞による子宮内膜への浸潤度が高い．胎盤の母体側の組織部分である子宮内膜の間質層が著しく増殖して肥厚し，脱落膜（deciduas，出産に際して，胎盤を子宮内膜から剥離する役目を果たすので脱落膜と呼ばれる）を形成する．脱落膜は，子宮内膜におけるトロホブラストの浸潤部位で，トロホブラストとともに胎盤を形成する．脱落膜はトロホブラストが母体側に過度に浸潤しないように制御する役割も担っている．イヌやネコでも脱落膜が形成される．しかし，浸潤度の低い胎盤を形成するウマ，ウシ，ブタなどでは脱落膜を形成しない．

　霊長類や齧歯類の脱落膜の形成機構は大きく異なっている．霊長類では排卵周期に伴って，卵巣のホルモンとそれによって発現が制御されるサイトカインなどの作用によって，受精や着床の有無にかかわらず，子宮内膜の間質部分が増殖して肥厚し，性周期ごとに脱落膜が形成される．胚が着床すれば脱落膜は維持され，母性胎盤として機能を開始する．しかし，着床が起こらず，トロホブラストで絨毛性性腺刺激ホルモン（chorionic gonadotorophin：CG）が産生されないと黄体が維持されず，プロゲステロンの血中濃度が低下し，脱落膜は崩壊して月経として体外に排出される．このように胚が子宮上皮細胞に接着可能な時

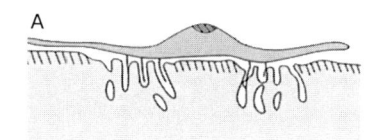

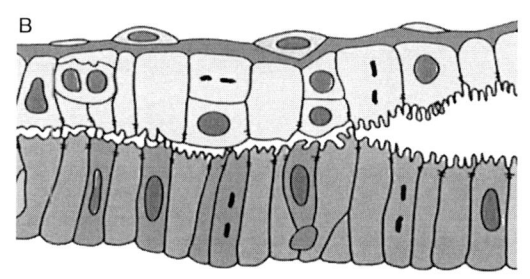

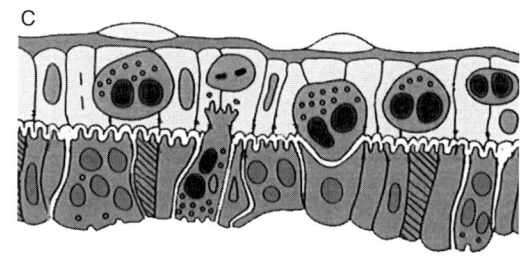

図6.24 着床過程における子宮内膜上皮の形態変化（偶蹄類の模式図）

栄養膜二核細胞の移行と子宮内膜上皮細胞の融合，それに続く子宮内膜上皮細胞の死滅．
A：胚が伸長し母体の子宮腺内に乳頭状突起を伸ばして接着し，不動化する（ウシでは交配15日後，ヒツジでは交配13〜16日後）．
B：栄養膜外胚葉の細胞の微絨毛と子宮内膜上皮細胞の微絨毛とが咬合（interdigitation）して接着が強固になる（ウシでは交配20〜22日後，ヒツジでは交配16〜18日後，ヤギでは交配18〜20日後）．
C：二核細胞が発育し，遊走して子宮内膜上皮細胞となる．

期，黄体の機能維持や着床による刺激が脱落膜を母性胎盤として維持できる時期は，月経周期のなかのごく限られた時間帯（40〜48時間）にすぎないことが知られており，この時期を特に「着床ウインドウ（implantation window）」と呼ぶ．一方の齧歯類の脱落膜では，卵巣のホルモンとそれらによって制御されるサイトカインなどの作用で，子宮内膜の間質細胞が脱落膜形成を準備しはじめ，胚の着床に向けて一過性の感受性を獲得する．この時期に胚が存在すれば脱落膜が形成されはじめる．脱落膜の形成準備期には，子宮の間質細胞の一部はプロゲステロンのみによっても細胞

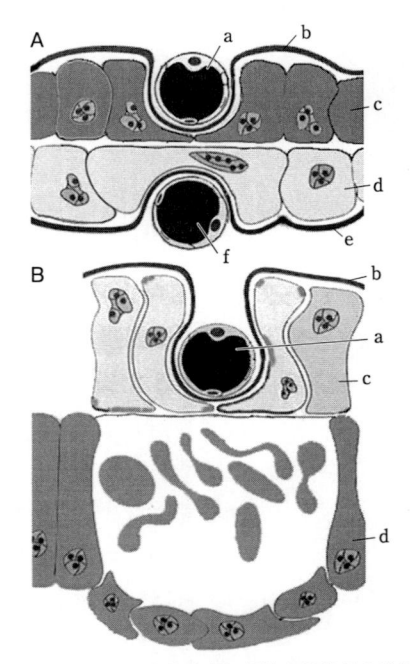

図6.25 トロホブラスト細胞群（絨毛膜）と母体側血液との配位
A：上皮漿膜胎盤の場合（ウシ，ウマ，ブタなどの家畜）
B：血液漿膜胎盤の場合（霊長類，齧歯類）．
a：毛細血管（胎子側），b：基底膜（胎子側），c：絨毛膜上皮細胞（胎子側），d：子宮内膜上皮細胞（母体側），e：基底膜（母体側），f：毛細血管（母体側）．

分裂を開始できるが，プロゲステロンの影響下でエストロゲンが分泌されると間質細胞の一部が細胞分裂を開始する．この状態のときに胚が着床を開始するとその刺激に応じて着床部位周辺の間質細胞が激しい細胞増殖を起こして脱落膜が形成される．

子宮に胚側の胎盤組織であるトロホブラスト細胞群（絨毛膜）が接着する部位は，胎盤の形態によって大きく異なる（図6.25）．

ⅰ）霊長類や齧歯類では，トロホブラスト細胞は子宮内膜上皮細胞（母体側の胎盤組織）を食作用によって取り込み，子宮内膜上皮細胞の基底膜を通過し，粘膜固有層を浸潤し，胎子側の毛細血管の内皮細胞を介して母体の血液に接する．すなわち，胎子の血液と母体の血液を隔てているのは胎子の毛細血管の内皮細胞だけである．

ⅱ）ウシやヒツジなどの反芻類は宮阜性胎盤を形成するが，子宮小丘でのみトロホブラスト細胞が接着する．トロホブラスト細胞の指状突起が母体の子宮腺に侵入し，トロホブラスト細胞の微絨毛が子宮内膜と相互嵌入咬合（interdigitation）して胚は定位する．ヒツジやウシの接着は各々交配17日後と19日後頃，すなわち約1割のトロホブラスト細胞群に2核の細胞が出現する時期に開始される．この2核細胞は，子宮内膜上皮細胞に遊走し，上皮細胞と融合して子宮内膜間質内に多核細胞（核数$2n+1$）として現れるようになる．

ⅲ）ウマやブタは散在性胎盤を形成するが，胚のトロホブラストが接着する特定の部位はない．例えば，ブタの胚の子宮内膜への接着は交配15日後頃にはじまり，18～24日後にはトロホブラスト表層の微絨毛が子宮腺以外の子宮内膜の全域で相互嵌入咬合を形成するようになる．

ⅳ）イヌやネコは帯状胎盤を形成するが，ブタなどと同様にトロホブラストが接着する特定の部位はない．

6.3.3 胎盤

哺乳類の胎盤の形態は多様で，「新たに獲得した形質は多様性に富む」という原則が胎盤にもあてはまる．

胎盤は，母体から胎子への様々な血液ガスやアミノ酸，糖質や脂質などの血液栄養素の供給と胎子の老廃物の排泄を担う．輸送方法は単純拡散，促進拡散，能動輸送や飲食作用などによる．胎盤の内部構造は母子間の血管による物質交換の効率を上げるために様々に適応している．ブタでは子宮上皮と絨毛上皮はヒダを形成し，ウマや反芻類では子宮のくぼみ（陰窩または腺上皮口）に絨毛膜絨毛が入り込み，イヌやネコでは両血管が迷路を形成して複雑に絡み合う．また血絨毛性胎盤を除くと，栄養供給側の母体動脈と栄養受給側の胎子静脈が互いに接するように配置されている．さらに，胎子毛細血管は絨毛上皮内に，母体毛細血管は子宮上皮内に進入する結果，両者の毛細血管の距離は胎盤関門の構成層の著しい種差にもかか

わらず1μm以下であるが，母体と胎子の血液が直接交流することはない．

胎子のヘモグロビンは，母体ヘモグロビンより酸素に対して高い親和性をもっている．両者間の酸素の移行は酸素分圧勾配による単純拡散であるので，胎盤関門の厚み，血流速度や血管表面積に依存する．水分と電解質には自由な透過性を示すが，ナトリウム，カルシウム，リン，ヨウ素などは濃度勾配に逆らって母体から胎子へ能動的に輸送される．鉄はトロホブラスト細胞の飲食作用によって取り込まれる．トロホブラスト細胞は，子宮腺からの分泌物（ウマやブタのユテロフェリン，ヒトのトランスフェリンなど）やタンパクを積極的に取り込んでアミノ酸に分解して胎子に輸送している．グルコースはトロホブラスト細胞の細胞膜に存在するグルコーストランスポーターを介して能動的に輸送される．

性周期黄体の寿命は約2週間である．これは妊娠が成立するための胚の着床や初期胎盤の形成時期と一致する．胎子は胎盤が成立して機能し始めると，胎盤を介して母体から栄養補給やガス交換を受けながら生育し続ける．胎盤の機能は卵巣ステロイドホルモン（主に少量のエストロゲンと多量のプロゲステロン）によって維持されるが，これらは下垂体ホルモンの制御下にあるので，妊娠の維持には下垂体-性腺系が重要である．妊娠の途中からは胎盤が内分泌機能をもつので，動物によっては下垂体-性腺系に依存しない妊娠維持機構も存在する．繰り返すが，新たに獲得した形質は多様性に富んでいるのである．

胎盤の様式

胎盤は，トロホブラスト細胞による子宮内膜への浸潤度が低いほうから高いほうに進化したと考えられる．絨毛膜と子宮内膜の結合のしかた（母体と胎子の血流間に介在する細胞層の構造に基づく）に基づいて下記のように分類されることが多いが，絨毛膜の分布のしかたに基づいた形態学的な分類方法（図6.26），胎子と母体の関係による分類，循環様式の違いによる分類などもある．

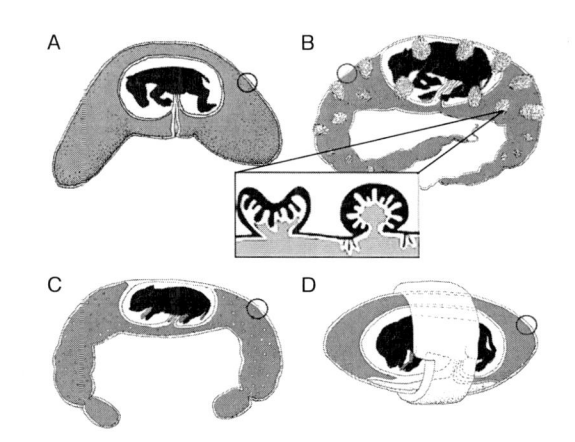

図6.26 胎盤の絨毛の分布に基づく分類
A：完全汎毛半胎盤（ウマ：絨毛膜全域に絨毛が生えている）
B：叢毛半胎盤（ウシ：絨毛膜の表面に絨毛の生えている絨毛叢が散在する．絨毛叢は胎子側の構造で，これに接する部分の子宮側が子宮小丘である．絨毛叢と子宮小丘とで胎盤節を形成する．反芻類に特徴的な胎盤の形態である）
C：不完全汎毛半胎盤（ブタ：胎包の両端で絨毛を欠く）
D：帯状胎盤（イヌ：肉食動物にみられ，赤道面にのみ絨毛が生えている）．

ⅰ）上皮漿膜胎盤（epitheliochorial placenta，上皮絨毛膜胎盤）はブタなどでみられ，子宮内膜への浸潤度が最も低い．

ⅱ）結合組織漿膜胎盤（syndesmochorial placenta，結合組織絨毛膜胎盤）は，ヒツジ，ウシ，ヤギなどでみられる．結合組織漿膜胎盤では，トロホブラスト細胞が子宮内膜上皮細胞を除去し，上皮細胞と間質の間に位置する基底膜も分解し，さらに結合組織の細胞外マトリックスタンパクを分解しながら間質内を子宮筋層に向かって移動する．

ⅲ）内皮漿膜胎盤（endotheliochorial placenta，内皮絨毛膜胎盤）はイヌ，ネコなどでみられる．内皮漿膜胎盤では，子宮内膜上皮細胞を除去し，上皮細胞の基底膜を分解し，結合組織の細胞外マトリックスタンパクを分解しながら間質内を子宮筋層に向かって移動したトロホブラスト細胞は子宮内膜の血管に到達する．

ⅳ）血液漿膜胎盤（hemochorial placenta，血絨毛膜胎盤）はヒトなど霊長類やマウス，ラットなど齧歯類でみられ，子宮内膜への浸潤度が最も

高い.なお,血液絨膜胎盤は,霊長類の絨毛型と齧歯類の迷路型とに細分類される.上述のように血液絨膜胎盤では,子宮内膜上皮細胞を除去し,上皮細胞の基底膜を分解し,結合組織の細胞外マトリックスタンパクを分解しながら間質内を子宮筋層に向かって移動して子宮内膜の血管に到達したトロホブラスト細胞は血管壁を突き破って浸潤する.このような血液絨膜胎盤の構造は,トマトを水耕栽培している状態をイメージすると理解しやすい.母体の血液が満ちた血管のふくらんだ部分が,水耕栽培の培養液が満ちた植木鉢の部分にあたり,そこにトマトが培養液の中で根を張っているかのように胎子の毛細血管が侵入している構造である.

く異なっている.それはなぜなのだろうか.植物は様々な毒性をもつ化合物を含むので,草食動物では母親の血液と胎子の血液との間を何重もの細胞や細胞外マトリックスが隔てて,容易に毒物が胎子にまで至らない構造であるといわれているが,本当だろうか.さらに胎盤機能として重要なものは,様々なホルモン(例えばヒトでは,黄体を維持する絨毛性ゴナドトロピン,乳腺を刺激する胎盤性ラクトゲン,妊娠を維持するプロゲステロン,子宮や乳腺を刺激するエストロゲンなど)を産生して妊娠を維持することであるが,この機能もまた種差が極めて大きい.いったい理想的な胎盤の形態と機能とはどのようなものなのであろうか.

□ 胎盤の多様性 □

哺乳類の雌の妊娠時,子宮内に形成され,母体と胎子を連絡して母体側と胎子側の代謝物質交換,ガス交換や胎子側への免疫学的支援などを担う器官が胎盤である.胎盤は,母体由来の基底脱落膜と胎子由来の絨毛膜有毛部とから構成されているが,その形態は動物種により大き

■ 練 習 問 題 ■

1. 胎盤の構造・様式は哺乳類の種によって大きく異なっている.これについて簡単な図を示しながら説明せよ.
2. 下記の言葉についてわかりやすく説明せよ.
   ・トロホブラスト細胞
   ・脱落膜
   ・絨毛性性腺刺激ホルモン

索　引

欧　文

A 細胞　127
A 帯　47
ANP　130
ATP の生成　6
B 細胞　93, 127, 133
buffy coat　90
C 線維末端　81
CO_2 受容器　82
D 細胞　127
DNA　7
DNA 合成期　8
DNA 合成前期　8
G_0, G_1, G_2 期　8
I 帯　47
Jacobson 器官　115
M 期　8
mRNA　3
O_2 受容器　82
PP 細胞　127
RNA　7
S 期　8
T 系　48
T 細胞　93, 132
TCA 回路　6
Z 帯　47

ア　行

アクチビン　153
アスベスト　80
アズール顆粒　92
アディポカイン　20
アドレナリン　126
アドレナリン産生細胞　125
アナフィラキシーショック　93
アポクリン汗腺　27
鞍関節　45
アンドロゲン　125, 128, 139
アンドロゲン結合タンパク　143
アンドロステノン　162

胃　63
胃憩室　63
移行上皮　11
異染色質　8

一次水解小体　6
一次髄腔　35
一次精母細胞　142
一次リンパ器官　131, 133
一次濾胞　135
胃腸内分泌細胞　64, 68
1 回呼吸量　81
一酸化炭素中毒　81
伊東細胞　72
胃表面上皮細胞　63
胃盲嚢　63
イリタント受容器　81
陰核　147
陰茎　138
陰茎海綿体　146
陰唇　147
インスリン　126
咽頭　62, 74
インヒビン　143, 153

ウォルフ管　148
烏口骨　42
羽枝　26
羽軸　26
羽状筋　49
謡羽　23
羽毛　26
右葉（肝臓）　70
鱗　27
運動単位　48
運搬体タンパク質　3

栄養膜　164
エストラジオール　153
枝角　28
枝角サイクル　29
4-エチル脂肪酸　162
エックリン汗腺　27
エラスチン　19
遠位　23
遠位曲尿細管，遠位直尿細管　86
延髄　81, 104, 107, 108
円錐結腸　69
エンドサイトーシス　3
円盤結腸　69

横隔膜　79
黄体，黄体細胞　154

黄体形成ホルモン　117, 143
横断面　23
横突間筋　51
横紋筋　46
オキシトシン　119
オステオン層板　32

カ　行

外環状層板　32
開口分泌　5, 16
外呼吸　80
介在導管　60, 73
外生殖器　147
解像力　2
外側広筋　56
外側指伸筋　55
外側趾伸筋　56
外弾性板　94
回腸　66
外腸骨動脈　99
外転神経　111
解糖型速筋線維　48
外套細胞（衛星細胞）　47
海馬　105
灰白質　110
海馬傍回　105
外皮　23
外腹斜筋　51
外分泌腺　15
開放血管系　95
外膜　59, 94
海綿骨　31
怪網　99
外毛根鞘　26
外肋間筋　51
下顎腺　60
化学的受容器　81
鉤爪　28
夏季不妊　161
蝸牛管　114
核　7
角質層　25
核小体　7
獲得免疫　132
核濃縮　91
隔壁（肺）　79
核膜　7

索引

核膜孔　7
核膜孔複合体　7
角輪　29
下行大動脈　99
顆状関節　45
下垂体　117, 143
下垂体門脈系　118
ガス交換　91
ガストリン　64
下腿　22
下腿骨　43
滑液　45
滑車神経　111
褐色脂肪組織　20
滑膜性結合　44
滑面小胞体　4
下毛　25
顆粒層　25, 108
顆粒層黄体細胞　129, 154
顆粒層細胞　150
カルシトニン　123
冠　23
肝円索　71
間期　8
含気骨　31
換気量　81
寛結節　22
寛骨　43
肝細胞　71
間質細胞　128
冠状溝　96
冠状動脈　98
肝小葉　71
関節　44
関節軟骨　31
汗腺　25, 27
完全性周期　149, 161
肝臓　70
間脳　104, 106
肝三つ組　71
顔面骨　39
顔面神経　111
肝門脈　99

機械的受容器　81
気管　74
気管支　74, 77
気管支枝　77
気管支腺　77
キ甲　22
基節骨　43
季節繁殖動物　161
基底核　105
基底顆粒細胞　77
基底線条　60
基底層　24

稀突起膠細胞　102
気嚢　32
脚鱗　23, 27
ギャップ結合　14
嗅覚器　115
嗅覚器官　74
球関節　45
吸気予備量　81
球形嚢　114
休止期　8, 26
吸収上皮細胞　68
臼状関節　45
弓状静脈　85
球状帯　124
弓状動脈　85
嗅上皮　115
嗅神経　74, 110
球節　22
嗅脳　105
嗅脳室　104
旧皮質　105
宮阜　158
宮阜性胎盤　166
距　22
橋　104, 107, 108
胸羽　26
胸および頸棘および半棘筋　51
胸郭　40, 81
胸筋　53
凝固因子　90
胸骨　41
経細胞経路　88
胸腺　134
胸大動脈　99
胸椎　39
胸部乳腺　28
胸膜腔　78
巨核球　93
棘下筋　54
棘上筋　54
近位　23
筋胃　66
近位曲尿細管，近位直尿細管　86
筋型動脈　94
筋原線維　46
筋周膜　46
筋鞘　47
筋小胞体 L 系　48
筋上膜　46
筋節　47
筋層　58
筋層間神経叢　59
筋内膜　46
筋紡錘　46

区域気管支　77

空腸　66
躯幹　22
嘴　23, 60
クッパー細胞　72
クモ膜　103
クモ膜下腔　103
グラーフ卵胞　153
クララ細胞　77
クリスタ　5
グリソン鞘　71
グルカゴン　126

頸羽　23
頸最長筋　51
形質細胞　93, 133
脛側　23
頸多裂筋　51
頸長筋　51
頸椎　39
頸動脈小体　81
頸粘液細胞　64
頸部　22
血液　90
　——の酸性度　81
血液空気関門　79
血液漿膜胎盤　167
血液脳関門　102
血管括約筋　99
血管間膜細胞　85
血管極　85
結合組織　17
結合組織漿膜胎盤　167
血漿　90
血小板　93
血清　90
結腸　69
蹴爪　23
ケラチン顆粒　25
原核細胞　1
原形質　2
肩甲横突筋　53
肩甲下筋　54
肩甲骨　42
腱索　96
犬歯　61
原始外胚葉　164
原始（始原）生殖細胞　147
原始内胚葉　164
減数分裂　8
原尿　85, 86

好塩基球　93
交感神経　112
交感神経幹　112
後丘　107
後臼歯　61

咬筋　50
口腔　60
口腔腺　60
膠原細線維　18
膠原線維　18
抗原提示細胞　132
好酸球　93
鉱質コルチコイド　124
甲状腺　121
甲状腺刺激ホルモン　117
酵素原（チモーゲン）顆粒　64, 73
後大静脈　99
好中球　92
喉頭　74
喉頭蓋　62, 76
喉頭腺　75
後背盲嚢　65
後腹盲嚢　65
硬膜　103
後毛細管細静脈　100
肛門　69
肛門管　69
膠様体　110
小型リンパ球　93
呼吸　80
呼吸器系　74
呼吸細気管支　77
呼吸色素　81
呼吸上皮細胞　79
呼吸中枢　81
鼓索神経　115
骨化　35
骨格筋線維　46
骨芽細胞　32
骨幹　31
骨細胞　32
骨小管　33
骨小腔　33
骨髄　134
骨組織　31
骨端　31
骨単位　33
骨端軟骨　31
骨端板　31
骨内膜　32
骨膜　32
骨迷路　114
骨梁　33
古皮質　105
固有胃腺　63
コラーゲン　18
ゴルジ空胞　5
ゴルジ小胞　5
ゴルジ装置　5
ゴルジ層板　5

コレシストキニン　72, 73

サ 行

細気管支　77
再吸収　86, 88
再吸収率　88
細静脈　94
最長筋　52
細動脈　94
細胞外マトリックス　150
細胞呼吸　80
細胞骨格　7
細胞質　1
細胞周期　8
細胞障害性T細胞　93
細胞小器官　1
細胞性免疫　133
細胞膜　3
細網線維　18
細網組織　20
サイロキシン　121
鎖骨　42
坐骨　43
坐骨結節　22
刷子細胞　77
砂嚢　66
サープレッサーT細胞　93
左葉（肝臓）　70
酸化・解糖型速筋線維　48
酸化型遅筋線維　48
酸好性細胞　123
散在性胎盤　166
散在性リンパ組織　135
三叉神経　111
三次卵胞　153
酸素　81

自家食作用　6
耳下腺　60
弛緩（心臓）　96
耳管憩室　115
子宮　147
指（趾）球　29
子宮頸部　157
子宮小丘　158
子宮体　157
糸球体基底膜　86
糸球体動脈　85
糸球体包　85
糸球体傍細胞　86
糸球体傍装置　86, 130
糸球体濾過　86
糸球体濾過液，糸球体濾過膜　86
子宮乳　164
死腔　81

軸索　101
軸索側枝　101
軸性骨格　39
軸側　23
シグナル仮説　4
シグナルペプチド　4
刺激伝導系　97
指骨　42
趾骨　44
四肢　22
支持細胞　115
視床　106
歯状回　105
視床下部　106
歯床板　62
視神経　110
シス面　5
雌性前核　154
脂腺　25, 27
自然免疫　131
耳朶　23
膝蓋骨　43
室間溝　96
室傍核　107
シナプス　103
シナプス間隙　102
指（趾）部　22
脂肪組織　20
脂肪被膜　83
尺骨　42
尺側　23
尺側手根屈筋　55
尺側手根伸筋　55
麝香，麝香玉　27
車軸関節　45
射精　143, 147
縦筋層　59
集合管　87
集合リンパ小節　69
自由終末　116
収縮　96
臭腺　27
重層上皮　11
重層扁平上皮　75
終足　85, 86
十二指腸　66
十二指腸腺　69
周年繁殖動物　161
終脳　104
周皮細胞　94
終末細気管支　77
終末ボタン　103
絨毛性性腺刺激ホルモン　165
手根骨　42
手根部　22
主細胞（胃）　64

主細胞（上皮小体） 123
樹状突起 102
受　精 153
出血小体 155
受動輸送 3
主尾羽 23
主要組織適合抗原複合体　132
主翼羽 23
循環器系 81
小羽枝 26
漿液細胞 60
漿液半月 60
消化管 58
松果体 119
松果体細胞 120
小汗腺 27
小膠細胞 102
上行大動脈 98
踵骨隆起 22
娘細胞 9
硝子軟骨 37
小十二指腸乳頭 66, 72
小循環 94
鞘小皮 26
小静脈 94
掌　側 23
小　腸 66
小動脈 94
小　脳 104, 108
小脳テント 103
上　皮 11
上皮外腺，内腺 14
上皮細胞 11
上皮小体 123
上皮漿膜胎盤 167
上皮性毛包 26
上皮組織 10
情報結合 14
小胞体 4
小胞輸送モデル 5
漿　膜 59
静　脈 95
静脈系 99
静脈注射 99
静脈洞 94
上　毛 25
小葉間静脈，動脈（腎臓） 85
小腰筋 55
上　腕 22
小　彎 63
上腕骨 42
上腕三頭筋長頭 53
上腕頭筋 53
上腕二頭筋 53
食　道 62
食道腺 62

触　毛 26
触覚小体 116
鋤鼻器 74, 115
自律呼吸 81
自律神経 89, 110
腎　盂 84
心外膜 95
心筋線維 46
心筋層 95
腎筋膜 83
神経核 81, 101
神経膠 102
神経膠細胞 101
神経細胞 101
神経上皮小体 77
神経性下垂体 118
神経線維 102
神経組織 101
心　骨 96
心　耳 96
深指屈筋 55, 56
心　室 96
心室中隔 96
腎小体 85
腎静脈 85
腎髄質 84
　　──外帯，内帯 84
腎錐体 84
深前胃腺 66
心　臓 95
心臓血管系 94
靭　帯 45
腎単位 85
腎　柱 84
伸展受容器 89
腎　洞 83
腎動脈 85
心内膜 95
心軟骨 96
腎乳頭 84
腎　杯 84
腎　盤 83, 84
真　皮 25
新皮質 105
腎皮質 84
真皮乳頭 25
心　房 96
心房性ナトリウム利尿ペプチド 130
心房中隔 96
心　膜 95
心膜腔 95
腎　門 83
腎　葉 83
腎　稜 83

水解小体 6

膵　管 73
膵腺房 73
膵　臓 72
膵　島 126
髄放線 84
膵ポリペプチド 126
髄　膜 103

正　羽 26
精　液 143
精　管 138
精細管 138
精子完成 142
精子形成 141
精子発生 142
性周期 161
性周期黄体 155
成熟卵胞 153
精　漿 143
星状膠細胞 102
星状大食細胞 72
生殖巣 147
生殖道 147
生殖隆起 147
性成熟 160
性腺刺激ホルモン 117, 143
性腺刺激ホルモン放出ホルモン 160
正染色質 8
精　巣 138
　　──の内分泌細胞 128
精巣上体 138, 139
精巣小葉 138
精巣網 138
精巣輸出管 139
精祖細胞 139
声　帯 76
正中矢状面 23
正中臍索 83
正中仙骨動脈 99
成長期 26
成長板 31
成長ホルモン 117
精嚢腺 138
精母細胞 139
性ホルモン 125
脊　髄 107
脊髄神経 110, 111
脊髄中心管 110
脊髄膜 103
赤　体 155
脊　柱 39
脊柱管 109
赤脾髄 136
セクレチン 73
舌 62
舌咽神経 111, 115

舌下神経　111
舌下腺　60
赤筋　48
赤血球　91
　——のサイズ　92
　——の成熟　91
接合線　33
切歯　61
接着結合　14
接着帯　14
接着斑　14
接着複合体　14
セルトリ細胞　139
腺胃　66
前胃　66
線維芽細胞　17,80
線維性結合　44
線維性骨　35
線維弾性型陰茎　146
線維軟骨　38
線維被膜　82
前核細胞　1
前丘　107
前臼歯　61
前脛骨筋　56
前肢　22
浅指屈筋　53
前肢帯筋　53
線条体　105
線条導管　60
染色質　7
染色体　8
腺性下垂体　117
浅前胃腺　66
先体　140
前大静脈　99
仙椎　40
前脳　104
全分泌　16
前分裂期　8
腺房　60
腺房細胞　73
腺房中心細胞　73
線毛細胞　77
線毛粘膜　76
前葉（下垂体）　117
前立腺　138
前腕　22
前腕骨　42

双角子宮　157
総指伸筋　55
双心子　6
総胆管　72
爪底　29
層板小体　116

爪壁　29
僧帽筋　53
足根関節　22
足根骨　44
足根部　22
足細胞　86
束状帯　125
側頭筋　50
側脳室　104
鼠径部乳腺　28
組織球　80
疎性結合組織　19
嗉嚢　62
ソマトスタチン　126
粗面小胞体　4

タ行

第一胃　65
第一上毛　25
体液性免疫　133
大汗腺　27
大後頭孔　109
対光反射　112
対向流機構　88
体細胞分裂　8
第三胃　66
第三脳室　104
第三の眼　121
第三腓骨筋　56
大十二指腸乳頭　66,73
第X脳神経　81
体循環　94
大循環　94
帯状回　105
帯状胎盤　166
大静脈　94
大腿　22
大腿筋膜張筋　56
大腿骨　43
大腿直筋　56
大腸　69
大動脈　94
大動脈弓　81,99
大動脈口　96
大動脈線維輪　96
大動脈弁　96
第二胃　65
第二気管支　77
第二上毛　25
大脳核　105
大脳鎌　103
大肺胞上皮細胞　79
胎盤　157
胎盤節　158
大腰筋　55

第四胃　66
第四脳室　104
大彎　63
多羽状筋　49
唾液腺　60
他家食作用　6
多形核白血球　92
脱落膜　165
多発情動物　158
多列上皮　11
多列線毛上皮　74,76
単球　93
短骨　31
単子宮　157
単腎　83
弾性型動脈　94
弾性線維　18
弾性軟骨　38
単層円柱線毛上皮　77
単層上皮　11
胆嚢　72
単発情動物　158
淡明層　25

恥骨　43
膣　147
膣前庭　147
膣弁　159
緻密骨　31
緻密斑　86
着床　157
着床ウインドウ　165
チャネルタンパク質　3
中央支持帯　28
中型リンパ球　93
中間径フィラメント　7
中間広筋　56
中間層（皮膚）　25
中間部（下垂体）　118
中手骨　42
中手指節関節　22
中手部　22
中小脳脚　108
中静脈　94
中腎管　148
中心子　6
中心静脈　71
中心体　6
中心着床　165
中腎傍管　148
中心リンパ管　69
中節骨　43
中足骨　44
中足趾節関節　22
中足部　22
肘頭　22

中動脈　94
中　脳　104, 107
中脳水道　104
中　皮　11
中　膜　94
腸陰窩　67
長　骨　31
腸　骨　43
腸骨筋　55
長趾伸筋　56
腸絨毛　67
腸　腺　67
蝶番関節　45
長腓骨筋　56
重複子宮　157
腸腰筋　55
腸肋筋　52
直細静脈, 直細動脈　85
直　腸　69

角　28

蹄　28
蹄　球　29
蹄　叉　29
底　側　23
ディッセ腔　72
蹄　底　29
蹄　壁　29
停留精巣　139
テストステロン　139
電解質コルチコイド　88
殿　筋　56
殿二頭筋　56

糖　衣　3
頭および環椎最長筋　51
頭蓋（頭蓋骨）　39
洞　角　29
動眼神経　111
動眼神経核　107
橈　骨　42
糖質コルチコイド　125
頭斜筋　51
透出分泌　16
動静脈吻合　95
頭　側　22
橈　側　23
橈側手根屈筋　54
橈側手根伸筋　55
頭長筋　51
頭半棘筋　51
頭　部　22
胴　部　22
洞房系　97
動脈管, 動脈管索　96

動脈系　98
動脈血中の溶存酸素濃度　82
透明層　153
洞様毛細血管　71
特殊顆粒　92
塗沫標本　90
トランス面　5
トリヨードサイロニン　121
トロポエラスチン　19
トロホブラスト幹細胞　164

ナ　行

内環状層板　32
内呼吸　80
内耳神経　111
内側広筋　56
内側毛帯　107
内弾性板　94
内腸骨動脈　99
内転筋　56
内　皮　11
内皮細胞　79, 94
内皮絨膜胎盤　167
内腹斜筋　51
内部細胞塊　164
内分泌攪乱物質　150
内分泌器官　116
内分泌腺　15
内　膜　94
内毛根鞘　26
内肋間筋　51
ナチュラルキラー細胞　133
軟骨細胞　37
軟骨小腔　37
軟骨性結合　44
軟骨性骨　35
軟骨性（軟骨内）骨化　35
軟骨組織　37
軟骨単位　37
軟骨膜　37
軟骨膜骨化　35
軟　膜　103

肉　髯　23
二酸化炭素　81
二次骨化中心　35
二次水解小体　6
二次卵母細胞　153
二次リンパ器官　131, 133
二次濾胞　135
乳　管　28
乳　腺　28
乳　線　28
乳腺刺激ホルモン　117
乳　槽　28

乳頭管　83, 87
乳頭筋　96
乳頭突起　71
乳房提靱帯　28
ニューロン　102
尿　管　83
尿管極　86
尿管口　83
尿管腺　83
尿管ヒダ　89
尿細管　86, 87
尿　道　84, 138
　　海綿体部　84, 146
　　隔膜部　84
　　前立腺部　84
尿道括約筋　89
尿道球腺　138
尿道稜　89
尿膜管　83
尿　路　82
妊娠黄体　155

ネクサス　14
粘液細胞　60
粘漿混合腺　74
粘　膜　58
粘膜下神経叢　59
粘膜下組織　58
粘膜関連リンパ組織　137
粘膜筋板　58
粘膜固有層　58, 74
粘膜上皮　58, 74

脳神経　110
脳脊髄液　103
能動輸送　3
ノルアドレナリン, ノルアドレナリ
　ン産生細胞　125, 126

ハ　行

歯　61
肺　74
　──の感染症　80
背　角　110
胚芽層　24
肺　癌　80
肺胸膜　78
背　根　110
杯細胞　68, 74
肺細葉　77
肺循環　94
肺静脈　78, 96
肺小葉　77
肺神経叢　78
肺伸展受容器　81

索　　引

胚性幹細胞　164
排泄腔　69
肺線維症　80
背　側　22
背断面　23
胚中心　135
背頭直筋　51
肺動脈　78,96
肺動脈口　96
肺動脈弁　96
排尿筋　89
排尿反射　89
背　嚢　65
肺　胞　77
肺胞管　77
肺胞上皮細胞　79
肺胞大食細胞　80
肺胞中隔　79
肺胞嚢　77
肺門部　78
排　卵　153
薄　筋　56
白交通枝　112
白　質　110
白色脂肪組織　20
白　体　155
白脾髄　136
薄壁尿細管　87
破骨細胞　32
バゾプレッシン　119
白　筋　48
ハックスレー層　26
白血球　92
発声器　75
鼻　74
パネート細胞　69
ハバース層板　32
パラトルモン　123
半羽状筋　49
半関節　45
半規管　114
半月弁　96
半腱様筋　56
反軸側　23
繁殖季節　161
半膜様筋　54

尾　羽　23
被蓋上皮細胞　85,86
皮下組織　25
皮　筋　25,50
鼻　腔　74
皮脂腺　27
皮質骨　32
微絨毛　67
尾状核　105

微小管　7
微小管形成中心　6
尾状突起　71
尾状葉　70
ヒス束　98
ヒスタミン　93
飛　節　22
尾　腺　27
鼻　腺　74
鼻前庭　74
脾　臓　136
腓　側　23
尾　側　22
飛　端　22
尾端骨　40
尾　椎　40
鼻　道　74
皮　膚　24
尾　部　22
腓腹筋　56
皮膚付属器官　25
被　毛　25
鼻　毛　74
表　皮　24
平爪（扁爪）　28
ビリルビン　91
貧　血　93

ファブリキウス嚢　134
フィブリン　19
封入体　1
フェロモン　74,162
フォルクマン管　33
孵　化　164
不完全性周期　149,161
腹横筋　51
腹　角　110
腹鋸筋　53
副交感神経　112
腹　根　110
副　腎　124
副神経　111
副腎髄質　125
副腎皮質　124
副腎皮質刺激ホルモン　117
副膵管　72
副生殖腺　138
腹　側　23
腹大動脈　99
腹直筋　51
腹　嚢　65
副尾羽　23
副鼻腔　74
副翼羽　23
袋　角　29
付属肢骨格　41

付着リボゾーム　3
太いフィラメント　47
プラスミノーゲン活性化因子　143
プルキンエ線維　98
プロゲステロン　129,155
プロコラーゲン　18
プロラクチン　117
分岐管状胞状腺　75
分子層　108
分節的神経分布　112
吻　側　23
噴　門　63
噴門腺　63
分葉腎　83
分裂期　8

平滑筋　46
平滑筋線維　46
閉鎖血管系　95
閉鎖結合　13
平面関節　45
壁細胞　64
壁内着床　165
ヘマトクリット値　90
ヘ　ム　91
ヘモグロビン　81,91
ペルオキシゾーム　6
ヘルパーT細胞　93
弁（静脈弁）　95
辺縁核　110
偏心着床　165
扁　桃　60,75
扁平骨　31
扁平肺胞上皮細胞　79
ヘンレ層　26
ヘンレの係蹄　87

方形葉　70
膀　胱　83,89
膀胱頸　83
膀胱三角　89
膀胱体　83
膀胱頂（尖）　83
傍細胞経路　88
傍矢状面　23
房室系　97
房室口　96
房室弁　96
胞状卵胞　153
放線冠　150
細いフィラメント　47
ホリスタチン　153
ポリゾーム　3

マ 行

マイクロフィラメント 7
膜性骨 35
膜性（膜内）骨化 35
膜輸送タンパク質 3
膜流動モザイクモデル 3
マクロファージ 93
末梢神経 110
末節骨 43

味覚器 115
ミクロファージ 92
味細胞 115
三つ組（筋） 48
密性結合組織 20
密着結合 14
ミトコンドリア 5
ミトコンドリア基質 6
蓑毛 23
脈管型陰茎 146
脈絡叢 104
ミューラー管 148
味蕾 115

無閾物質 88
無腺部 63
胸毛 23

鳴管 76
迷走神経 81, 111
メザンギウム細胞 85
メラトニン 120, 161
メラニン細胞刺激ホルモン 118
メラノサイト 24
綿羽 26
免疫グロブリン 133

毛幹 25
毛球 25
毛根 26
毛細血管 94
――の内皮細胞 79
毛細胆管 72
毛周期 26

網状帯 125
毛小皮 26
毛髄質，毛皮質 26
盲腸 69
毛乳頭 26
毛包 25, 26
毛母基 26
網膜 113
網膜櫛 113
門脈 99

ヤ 行

有閾物質 88
有棘層 24
有糸分裂 9
有髄神経線維 102
雄性生殖器官 138
雄性前核 154
有窓内皮細胞 86
幽門 63
幽門腺 64
遊離リボゾーム 3
輸送小胞 5
輸入細動脈，輸出細動脈 85

腰角 22
葉間静脈，動脈（腎臓） 85
葉気管支 77
腰仙骨 40
腰仙膨大 110
腰椎 40
腰傍窩 22
翼羽 23, 26
翼突筋 50

ラ 行

ライディッヒ細胞 139
ライトニング 162
ラセン器 114
卵円窩 96
卵円孔 96
卵黄憩室 66
卵核胞崩壊 153
卵管 147

卵管峡部，膨大部，漏斗部 155
卵丘細胞 150
卵形嚢 114
ランゲルハンス細胞 25
卵巣 147
――の内分泌細胞 128
卵胞 150
卵胞液 153
卵胞腔 153
卵胞刺激ホルモン 117, 143
卵胞上皮細胞 150
卵胞斑 154
卵胞閉鎖 150
卵胞膜黄体細胞 154
卵母細胞 150

離出分泌 16
梨状筋 56
立毛筋 25
リボゾーム 3
菱形筋 53
菱脳 108
両分子宮 157
輪筋層 59
輪状ヒダ 67
リンパ管 137
リンパ球 93, 132
リンパ小節 136
リンパ節 135
リンパ組織 75

類洞 71
類洞周囲脂質細胞 72

レニン 130
レプチン 130
レンズ核 105

濾過圧 86
濾過間隙 85
濾過作用 85
肋間筋 79
肋骨 41, 81
濾胞上皮細胞 121
濾胞傍細胞 122

編著者略歴

福田　勝洋
（ふく　た　かつ　ひろ）

1944年　三重県に生まれる
1969年　名古屋大学大学院農学研究科
　　　　修士課程修了
現　在　名古屋大学大学院生命農学研究科教授
　　　　農学博士

図説動物形態学　　　　　　　　　　　定価はカバーに表示

2006年 3月20日　初版第1刷
2022年 5月25日　　　第12刷

編著者　福　田　勝　洋
発行者　朝　倉　誠　造
発行所　株式会社　朝倉書店
　　　　東京都新宿区新小川町 6-29
　　　　郵便番号　162-8707
　　　　電　話　03（3260）0141
　　　　FAX　03（3260）0180
　　　　https://www.asakura.co.jp

〈検印省略〉

© 2006〈無断複写・転載を禁ず〉　　　　　教文堂・渡辺製本
ISBN 978-4-254-45022-4　C 3061　　　Printed in Japan

JCOPY　<出版者著作権管理機構 委託出版物>
本書の無断複写は著作権法上での例外を除き禁じられています．複写される場合は，そのつど事前に，出版者著作権管理機構（電話 03-5244-5088，FAX 03-5244-5089，e-mail: info@jcopy.or.jp）の許諾を得てください．

好評の事典・辞典・ハンドブック

火山の事典（第2版） 下鶴大輔ほか 編 B5判 592頁

津波の事典 首藤伸夫ほか 編 A5判 368頁

気象ハンドブック（第3版） 新田 尚ほか 編 B5判 1032頁

恐竜イラスト百科事典 小畠郁生 監訳 A4判 260頁

古生物学事典（第2版） 日本古生物学会 編 B5判 584頁

地理情報技術ハンドブック 高阪宏行 著 A5判 512頁

地理情報科学事典 地理情報システム学会 編 A5判 548頁

微生物の事典 渡邉 信ほか 編 B5判 752頁

植物の百科事典 石井龍一ほか 編 B5判 560頁

生物の事典 石原勝敏ほか 編 B5判 560頁

環境緑化の事典 日本緑化工学会 編 B5判 496頁

環境化学の事典 指宿堯嗣ほか 編 A5判 468頁

野生動物保護の事典 野生生物保護学会 編 B5判 792頁

昆虫学大事典 三橋 淳 編 B5判 1220頁

植物栄養・肥料の事典 植物栄養・肥料の事典編集委員会 編 A5判 720頁

農芸化学の事典 鈴木昭憲ほか 編 B5判 904頁

木の大百科 ［解説編］・［写真編］ 平井信二 著 B5判 1208頁

果実の事典 杉浦 明ほか 編 A5判 636頁

きのこハンドブック 衣川堅二郎ほか 編 A5判 472頁

森林の百科 鈴木和夫ほか 編 A5判 756頁

水産大百科事典 水産総合研究センター 編 B5判 808頁

価格・概要等は小社ホームページをご覧ください．